2019 年农业主推技术

中华人民共和国农业农村部 编

中国农业出版社

北　京

为深入贯彻中央农村工作会议、中央 1 号文件和全国农业农村厅局长会议精神，引导广大农业生产经营者科学应用先进适用技术，加快助力脱贫攻坚，推动农业转型升级和高质量发展，全面提升科技对农业农村经济发展的支撑引领作用，经过广泛征集、形式审查和专家论证，农业农村部于 2019 年 5 月发布了 72 项农业主推技术。为方便各地农业农村部门开展示范展示与推广应用，现汇编成《2019 年农业主推技术》一书，并在每项技术中增加体现核心技术的图片或示意图，以提升该书的科普性与可读性。

参加 2019 年农业主推技术论证的主要专家有（按姓名笔画排序）：于贤昌、万克江、王书磊、王国占、王显国、王积军、王瑞波、王璞、毛树春、田有国、邢可霞、刘月焕、刘武、李少昆、李莉、李想、杨普云、肖友红、肖世和、张凤兰、张东兴、张园、张宏福、张建峰、张振东、张微、陆健、范玉华、庞万福、徐文灏、徐乐俊、曾昭海等。组织、参与 2019 年农业主推技术遴选工作的人员主要包括：崔江浩、付长亮、王馨、王航、王菲菲、孙哲、冯桂真、廖丹凤、张楠等。此外，农业农村部有关司局、部属有关单位给予了大力支持；中国农学会、中国农业出版社为本书的编印出版做了大量工作。在此，谨对以上专家、工作人员及相关单位所付出的辛勤劳动表示诚挚的感谢！

由于时间有限，本书不足之处敬请广大读者批评指正。

编　者

2019 年 7 月

CONTENTS
目 录

前言

1. 水稻叠盘出苗育秧技术..1

2. 水稻精量育秧播种技术..5

3. 杂交稻单本密植大苗机插栽培技术..9

4. 冬小麦节水省肥优质高产技术..13

5. 冬小麦宽幅精播高产栽培技术..17

6. 玉米免耕种植技术...20

7. 夏玉米精量直播晚收高产栽培技术...24

8. 玉米密植高产全程机械化生产技术...28

9. 玉米条带耕作密植高产技术...32

10. 鲜食玉米绿色优质高效生产技术...35

11. 玉米花生宽幅间作技术..38

12. 玉米原茬地免耕覆秸精播机械化生产技术....................................42

13. 大豆大垄高台栽培技术..46

14. 大豆带状复合种植技术..49

15. 大豆机械化高质低损收获技术..52

16. 黄淮海夏大豆免耕覆秸机械化生产技术.......................................55

17. 油菜绿色高质高效生产技术...58

18. 油菜机械化播栽与收获技术...61

19. 油菜菌核病、根肿病综合防控技术..66

20. 油菜多用途开发利用技术..71

21. 花生抗旱节水高产高效栽培技术..74

22. 花生单粒精播节本增效高产栽培技术..77

23. 麦后夏花生免耕覆秸栽培技术..80

24. 花生种肥同播肥效后移延衰增产技术..84

25. 花生机械化播种与收获技术...87

26. 花生地下害虫综合防控技术...93

27. 丘陵山区春播绿豆地膜覆盖生产栽培技术....................................97

28. 黄河流域高效轻简化植棉技术..101

29. 基于数量化标准的全程机械化植棉技术.......................................105

30. 甘薯茎线虫病绿色防控技术...110

31. 番茄褪绿病毒病综合防控技术..113

32. 蔬菜病虫全程绿色防控技术...116

33. 蔬菜根结线虫绿色防控技术...121

34. 蒜蛆绿色防控关键技术..125

35. 利用天敌昆虫防控设施蔬菜害虫的轻简化配套技术 129

36. 设施瓜果优质简约化栽培技术 133

37. 苹果病虫害全程绿色防控减药增效技术 139

38. 梨绿色提质增效栽培技术 144

39. 茶园化肥减施增效技术 149

40. 向日葵蜜蜂授粉与病虫害全程绿色防控技术 153

41. 茶园全程机械化管理技术 157

42. 茎叶类蔬菜全程机械化生产技术 161

43. 根茎类中药材机械化收获技术 166

44. 优质乳生产的奶牛营养调控与规范化饲养技术 171

45. 奶牛全混合日粮（TMR）应用与评价技术 173

46. 绒山羊秸秆型 TMR 技术 176

47. 云贵高原地区半细毛羊冻精人工授精技术 179

48. 牦牛低海拔农区健康高效养殖技术 183

49. 肉鹅高效规模养殖关键技术 187

50. 鹅反季节高效繁殖技术 191

51. 蛋鸭网床养殖技术 195

52. 肉鸭多层立体养殖技术 198

53. 优质肉兔规模高效养殖技术 201

54. 高产优质苜蓿栽培集成技术 204

55. 石漠化治理与草畜配套技术 207

56. 对虾工厂化循环水高效生态养殖技术 212

57. 池塘"鱼—水生植物"生态循环技术 217

58. 淡水池塘养殖尾水生态化综合治理技术 222

59. 刺参池塘养殖高温灾害综合防御技术 227

60. 稻田绿色种养技术 231

61. 深水抗风浪网箱养殖技术 238

62. 淡水工厂化循环水健康养殖技术 241

63. 农田残膜机械化回收技术 249

64. 玉米大豆轮作条件下秸秆全量还田技术 253

65. 南方水网区农田氮磷流失治理技术 257

66. 空心莲子草生物防治技术 261

67. 果园绿肥豆菜轮茬增肥技术 264

68. 稻田冬绿肥全程机械化生产技术 267

69. 基于产量反应和农学效率的玉米、水稻和小麦推荐施肥方法 ... 271

70. 数字牧场技术 275

71. "中国农技推广"信息化服务平台 280

72. 农村生活污水处理技术 285

.1.

水稻叠盘出苗育秧技术

一、技术概述

1. 技术基本情况　针对水稻机插育秧存在的问题，根据水稻规模化生产及社会化服务的需求，研发了水稻机插二段育供秧为基础的叠盘暗出苗育秧模式。该技术采用一个叠盘暗出苗为核心的育秧中心，经种子浸种消毒、催芽、播种、叠盘、保温保湿出苗等过程，待秧盘出苗后运送到多种形式的育秧场地，形成了一种"1 个育秧中心 +N 个育秧点"的育供秧模式。解决水稻机插出苗时间长、不整齐、烂种烂秧死苗严重等问题，出苗提早 2～4 天，出苗整齐，秧苗健壮，成秧率提高 15%～20%。达到秧苗质量好、育秧风险和成本低、育供秧和秧苗远程运送能力提高，推进水稻机插育秧规模化经营和社会化服务。

2. 技术示范推广情况　该技术被评选为 2018 年浙江省十大农业科技成果及中国农业科学院十大科技进展，农业行业标准已经发布。在浙江、湖南、江西、江苏、黑龙江、云南、山东等省份大面积推广应用，取得较好的应用效果。

3. 提质增效情况　水稻叠盘出苗育秧模式与技术应用表明，具有出苗率高、秧苗整齐、秧苗素质好，机插伤秧伤根率和漏秧率低，插后返青快和促进早发等优点，据初步统计，培育的秧苗机插增产 3%～15%，每亩节本增效 38 元，取得显著的社会效益和经济效益。

4. 技术获奖情况　以水稻钵形毯状秧苗机插、叠盘出苗育秧等技术为核心的成果"水稻钵形毯状秧苗机插技术及其应用"获 2016—2017 年中华农业科技奖二等奖。

二、技术要点

1. 品种选择　考虑当地生态条件、种植制度、种植季节、生产模式等因素，根据前后作茬口选择确保能安全齐穗期水稻品种，双季稻区应注意早稻与连作晚稻品种生育期合理搭配，争取双季机插高产。

2. 种子处理　种子发芽率常规稻要求 90%，杂交稻种子 85% 以上。种子处理包括选种、浸种消毒、催芽。先晒种 1～2 天，以提高种子发芽势和发芽率，然后用盐水或清水选种，为防止恶苗病、干尖线虫等病虫害发生，用使百克 + 吡虫啉、劲护、适乐时等浸种消毒 48 小时，清水洗净后催芽，采用适温催芽，催芽要求"快、齐、匀、壮"，温度控制在 35℃左右。当种子露白，摊晾后即可播种。

3. 育秧土或基质准备　可选择培肥调酸的旱地土或育秧基质育秧，旱地土育秧应选择 pH 为中性偏酸、疏松通气性好、有机质含量高、无草籽、无病虫源的肥沃土壤。为防止立枯病等，需要做好土壤调酸、消毒；建议采用水稻机插专用育秧基质育秧，确保育秧安全，培育壮苗。

4. 适期播种　适时播种，南方早稻在 3 月气温变暖播种，秧龄 25～30 天；南方单季稻一般在 5 月中下旬至 6 月初播种，秧龄 15～20 天；连作晚稻根据早稻收获合理安排播种期，秧龄 15～20 天。

5. 流水线精量播种　根据品种类型、季节和秧盘规格合理确定播种量，实现精量播种，南方双季常规稻播种量，9 寸①秧盘一般 100～120 克 / 盘，每亩②30 盘左右；杂交稻可根据品种生长特性适当减少播种量；单季杂交稻 9 寸秧盘播种量 70～100 克 / 盘，7 寸秧盘按面积做相应的减量调整。选择叠盘暗出苗的专用秧盘，采用播种均匀、播量控制准确、浇水到位的机插秧播种流水线播种，一次性完成放盘、铺土、镇压、浇水、播种、覆土等作业。流水线末端可加装叠盘机构及配装自动上料等装备。播种前做好机械调试，调节好播种量、床土铺放量、覆土量和洒水量。

6. 叠盘暗出苗　将流水线播种后的秧盘，叠盘堆放，每 25 盘左右一叠，最上面放置一张装土而不播种的秧盘，每个托盘放 6 叠秧盘，约 150 盘，用叉车运送托盘至控温控湿的暗出苗室，温度控制在 32℃左右，湿度控制在 90% 以上。放置 48～72 小时，待种芽立针（芽长 0.5～1.0 厘米）时用叉车移出，供给各育秧点育秧。

7. 摆盘育秧　早稻摆放在塑料大棚内或秧板上搭拱棚保温保湿育秧，单季稻和连作晚稻可直接摆秧田秧板育秧，有条件的可放入防虫网在大棚内育秧。

8. 秧苗管理　南方稻区早稻播种后即覆膜保温育秧，棚温控制在 22～25℃，最高不超过 30℃，最低不低于 10℃，注意及时通风炼苗，以防烂秧和烧苗。注意控水，采用旱育秧方法，注意做好苗期病虫害防治，尤其是立枯病和恶苗病的防治。

9. 壮秧要求　秧苗应根系发达、苗高适宜、茎部粗壮、叶挺色绿、均匀整齐。南方早稻 3.1～3.5 叶，苗高 12～18 厘米，秧龄 25～30 天；单季稻和晚稻 3.5～4.5 叶，苗高 12～20 厘米，秧龄 15～20 天。

---

① 寸为非法定计量单位，1 寸 ≈ 3.3 厘米。
② 亩为非法定计量单位，1 亩 =1/15 公顷。

10. 病虫害防治 秧田期间重点防治立枯病、恶苗病、稻蓟马等。立枯病防治首先做好床土配制及调酸工作，中性或微碱性土壤需施用壮秧剂或调酸剂进行土壤调酸处理，把 pH 调至 6.0 以下，同时做好土壤消毒；恶苗病防治首先选栽抗病品种，避免种植易感病品种，并做好种子消毒处理，建议用氰烯菌酯、咪鲜胺等药剂按量浸种，提倡带药机插。

水稻机插秧盘播种叠盘

水稻机插秧盘叠盘出苗

水稻机插叠盘出苗田间育秧

水稻机插叠盘育秧的秧苗

水稻机插秧

三、适宜区域

适合在长江中下游稻区、华南稻区、西南稻区等水稻生产中推广应用。

四、注意事项

（1）早稻种子叠盘出苗，秧盘从暗室转运出来，室内外温差不宜太大，注意转运前先让暗室通风降温 1～2 小时，再将出苗秧盘移出暗室。

（2）目前南方生产上水稻秧苗较多在大棚育秧，机插前需做好炼苗，增强秧苗抗逆性。

五、技术依托单位

1. 中国水稻研究所

联系地址：浙江省杭州市体育场路 359 号

邮政编码：310006

联　系　人：朱德峰，陈惠哲

联系电话：0571-63370373

电子邮箱：chenhuizhe@163.com

2. 浙江省种植业管理局

联系地址：浙江省杭州市凤起东路 29 号

邮政编码：310020

联　系　人：王岳钧，陈叶平

联系电话：0571-86757901

电子邮箱：wangyj5678@qq.com

. 2 .

水稻精量育秧播种技术

一、技术概述

1. 技术基本情况　水稻精量育秧播种技术是利用机械化流水线/田间育秧装备,按农艺要求采用温室或大田集中培育的一种大规模育秧技术。现有育秧播种装备主要包括育秧播种流水线和轨道式田间育秧播种装备,主要针对常规稻大播量播种,难以满足杂交稻稀播匀播要求,生产上杂交稻育秧大多采用人工手撒播种,劳动强度大,工作效率低,播种均匀性得不到保证,容易导致机插时漏插缺苗;现有田间育秧播种装备大多为轨道式,需人工铺设轨道,操作烦琐,效率低,用工量大。针对以上问题,自主研发了 2 种类型的育秧播种新装备,其中气吸式精量育秧播种流水线可实现杂交稻精少量对位播种,有效解决杂交稻稀播匀播、对位播种难题;研发的自走式水稻田间育秧播种装备无须人工铺设轨道,可一次完成铺土、精量播种、覆表土作业,减少用工成本,提高播种效率和精度。自主研发的水稻精量育秧播种技术是一项适需的农业节本增效技术,可以有效解决杂交稻精量对位播种、常规稻节本高效田间育秧播种难题,该技术的推广应用将会进一步推动水稻机械化育插秧技术在全国范围内的推广应用。

气吸式精量育苗播种流水线

排种器吸种效果

流水线播种效果

乘坐式水稻田间育秧播种机

轻简型水稻田间育秧播种机

2. 技术示范推广情况 该技术装备在江西、浙江、湖南、广东、广西、重庆等地建立多个适用杂交稻的精量育插秧技术试验示范基地;在江苏、安徽、湖北、黑龙江、吉林、辽宁等水稻主产区建立多个适应常规稻的精量育插秧技术试验示范基地,进行不同区域的适应性试验示范,水稻精量育秧播种技术累计为超过 10 万亩水稻田提供秧苗。

3. 提质增效情况 水稻精量育秧播种技术具有播种均匀性好、精度高、减少人工投入、减轻劳动强度等优点。与传统育秧播种技术装备相比,水稻精量育秧播种技术用工量减少一半,用种量显著降低(常规稻减少 10% ～ 20%、杂交稻减少 20% ～ 30%),可实现水稻生产环节节本增效、有利于培育壮秧,实现机插高产稳产,是实现水稻生产全程机械化的关键技术。该技术的应用可增产 30 ～ 50 千克 / 亩,对推进粮食生产增产增效具有重要意义。

4. 技术获奖情况 "一种气吸滚筒式水稻育秧播种装置"获 2016 年中国专利优秀奖;"2BQT-400 气力式通用精密育苗播种流水线"获 2017 年中国国际高新技术成果交易会

优秀产品奖；"工厂化通用型精量育苗播种关键技术与系列成套装备"获 2017 年江苏省科学技术奖。

二、技术要点

水稻精量育秧播种在环境控制条件下，按照规范的工艺流程进行机械化作业，其过程可以分为播前准备、播种、苗期管理阶段。

1. 苗床准备　选择排灌、运秧方便，便于管理的田块做秧田（或大棚苗床）。按照秧田与大田 1 :（80 ～ 120）的比例备足秧田。选用适宜本地区及栽插季节的水稻育秧基质或床土育秧，育秧基质和旱育秧床土要求调酸、培肥和消毒，南方早稻和北方单季稻育秧土要求 pH4.5 ～ 6.0，不超过 6.5 ；南方单季稻或晚稻育秧床土的 pH 可适当提高至 5.5 ～ 7.0。有条件地区提倡育秧基质育秧。

2. 种子准备　水稻种子发芽率要求达到 90% 以上，播种前做好晒种、脱芒、选种、药剂浸种和催芽等处理工作。浸种前晒种 1 ～ 2 天。根据水稻机插时间确定适期播种，北方稻区一般 4 月上中旬，机插秧秧龄 30 ～ 35 天。南方早稻选择冷空气结束气温变暖时播种，秧龄 25 ～ 30 天；单季稻一般 5 月中下旬至 6 月初播种，秧龄 15 ～ 20 天；连作晚稻根据早稻收获期及种植方式确定播期，秧龄 15 ～ 20 天。

3. 育秧播种　播前做好机械调试，确定适宜种子底土量、洒水量、播种量和覆土量。秧盘底土厚度一般 2.2 ～ 2.5 厘米，覆土厚度 0.3 ～ 0.6 厘米，要求覆土均匀、不露籽。播种量根据品种类型、季节和秧盘规格确定。北方稻区常规粳稻播种量标准，宽行（30 厘米行距）秧盘一般 110 ～ 130 克 / 盘，每亩 35 ～ 40 盘；南方双季常规稻播种量标准，宽行（30 厘米行距）秧盘一般 100 ～ 120 克 / 盘，每亩 30 盘左右；杂交稻可根据品种生长特性适当减少播种量；南方单季杂交稻宽行（30 厘米行距）秧盘播种量 70 ～ 100 克 / 盘。窄行（25 厘米行距）秧盘按宽行（30 厘米行距）秧盘的面积做相应的减量调整。播种要求准确、均匀、不重不漏。

4. 苗期管理　北方稻区出苗期管理重点是控温，棚内温度超过 32℃时，即打开大棚两头开始通风，16：00 ～ 17：00 关闭通风口；出苗后棚温控制在 22 ～ 25℃，最高不超过 28℃，最低不低于 10℃，注意及时通风炼苗。南方稻区早稻播种后即覆膜保温育秧，并保持秧板湿润；根据气温变化掌握揭膜通风时间和揭膜程度，适时（一般二叶一心开始）揭膜炼壮苗；膜内温度保持在 15 ～ 35℃，防止烂秧和烧苗。加强苗期病虫害防治，移栽前对秧苗喷施一次对口农药，做到带药栽插，以便有效控制大田活棵返青期的病虫害。

提倡秧盘苗期施用颗粒杀虫剂，实现带药下田。

5. 秧苗要求 适宜机插秧的秧苗应根系发达、苗高适宜、茎部粗壮、叶挺色绿、均匀整齐，秧根盘结不散。一般北方稻区单季稻叶龄 3.1 ～ 3.5 叶，苗高 12 ～ 18 厘米，秧龄 30 ～ 35 天；南方稻区早稻叶龄 3.1 ～ 3.5 叶，苗高 12 ～ 18 厘米，秧龄 25 ～ 30 天；单季稻和晚稻叶龄 3.0 ～ 4.0 叶，苗高 12 ～ 20 厘米，秧龄 15 ～ 20 天。

三、适宜区域

适合全国水稻生产区域。

四、注意事项

根据当地生态条件、种植制度、种植季节、生产模式等选择生育期适宜、优质、高产、稳产、发芽率和分蘖力较强的适于机插的水稻品种，要根据前后作物茬口选择确保能安全抽穗的水稻品种。南方双季稻区应考虑双季早稻与晚稻品种生育期合理搭配，实现双季机插高产。

五、技术依托单位

单位名称：农业农村部南京农业机械化研究所
联系地址：江苏省南京市玄武区中山门外柳营 100 号
邮政编码：210014
联 系 人：张文毅
联系电话：0523-58619523
电子邮箱：zwy-yxkj@163.com

·3·

杂交稻单本密植大苗机插栽培技术

一、技术概况

杂交稻单本密植大苗机插栽培技术是通过精准定位播种，旱式育秧，低氮、密植、大苗机插栽培，以培育由大穗和穗数相协调的高成穗率群体。与传统机插杂交稻相比，种子用量减少 60% 以上，秧龄期延长 10～15 天，秧苗素质及耐机械栽插损伤能力得到大幅提高。加之，稻田泥浆育秧、分层无盘育秧简便易行，每亩大田节约育秧基质成本 35～50 元；通过增加栽插密度，减少氮肥用量的绿色栽培方法，以发挥杂交稻的分蘖成穗优势和大穗增产优势。

二、技术要点

杂交稻单本密植大苗机插栽培技术的核心是精准定位播种，旱式育秧，低氮、密植、大苗机插栽培，发挥杂交稻分蘖大穗的增产优势。

1. 种子精选　在商品杂交稻种子精选的基础上，应用光电比色机对商品种子再次进行精选，以去除发霉变色的种子、稻米及杂物等，精选高活力的种子。一般商品杂交稻种子经光电比色机精选后，发芽率可提高约 10 个百分点。生产上杂交稻种子精选后的大田用量，一般每亩早稻为 1 300 克，晚稻为 800 克，一季稻为 550 克左右。

光电比色机精选种子

多功能种衣剂包衣种子

2. 种子包衣　应用商品水稻种衣剂，或者采用种子引发剂、杀菌剂、杀虫剂及成膜剂等自配的种衣剂，将精选后的高活力种子进行包衣处理，以防除种子病菌和苗期病虫危害，提高发芽种子的成苗率。经包衣处理后的杂交稻种子，一般播种后 25 天以内，秧田期不需要再次进行病虫害防治。

3．定位播种 应用杂交稻印刷播种机械或者手工播种器，每盘横向播种 16 行（25 厘米行距插秧机）或 20 行（30 厘米行距插秧机），纵向均播种 34～36 行包衣处理后的杂交稻种子。早稻定位播种 2 粒、晚稻和一季稻定位播种 1～2 粒。种子定位播种在纸张上，用可降解的淀粉胶粘合固定，边播种边进行纸张卷捆，以便于运输。播种好的纸张可上流水线，即在播种机上自动装填基质、摆放纸张、覆盖基质等流水线作业在大棚育秧或场地育秧。

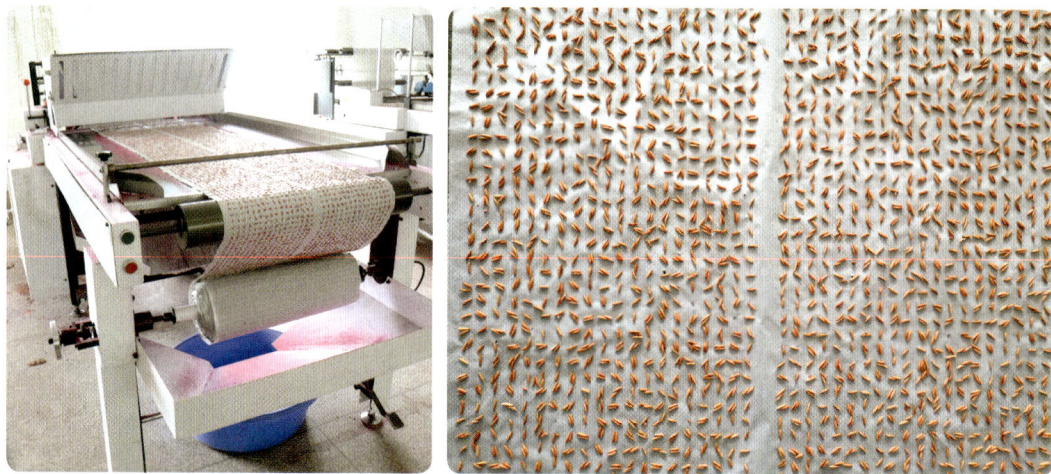

印刷播种机精准定位播种

4. 旱式育秧 旱式育秧指干谷播种、湿润出苗、干旱壮苗的育秧方法，可采用稻田泥浆育秧、简易场地育秧两种方法：一是稻田泥浆育秧，可选择排灌方便、交通便捷、土壤肥沃、没有杂草等稻田作秧田。播种前 3～4 天整耕耙平，每亩撒施 45% 复合肥 60 千克。秧床开沟做厢，厢面宽 130～140 厘米、沟宽 50 厘米。从田块两头用细绳牵直，四盘竖摆，秧盘之间不留缝隙；把沟中泥浆剔除硬块、碎石、禾蔸、杂草等装盘（手工或泥浆机），盘内泥浆厚度保持 1.5～2.0 厘米，平铺印刷播种纸张，覆盖专用基质（0.5～1.0 厘米）、喷水湿透基质、覆盖无纺布。对于早稻育秧，秧床需要用敌克松或恶霉灵兑水喷雾，预防土传病害。二是简易场地育秧，可选择平整的旱地、水泥坪、稻田作为育秧场地，采用软盘、硬盘装填商品基质育秧，或者采用岩棉＋无纺布构建固定秧床进行分层无盘育秧。分层无盘育秧技术环节如下：构建水肥层，在秧床铺放岩棉，浇水湿透，喷施水溶性肥料（每亩 40 千克 45% 复合肥）；构建根层，在无纺布上装填专用基质（1.5～2.0 厘米），平铺印刷播种纸张，覆盖基质（0.5～1.0 厘米）；湿润出苗，在播种的秧床平铺

稻田泥浆育秧

简易场地分层无盘育秧

无纺布，浇水湿透种子及基质，保持基质透气、湿润，以利于种子出苗。

5. 秧田管理 早稻、中稻用竹片搭拱，薄膜覆盖；一季晚稻和双季晚稻用无纺布平铺覆盖，厢边用泥固定，以防风雨冲荡。种子扎根长叶后，根据天气情况，揭开无纺布（最迟可到秧苗二叶一心期），后期干旱壮苗及时揭膜或者揭开无纺布。双季晚稻种子破胸后、出苗前厢面湿润（无水层），预防高温煮芽和暴雨冲刷种子，出苗后（一叶一心）每亩秧田用 15% 多效唑粉剂 64 克，兑清水 32 千克细雾喷施，以促进分蘖发生和根系生长。

6. 机械插秧 秧龄：适宜机插的秧龄期出苗后 20 ～ 30 天或叶龄 3.9 ～ 5.7 叶；密度：早稻每亩 2.20 万～ 2.43 万穴以上，晚稻每亩 1.90 万～ 2.22 万穴，一季稻每亩 1.56 万穴以上；基本苗：早稻以 2 苗 / 穴为主，中、晚稻以 1 苗 / 穴为主，其中 30 厘米行距插秧机横向抓秧 20 次、纵向 34 ～ 36 次，25 厘米行距插秧机横向抓秧 16 次、纵向 34 ～ 36 次。

7. 大田管理 推荐施肥：氮肥用量早稻或晚稻为每亩 8 ～ 10 千克，一季稻为每亩

起秧、机插秧

10～12 千克，分为基肥（50%）、分蘖肥（20%）、穗肥（30%）3 次施用。干湿灌溉：分蘖期浅水灌溉，当每亩苗数达 16 万～ 20 万开始晒田，晒至田泥开裂，一周后复水保持干湿灌溉，孕穗至抽穗保持浅水，抽穗后保持干湿灌溉，成熟前一周断水。综合病虫草害防治：按照当地植保部门病虫情报防治病虫害。

三、适宜区域

南方籼型杂交稻生产区域。

四、注意事项

杂交稻具有分蘖能力强，分蘖成穗率高，群体与个体互补性强的显著特点。凡是具有 13 叶及以上的杂交稻品种，无论是早稻、中稻，晚稻均可采用单本密植机插栽培技术。从生产示范情况看，种子质量、播种质量、育秧技术等到位，能够保证秧苗的出苗整齐度，降低机插秧的漏穴率。因此，生产上通过适当增加栽插密度，控制在 10% 以内的机插漏穴率，以密度弥补漏穴的损失，实现机插杂交稻的高产高效绿色栽培。

五、技术依托单位

湖南农业大学农学院

联系地址：湖南省长沙市芙蓉区人民东路

邮政编码：410128

联 系 人：邹应斌，黄敏，曹放波

联系电话：0731-84618758，13974888680

电子邮箱：ybzou123@126.com，jxhuangmin@163.com

· 4 ·

冬小麦节水省肥优质高产技术

一、技术概述

本项技术以冬小麦（晚播）—夏玉米（晚收）种植体系为整体，建立限水调亏灌溉和适量施肥模式，组配关键调控技术，实现小麦水肥高效和优质高产相结合。其主要原理：一是发挥 2 米土体的水库功能，夏贮春用，高效利用周年水肥资源。小麦季充分利用土壤水，减少灌溉水，提高当季水分利用效率；麦收后腾出较大库容接纳夏季多余降水，减少水氮流失，提高周年水肥利用率。二是发挥适度水分亏缺对作物的有益调控作用，建立低耗高效群体结构并促进灌浆。拔节前水分调亏促根控叶，改善株型，减少无效生长和水氮损耗；灌浆后期适度水分亏缺，加速灌浆，并改善籽粒品质。三是发挥综合技术的协调补偿作用，补偿水分胁迫对产量形成的不利影响。通过增加基本苗补偿晚播和上层水分亏缺对穗数的不利影响；通过肥料集中基施抵偿前期水分亏缺对苗群均匀生长的不利影响，并通过适期补灌稳定粒数；通过增苗增穗扩大种子根群和非叶片光合面积，发挥种子根深层吸收和非叶器官（穗、茎、鞘）光合耐逆机能，补偿后期供水不足、叶片功能下降对粒重的不利影响。

冬小麦节水省肥高效灌溉与施肥模式

生育过程	播种 →返青→拔节→开花→ 灌浆→成熟			
土壤水分调控目标	水分适宜 晚播增苗 安全越冬	表层亏缺（调亏） 促根控叶	水分适宜 增穗稳粒	上层亏缺（调亏） 深层吸水 加快灌浆
灌溉模式	浇足底墒水 补充土壤水库	保墒免灌	因墒补灌 （1～2 遍水）	腾出土壤库容 接纳夏季降雨
施氮模式 （每亩总氮量 10～14 千克）	集中底施 （70%～100%）		因苗补施 （0%～30%）	

增产增效情况：在华北中上等肥力土壤上实施该项技术，正常年份春浇 1～2 遍水，大面积亩产稳定实现 450～550 千克，并保优增效，比传统高产栽培方式每亩减少灌溉水 50～100 米^3，节省氮素 20% 以上，水分利用率提高 15%～20%。措施简化，农民易掌握。

二、技术要点

1. 贮足底墒 播前浇足底墒水，以底墒水调整土壤储水，使麦田 2 米土体的储水量达到田间最大持水量的 90%。底墒水的灌水量由播前 2 米土体水分亏额决定，一般在常年 8、9 月降水量 200 毫米左右条件下，小麦播前灌底墒水 75 毫米，降水量大时，灌水量可少于 75 毫米，降水量少时，灌水量应多于 75 毫米，使底墒充足。

播前浇足底墒水

2. 优选品种 选用早熟、耐旱、穗容量大、灌浆快的节水优质品种。熟期早可缩短后期生育时间，减少耗水量，减轻后期干热风危害程度；穗容量大的多穗型品种利于调整亩穗数及播期；灌浆强度大的品种籽粒发育快，结实时间短，粒重较稳定，适合应用节水高产栽培技术。精选种子，使种子大小均匀，严格淘汰碎瘪粒。

3. 集中施肥 节水有利于节氮，在节水和节氮条件下，增加基肥施氮比例有利于抗旱增产和提高肥效。节水栽培以"限氮稳磷补钾锌，集中基施"为原则，调节施肥结构及施肥量。一般春浇 1 ～ 2 遍水亩产 400 ～ 550 千克，氮肥纯氮亩用量 10 ～ 14 千克，全部基施；或以基肥为主，拔节期少量追施，适宜基追比为 7:3。基肥中稳定磷肥用量，亩施磷（P_2O_5）7 ～ 9 千克，补施钾肥（K_2O）7 ～ 9 千克、硫酸锌 1 ～ 2 千克。

4. 晚播增苗 早播麦田冬前生长时间长，耗水量大，春季需要早补水，在同等用水条件下，限制了土壤水的利用。适当晚播，有利于节水节肥。晚播以不晚抽穗为原则，越冬苗龄 3 叶是个界限，生产上以苗龄 3 ～ 5 为晚播的适宜时期。各地依此确定具体的适播日期。晚播需增加基本苗，以增苗确保足够穗数，并增加种子根数。在前述晚播适期范围内，以亩基本苗 30 万苗为起点，每推迟 1 天播种，基本苗增加 1.5 万苗，以基本苗 45 万为过晚播的最高苗限。

5. 精耕匀播 为确保苗全、苗齐、苗匀和苗壮，有以下要求：

①精细整地。秸秆应粉碎成碎丝状（＜5～8 厘米）均匀铺撒还田。在适耕期旋耕 2～3 遍，旋耕深度 13～15 厘米，耕后适当耙压，使耕层上虚下实，土面细平。

②窄行匀播。播种行距不大于 15 厘米，做到播深一致（3～5 厘米），落籽均匀。严格调好机械、调好播量，避免下籽堵塞、漏播、跳播。地头边是死角，受机压易造成播种质量差和扎根困难，应先横播地头，再播大田中间。

6. 播后镇压 旋耕地播后务必镇压。应选好镇压机具，待表土现干时，强力均匀镇压。

7. 适期补灌 一般春浇 1～2 次水，春季只浇 1 次水的麦田，适宜浇水时期为拔节至孕穗期；春季浇 2 次水的麦田，第 1 水在拔节期浇，第 2 水在开花期浇。每亩每次浇水量为 40～50 米 ^{3}。在地下水严重超采区，可应用"播前贮足底墒，生育期不再灌溉"的贮墒旱作模式，进一步减少灌溉用水。

前茬秸秆粉碎还田

旋耕整地要细平

提高机械播种质量确保出苗均匀

播后务必均匀镇压

小麦节水示范田群体长势

小麦节水示范田群体长势

三、适宜区域

华北年降水量 500 ～ 700 毫米地区，适宜土壤类型为沙壤土、轻壤土及中壤土类型，不适于过黏重土及沙土地。

四、注意事项

强调"七分种、三分管"，确保整地播种质量；播期与播量应配合适宜；播后务必镇压。

五、技术依托单位

1. 中国农业大学

联系地址：北京市海淀区圆明园西路 2 号

邮政编码：100193

联 系 人：王志敏

联系电话：010-62732557

电子邮箱：cauwzm@qq.com

2. 河北省农业技术推广总站

联系地址：河北省石家庄市裕华区裕华东路 212 号

邮政编码：050011

联 系 人：曹刚，王亚楠

联系电话：0311-86678024

·5·

冬小麦宽幅精播高产栽培技术

一、技术概述

自 20 世纪 70 年代末，山东农业大学余松烈院士提出小麦精播栽培技术以来，该技术在我国黄淮海麦区小麦生产中发挥了巨大的增产作用。但自从农村实行生产责任制以来，农民种地规模小，种植模式多，播种机械种类多且机械老化等现象普遍存在，造成小麦精播高产栽培技术应用面积下降，小麦播量快速升高，部分地区平均每亩播种量达 15 千克以上。大播量及大群体造成群体差、个体弱、产量徘徊的局面。针对上述小麦生产播种机械老化、种类杂乱、行距小、播种差、播量大、个体弱、缺苗断垄、疙瘩苗严重、产量徘徊的生产状况，余松烈院士和董庆裕老师于 21 世纪初联合提出了小麦宽幅精播高产栽培技术。该技术将小麦播种机械的播种苗带由以前的 3～5 厘米加宽到 8 厘米左右，具有播种量准确，出苗均匀、整齐、健壮，亩穗数较多等优点，一般增产 10% 左右。因此，在黄淮海麦区示范推广小麦宽幅精播栽培技术，对大幅度提高小麦单产、保证小麦高产稳产具有非常重要的意义。目前该技术已连续 8 年被列为山东省和中国主推技术，年推广面积已占山东全省种植面积的 1/3，该技术于 2016 年获山东省农牧渔业丰收奖一等奖。

该技术目前在山东省每年推广 2 000 万亩左右，平均每亩增产 39.6 千克，经济、社会、生态效益显著。

二、技术要点

（1）选用有高产潜力、分蘖成穗率高，中等穗型或多穗型品种。

（2）坚持深耕深松、耕耙配套，重视防治地下害虫，耕后撒毒饼或辛硫磷颗粒灭虫，提高整地质量，杜绝以旋代耕。

（3）采用宽幅播种机播种,改传统小行距（15～20 厘米）密集条播为等行距（22～26 厘米）宽幅播种，改传统密集条播籽粒拥挤一条线为宽播幅（8 厘米）种子分散式粒播，有利于种子分布均匀，无缺苗断垄、无疙瘩苗，克服了传统播种密集条播籽粒拥挤，争肥、争水、争营养，根少、苗弱的生长状况。

小麦宽幅播种机

宽幅播种现场

（4）坚持适期适量足墒播种，播期 10 月 3～10 日，播量 6～8 千克 / 亩。

宽幅播种出苗情况

宽幅播种出苗情况

（5）冬前每亩群体大于 60 万苗时采用深耘断根，有利于根系下扎，健壮个体。浇好冬水，确保麦苗安全越冬。

（6）早春划锄增温保墒，提倡返青初期搂枯黄叶、扒苗清棵，以扩大绿色面积，使茎基部木质坚韧，富有弹性，提高抗倒伏能力。科学运筹春季肥水管理。

（7）重视叶面喷肥，延缓植株衰老，后期注意及时防治各种病虫害。

宽幅播种冬前苗情

三、适宜区域

山东省和黄淮海高产小麦区。

四、注意事项

因地力、产量水平适宜调节行距。

五、技术依托单位

山东农业大学、山东省农业技术推广总站

联系地址：泰安市岱宗大街 61 号，济南市历城区工业北路 200 号

邮政编码：271018，250013

联 系 人：董庆裕，鞠正春

联系电话：17605385755，0531-67866308

电子邮箱：qydong@sdau.edu.cn，juzhengchun@163.com

.6.

玉米免耕种植技术

一、技术概述

玉米免耕种植技术的核心是在未耕土地上一次性完成开沟、播种、施肥、覆土和镇压等多道作业工序，包括秸秆处理、免耕播种、化学除草、机械深松、肥料运筹、病虫害综合治理等技术环节，是与现代农机技术、简化栽培技术及生态可持续需求相适应的先进农作体系。发达国家在 20 世纪七八十年代已大面积生产应用，我国从 20 世纪 80 年代开始开展玉米免耕种植机械化技术研究和推广。由于该技术具有简化、节本、环境友好等多项优点，深受农户欢迎。

我国传统农业精耕细作的生产模式耕作强度大、作业成本高、土壤退化严重。免耕种植技术在保留地表覆盖物的前提下免耕播种，不翻动土壤，不仅减少作业次数，节省时间、劳动力和能耗，大幅度降低生产成本，而且能控制土壤水土流失，保持土壤自我保护机能和营造机能，增加土壤有机质，提高水分利用率，改善土壤的可耕作性，是对传统生产方式的重大变革，是未来玉米可持续生产的技术发展方向。

目前免耕直播技术已经非常成熟，近年已在北方春玉米及黄淮夏玉米区大面积推广应用，在全国各玉米主产省份均广泛开展了试验示范，技术应用效果良好，相关成果已获得多项科技成果奖励。

春玉米免耕田秸秆覆盖情况

二、技术要点

（一）播种技术

1. 春玉米免耕播种

（1）品种与播期。北方春玉米免耕播种时有秸秆覆盖且多为平作不起垄，地温提升较慢，较传统耕作模式推迟 3 ～ 4 天。品种应选用生育期略短、抗病、抗虫性强、稳产性好的品种，低洼地湿度大、盐碱地不宜免耕播种或适当推迟播种期。

（2）播种质量。采用免耕播种机播种，播种深度 3～4 厘米为宜。参考品种密度要求、种子千粒重和发芽率确定播量。播行内、播行间播量误差不超过 5%。

肥料运筹：秸秆还田情况下，增加底施氮肥用量利于秸秆的腐烂；前茬秸秆少的情况

玉米免耕播种

下，要提高追肥的用量。底肥与播种同机分层深施或侧施，结合旋耕或造墒撒施。追肥结合中耕深松采用条施或穴施。

2. 夏玉米免耕播种

（1）前茬处理。麦秸和麦茬对夏玉米播种质量及幼苗的生长均会产生一定影响。小麦收割时留茬高度控制在 20 厘米以下，选用装有秸秆切碎和抛撒装置的小麦联合收割机作业，将粉碎后的麦秸均匀地抛撒在地表并形成覆盖。

（2）品种选择。夏玉米免耕种植能够减少农时消耗，品种选择标准与当地常规生产相同，适宜选择产量潜力高、抗逆性能强、通过国家或当地审定推广的耐密型品种，所选种子应达到国家大田用种种子质量标准以上，种子要经过精选和包衣处理。

（3）精细播种。由于小麦收获后土壤干、硬，麦秸和麦茬也给播种作业带来一定难度，提高播种质量成为夏玉米免耕直播技术的关键。播种时要做到"深浅一致、行距一致、覆土一致、镇压一致"，防止漏播或重播。种肥同播的要注意种肥隔离，肥料施入土壤的位置距离种子行 ＞ 4 厘米。

（4）水肥管理。为抢时早播，免耕夏玉米先播种再浇"蒙头水"，以保证玉米种子能够正常萌发和出苗；施肥指导原则为"重施氮钾肥、酌施磷肥、补施锌锰微肥"。一

夏玉米免耕种植大田生长情况

般采用种肥、穗肥 2 次的施肥策略。

（二）播后管理

1. 化学除草　受秸秆覆盖及遗留杂草的影响，免耕播种玉米田宜采用播后苗前除草和苗后除草相结合的"封杀"除草策略。根据田间杂草发生情况，合理配方，药剂搅拌均匀，适时适量均匀喷洒，漏喷、重喷率≤ 5%。选择合理的喷洒方式和机具，注意操作安全。

2. 病虫害防治　免耕地块病虫害的发生情况和程度与常规生产方式存在一定差别，应坚持"预防为主、综合防治"的原则。

3. 深松、施肥　春玉米区在土壤水分适宜的生长季节进行中耕深松，以打破犁底层为原则，一般耕深为 20 ～ 25 厘米。深松不翻动土壤，不破坏地表覆盖，一般在苗期进行。夏玉米区可结合机械追肥进行中耕。

4. 秸秆还田　玉米秸秆可采用联合收获机自带粉碎装置粉碎，或收获后采用秸秆粉碎还田机粉碎还田，也可以利用饲草捡拾打捆机将秸秆打捆做饲料。玉米茎秆粉碎还田，茎秆切碎长度≤ 100 毫米，切碎长度合格率≥ 85%，抛洒均匀。

玉米机械收获和秸秆还田

三、适宜区域

春玉米区和夏玉米区均可参照执行。

四、注意事项

（1）免耕生产技术对播种机具和播种质量的要求高，应尽量选择适合本地区生产模式的免耕播种机具。

（2）种、肥同播时注意种肥隔离。

（3）注意掌握好除草剂施用时机、用药浓度，防止药害发生，加强免耕条件下病虫害监测与预报工作。

（4）春玉米免耕栽培前 1 年或实施 3 ～ 4 年后，根据需要可适当进行一次深翻；夏玉米免耕种植与冬小麦季的深耕或深松相结合，统筹考虑。

五、技术依托单位

1. 中国农业科学院作物科学研究所

联系地址：北京市海淀区中关村南大街 12 号

邮政编码：100081

联 系 人：谢瑞芝

联系电话：010-82105791

电子邮箱：xieruizh@caas.cn

2. 中国农业大学

联系地址：北京市海淀区清华东路 17 号

邮政编码：100083

联 系 人：王庆杰

联系电话：010-62737300

电子邮箱：wangqingjie@cau.edu.cn

3. 吉林省农业科学院农业与资源环境研究所

联系地址：长春市生态大街 1363 号

邮政编码：130124

联 系 人：刘武仁，李瑞平

联系电话：15904428108

电子邮箱：liuwuren571212@163.com

·7·

夏玉米精量直播晚收高产栽培技术

一、技术概述

1. 技术基本情况　黄淮海小麦玉米一年两熟区，因受光温资源的限制，长期以来生产上推广玉米套种技术，即小麦收获前 10～15 天将玉米套种到小麦田里，这种种植方式存在以下主要问题：一是小麦玉米共生期长，玉米苗弱不整齐，密度不足、苗子不匀、病虫害严重；开花灌浆期阴雨连绵，影响粒重。二是玉米早熟先收，不能充分利用 9 月底至 10 月初秋高气爽、光照充足的有效灌浆季节，造成减产。三是生产上以苞叶变白、籽粒上部变硬为成熟标准，收获时籽粒含水量为 35%～40%，不能生理成熟即籽粒乳线消失、黑层出现，成熟度差。四是套种玉米费工费力，难以实现全程机械化操作。因此，以机械化精量播种为核心，选用适宜单粒精量播种的优质种子；改麦田套种为麦收后玉米免耕单粒精播；适当密植，建立合理群体结构；适时晚收，秸秆还田；确保增加密度、提高整齐度、保证成熟度，进而增加产量、提高效益。

2. 技术示范推广与提质增效情况　该技术被列为科学技术部、农业部和山东省主推技术，由山东省质量技术监督局发布为山东省地方标准（DB37/T 2742—2015）。先后在山东、河南、河北等地区累计示范推广 6 400 万亩以上，平均增产 80 千克/亩，总增玉米 50 亿千克以上，为我国粮食连年增产起到了重要的示范带动作用。

二、技术要点

1. 播前准备

品种选择：选用国家、区域或本省审定的耐密、抗倒、适应性强、熟期适宜、高产潜力大的夏玉米新品种。

精选种子：选择纯度高、发芽率高、活力强、大小均匀、适宜单粒精量播种的优质种子，要求种子纯度≥98%，种子发芽率≥95%，净度≥98%，含水量≤13%。所选种子应进行种衣剂包衣，种衣剂的使用应按照产品说明书进行且应符合 GB/T 8321.8 规定。

秸秆处理：小麦采用带秸秆切碎和抛撒功能的联合收割机收获，小麦秸秆留茬高度≤20 厘米，切碎长度≤10 厘米，切断长度合格率≥95%，抛撒均匀率≥80%，漏切率≤ 1.5%。

播种机选择：选用单粒精播玉米播种机械，一次完成开沟、施肥、播种、覆土、镇压等工序。

2. 播种期

播种时间：在山东及周边地区适宜播期为 6 月上中旬，小麦收获后尽早播种玉米。玉米粗缩病连年发生的地块适宜播期为 6 月 10 ～ 15 日，发病严重的地块在 6 月 15 日前后播种。播种时田间相对含水量应为 70% ～ 75%，若墒情不足，可先播种后尽早浇"蒙头水"。

播种方式：采用单粒精量播种机免耕贴茬精量播种，行距 60 厘米，播深 3 ～ 5 厘米。要求匀速播种，播种机行走速度应控制在每小时 5 千米左右，避免漏播、重播或镇压轮打滑。

种植密度：一般生产大田，紧凑型玉米品种每公顷留苗 67 500 ～ 75 000 株。播种量按下列公式计算：

选用可实现种肥同播的玉米单粒精播机

$$播种量（粒 / 公顷）= \frac{计划留苗密度（株 / 公顷）}{发芽率（\%）\times 95\%}$$

种肥：采用带有施肥装置的播种机施用种肥，施氮肥 45 ～ 60 千克 / 公顷、磷肥 90 ～ 120 千克 / 公顷、钾肥 180 ～ 200 千克 / 公顷和硫酸锌 22.5 千克 / 公顷，穗期补追氮肥。或者施用玉米专用肥或缓控释肥等，氮肥、磷肥和钾肥的养分含量分别为 220 ～ 240 千克 / 公顷、90 ～ 120 千克 / 公顷和 180 ～ 200 千克 / 公顷，种肥一次性同播，后期不再追施肥料。种肥侧深施，与种子分开，防止烧种和烧苗。

3. 苗期

除草：结合中耕除草，在人工灭除的基础上，做好化学防治。播种后出苗前，墒情好时可直接喷施 40% 乙·阿合剂等 3 000 ～ 3 750 毫升 / 公顷兑水 750 千克进行封闭式喷雾；墒情差时，于玉米幼苗 3 ～ 5 片可见叶、杂草 2 ～ 5 叶期用 4% 玉农乐悬浮剂（烟嘧磺隆）1 500 毫升 / 公顷兑水 750 千克喷雾，也可在玉米 7 ～ 8 片可见叶期使用灭生性除草剂 20% 百草枯 2 250 毫升 / 公顷兑水 750 千克定向喷雾。

防治病虫害：加强粗缩病、灰飞虱、黏虫、蓟马、地老虎和二点委夜蛾等病虫害的综合防控，具体防治方法应按 DB37/T 1184 的规定进行。

遇涝及时排水：苗期如遇涝渍天气，应及时排水。

4. 穗期

拔除小弱病株：在小喇叭口到大喇叭口期之间，应及时拔除小、弱、病株。

追施穗肥：在小喇叭口至大喇叭口期之间，追施氮肥 180 千克 / 公顷左右。在距植株 10 ～ 15 厘米处利用耕耕施肥机开沟深施，施肥深度应为 10 厘米左右。

防旱防涝：孕穗至灌浆期如遇旱应及时灌溉，尤其要防止"卡脖旱"。若遭遇渍涝，则及时排水。

在小喇叭口到大喇叭口期之间酌情追施氮肥（尿素）

防治病虫害：在小喇叭口至大喇叭口期之间，有效防控褐斑病和玉米螟等，普遍用药一次，可采用飞机喷雾或者高地隙喷雾器防治中后期多种病虫害，减少后期穗虫基数，减轻病害流行程度。具体操作应符合 DB37/T 1184 的规定。

在大喇叭口到抽雄期之间进行"一防双减"

5. 花粒期

施花粒肥：花后 15 ～ 20 天，可酌情增施尿素 90 千克 / 公顷左右，可结合浇水或降雨前追施，以提高肥效。

防旱：玉米开花灌浆期如遇旱应及时浇水。

6. 收获期

机械晚收：不耽误下茬小麦播种的情况下适期收获，山东及附近地区宜在 10 月 3 ～ 8 日收获，收获后及时晾晒、脱粒。收获时宜大面积连片推进、整村整镇推进，农机农艺联合推进，农机手和农户一起行动，避免联合收割机过早下地。

秸秆还田：严禁焚烧玉米秸秆，应进行秸秆还田。

适当推迟收获时间，提高籽粒成熟度

三、适宜区域

山东省及黄淮海夏玉米生产区。

四、注意事项

确保种子质量，满足单粒精播的需求。

五、技术依托单位

1. 山东农业大学

联系地址：山东省泰安市岱宗大街 61 号

邮政编码：271018

联 系 人：张吉旺

联系电话：0538-8241485，13665481991

电子邮箱：jwzhang@sdau.edu.cn

2. 山东省农业技术推广总站

联系地址：济南市历下区十亩园东街 7 号

邮政编码：250013

联 系 人：韩伟

联系电话：0531-67866150

.8.

玉米密植高产全程机械化生产技术

一、技术概述

规模化、标准化和机械化是我国现代玉米生产的必由之路。增密种植、全程机械化是玉米高产高效的重要途径，本技术以耐密品种、合理密植、群体质量调控为核心，配套精量点播、化学调控、机械施肥、秸秆还田、机械收获等关键技术，在新疆生产建设兵团、甘肃、陕西、宁夏等地多年试验示范的基础上完善形成。

该技术体系近年在新疆及新疆生产建设兵团、黑龙江农垦、内蒙古兴安盟已大面积推广应用，并在北方多个省份进行了技术示范，技术先进可行，增产增效效果显著。该技术在 2014 年新疆生产建设兵团第 4 师 71 团 10 500 亩高产创建田创亩均单产 1 227.6 千克的我国大面积玉米新纪录，净利润达到 1 607.88 元 / 亩；2017 年再创亩均单产 1 229.8 千克的新纪录，净利润 1 110 元 / 亩，实现高产高效与绿色生产协同提高。玉米密植栽培理论与技术研究于 2016 年获得新疆生产建设兵团科技进步奖一等奖。

玉米密植高产田成熟期生长情况

二、技术要点

1. 选择耐密、抗倒、适合机械收获的品种 选择国家或省级审定，在当地已种植并表现优良的耐密、抗倒、适应机械精量点播和机械收获的品种。籽粒机械直收要求后期脱水快、生育期短 5 ～ 7 天的品种。种子质量符合《粮食作物种子质量标准——禾谷类》（GB 4404.1）的规定。

2. 增密种植 根据当地的气候条件、土壤条件、生产条件、品种特性及生产目的，合理株行距配置，确保适宜密度。一般大田比目前种植密度每亩增加 500 ～ 1 000 株。西北地区光照条件较好，有灌溉条件的地区一般中晚熟品种留苗 6 000 ～ 6 500 株 / 亩、中早熟品种 6 500 ～ 7 000 株 / 亩。

玉米密植高产田苗期生长情况

3. 机械精量播种 单粒点播种子发芽率应高于 96%。通过足墒、适期播种等，保证苗齐、苗匀、苗全、苗壮，提高群体整齐度，带种肥播种时要种、肥分离。

4. 分期施肥 根据玉米产量目标和地力水平进行测土配方施肥，使用各级土肥站经测土推荐的配方或配方专用肥。在有条件的地区，每亩施优质粗有机肥 2 ～ 3 吨或精制有机肥 1 吨左右；全部磷肥、30% ～ 40% 的氮肥（如有种肥可相应减少用量）和 70% 钾肥作基肥。剩余的肥料在小喇叭口期以前机械能进地时进行一次性机械追施。也可施用缓控释肥，根据肥效与含量确定施肥量，实现一次性机械施肥。

5. 化控防倒 对于倒伏常发地区和密度较大、生长过旺、品种抗倒性差的地块，可在玉米 6 ～ 8 展叶期，喷施化控药剂，如玉黄金、吨田宝、羟基乙烯利等，控制基部节间长度，增强茎秆强度，预防倒伏。

喷洒玉米专用生长调节剂

6. 病虫害防控　苗期病虫害主要通过种子包衣防控，中后期病虫害可采用高地隙喷药机或植保无人机配药防治。

7. 适时晚收、机械收获　根据种植行距及作业质量要求选择合适的收获机械。玉米完熟后可果穗收获。籽粒机械直收可在生理成熟（籽粒乳线完全消失）后 2～4 周进行收获作业，籽粒水分含量应为 28% 以下，一次完成摘穗、剥皮、脱粒，同时进行茎秆处理（切段青贮或粉碎还田）等项作业。籽粒机械收获玉米及时烘干。

玉米机械籽粒收获现场

8. 秸秆还田，培肥地力　利用饲草捡拾打捆机将秸秆打捆做饲料，或利用秸秆还田机粉碎秸秆。用翻转犁翻地，深度 30～40 厘米；或秸秆覆盖还田，下年免耕播种。

三、适宜区域

北方春玉米区、西北春玉米区中有水分供应保障的地区，其他区域可参照执行。

四、注意事项

玉米机械化生产要抓好播种与收获 2 个关键环节，玉米密植后要抓好倒伏、整齐度、早衰 3 个关键问题。机械收获时间应适当推迟，保证收获质量。

五、技术依托单位

1. 中国农业科学院作物科学研究所

联系地址：北京市海淀区中关村南大街 12 号

邮政编码：100081

联 系 人：李少昆，王克如，明博

联系电话：010-82108891

电子邮箱：lishaokun@caas.cn

2. 西北农林科技大学农学院

联系地址：陕西省杨凌农业高新技术示范区邰城路 3 号

邮政编码：712100

联 系 人：薛吉全

联系电话：029-87082934，13709129113

电子邮箱：xjq2934@163.com

3. 中国农业大学资源与环境学院

联系地址：北京市海淀区圆明园西路 2 号

邮政编码：100094

联 系 人：陈新平

联系电话：13910130705

电子邮箱：chenxp@cau.edu.cn

4. 宁夏农林科学院农作物研究所

联系地址：宁夏回族自治区银川市永宁县王太堡

邮政编码：750105

联 系 人：王永宏

联系电话：13037967105

电子邮箱：wyhnx2002-3@163.com

· 9 ·

玉米条带耕作密植高产技术

一、技术概述

1. 技术基本情况　我国北方旱作农田普遍存在着土壤耕层障碍、秸秆还田难度大的问题，限制了播种质量和密植高产潜力的充分挖掘。秸秆深翻与免耕深松等耕作方法，难以解决秸秆腐熟慢、地力提升慢、动力消耗大及播种质量差等问题。本技术在玉米非播种带采取秸秆深埋、播种带采取推茬清垄交错方式的条带耕作方法，创造的"虚实相间"耕层构造兼具免耕与深耕的优点，可有效解决秸秆还田中最为关键的问题。同时采用缩行密植栽培，有利于构建合理群体结构和优化冠层环境，是实现玉米绿色丰产高效的有效途径。

2. 技术示范推广情况　2012—2017 年在东北区域的辽宁铁岭、沈阳，吉林公主岭、梅河口，内蒙古通辽和黄淮海区的河南新乡、河北邢台等 15 个地区进行较大范围的示范应用。

3. 提质增效情况　该技术在东北、黄淮海玉米主产区 15 个地区进行试验和示范推广，有效解决了不同生态区秸秆全量还田的问题，与当地传统种植方式相比，显著提高了玉米出苗率和群体质量，平均增产 5.4% ～ 13.5%，亩节本增收 90 元以上，为我国玉米绿色高效生产提供了重要的技术支撑。

4. 技术获奖情况　以该技术为核心的科技成果获得 2015 年度国家科技进步奖二等奖（玉米冠层耕层优化高产技术体系研究与应用，证书号：2015-J-25101-2-06-R01）；获得国家发明专利 2 项（玉米推茬清垄旋耕播种方法：ZL201410326942.9，一种抗低温干旱种子处理剂及其制备方法：ZL201510937960.5）。

二、技术要点

1. 秸秆条带还田　首先在前茬作物机收后进行秸秆灭茬，其次采用秸秆条带还田机将秸秆集中于非播种带，通过条带深旋刀进行条带混拌，深旋还田、条带镇压一次性完成，播种带处于自然无茬状态。改全层作业土壤耕作为平作条带耕作，并使秸秆残茬条带状均匀混拌于 0 ～ 30 厘米土层，翌年于播种行免耕播种。

1. 当季播种带与秋季机械化收获后地表秸秆状况

2. 秸秆清垄归带后地表状况

3. 条带深旋还田后耕层状况

4. 清垄带翌年免耕播种后田间状况

秸秆覆盖层　　深旋秸秆混拌层

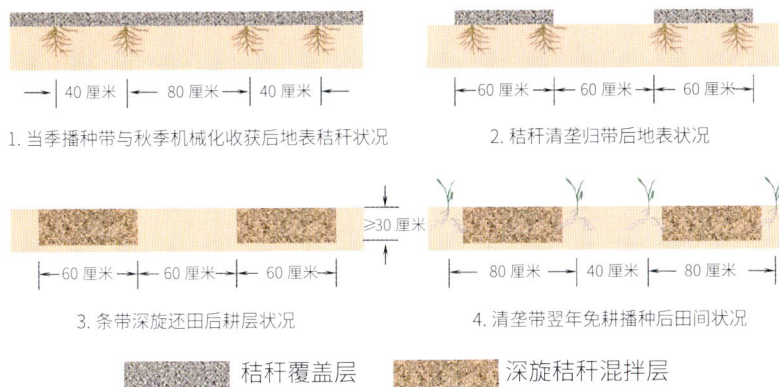

玉米秸秆条带还田示意图

田间作业现场

2. 适时播种　根据生产条件，因地制宜选用耐密抗逆品种，播前人工精选种子并进行抗逆种衣剂包衣，以保证种子发芽率及纯度。春播区待温度适宜时抢墒播种，夏播区墒情不足时于播后浇蒙头水，实现一播全苗。

3. 缩行密植栽培　改等行距种植方式为宽窄行种植，播种行采用单行直线或小双行错株方式，构建合理群体结构、优化冠层环境。根据品种特性和地力水平确定适宜的留苗密度。通过机械免耕精量播种，保苗密度达到 4 500 ～ 5 000 株 / 亩。

玉米条带耕作密植播种机械

田间出苗效果

4. 配方合理施肥　玉米粗放施肥成本高，养分流失严重，肥料利用率低。根据产量指标和地力基础配方施肥，结合氮肥机械深施和缓释专用肥的推广应用。高产田需亩施氮肥（尿素）40 千克、磷肥（过磷酸钙）40 千克、钾肥（硫酸钾）20 千克。

5. 综合防治病虫害 按照"预防为主，综合防治"的原则，制订防治方案。玉米苗期重点防治蓟马、黏虫和地老虎等地下害虫；玉米在大喇叭口期和抽雄期重点防治玉米螟。

三、适宜区域

适用于东北、黄淮海及西北地势平坦的玉米主产区。

四、注意事项

技术应用过程中，注意前茬作物灭茬粉碎的秸秆长度小于 10 厘米，以免影响推荐清垄的作业效果；同时田间作业时注意提前及时调整机械作业状态，保证秸秆带状均匀混拌于 0 ～ 30 厘米土层。

五、技术依托单位

1. 中国农业科学院作物科学研究所

联系地址：北京市海淀区中关村南大街 12 号

邮政编码：100081

联 系 人：赵明，李从锋

联系电话：010-82106042

电子邮箱：zhaoming@caas.cn

2. 沈阳农业大学

联系地址：辽宁省沈阳市沈河区东陵路 120 号

邮政编码：110866

联 系 人：齐华

联系电话：13840440887

电子邮箱：qihua10@163.com

. 10 .

鲜食玉米绿色优质高效生产技术

一、技术概述

1. 技术基本情况　随着我国玉米生产调结构、转方式，鲜食玉米种植面积快速扩大。但在鲜食玉米生产中盲目种植、选用品种不当、缺乏配套技术等问题也愈加凸显。针对上述问题，集成了以选用良种、隔离种植、精细播种、合理密度、科学施肥、绿色防控、适时采收等技术环节为核心的鲜食玉米绿色优质高效生产技术。突出绿色优质，注重产品质量与市场认可；核心是以需定种、以销定产、精细种植、适时采收，注重产业链有效衔接，及产后储运保存和秸秆利用等青贮价值，注重环境友好和综合效益提升，对鲜食玉米生产具有很好的引导促进作用。

2. 技术示范推广情况　目前，该技术已在全国鲜食玉米主产区多地示范应用，且符合当前提质增效绿色可持续生产的要求，应用前景广阔。

3. 提质增效情况　鲜食玉米绿色优质高效生产技术可以实现亩产鲜果穗 1 000 千克左右，亩产值 2 000 元左右，可比种植大田籽粒玉米亩产值增加 1 000 元左右，也比一般的鲜食玉米种植增效显著。

4. 技术获奖情况　以该技术为核心的科技成果获得中华农业科技奖二等奖、北京市科学技术奖三等奖等。

二、技术要点

1. 选用优良品种和优质种子　根据生产和市场需求，科学选用优良品种和优质种子。选用已通过国家审定或省级审定，并经过多年广泛种植得到生产检验和市场认可的品种。

2. 订单生产、计划种植、分期播种、错期上市　鲜食玉米适宜采收期相对较短。为降低种植风险，提高种植效益，应以销定产，根据市场预期需求或加工需求落实种植面积，实现订单生产，防止盲目跟风大面积种植。根据市场和加工需求，可结合实际灵活采用露地栽培、覆膜栽培、温室大棚设施栽培等种植方式，分期播种，错期上市。

3. 注意隔离，避免串粉影响品质　品质和口感是衡量鲜食玉米至关重要的指标。为防止串粉，保证鲜食玉米品质不受外界因素影响，鲜食玉米种植时应进行空间或时间隔

露地栽培

覆膜栽培

温室大棚设施栽培

离。空间隔离：可利用山岭、树林、房舍等进行障碍隔离，在没有障碍物的平原地区种植时应有 200 米以上的隔离带；也可以采取时间隔离，错开与其他玉米花期，一般相隔 25 天左右播种即可避免与其他类型玉米串粉。

4. 精细整地、播种，确保苗齐、全、壮 播前精细整地，根据不同地区的自然气候及土壤条件等确定适宜播期。足墒精量下种，每亩 1 千克左右，不应覆土过深，适宜播深 2～3 厘米，确保苗全、苗齐、苗匀、苗壮。

5. 合理密度，适当偏稀 鲜食玉米主要是在乳熟期收获鲜果穗，果穗大小和均匀度、整齐度是影响其等级率、商品性和市场价格的重要因素，因此种植密度不宜过大，一般以每亩 3 000～3 500 株为宜，以确保穗大、穗匀，提高果穗商品性。

6. 科学肥水，提高品质 根据品种特性和生长发育规律，科学肥水管理。适墒播种，以确保播种和出苗质量，提高群体整齐度。为保证品质应注重使用有机肥或农家肥。播种时注意种、肥隔离。小喇叭口期和吐丝期根据植株长势适量追肥。生育中期特别是抽雄散粉前后 20 天内如土壤墒情不足，需及时补水，以保证产量和品质。避免因水肥不足而导致秃尖、瘪粒等严重影响果穗商品品质。

7. 绿色防控 选用抗病虫优良品种，同时采用高质量包衣种子，并利用赤眼蜂、Bt 菌剂等绿色安全防控技术，严禁使用高毒高残留农药，特别是采收前 15 天内禁用农药。

8. 适时采收 适宜采收期，糯玉米一般是在授粉后第 20～25 天，甜玉米在授粉后第 18～23 天，甜加糯玉米介于两者之间，但也会因不同品种和种植季节而有差异。授粉后应及时联系收购商，提前做好预售计划，注意观察籽粒灌浆进度适时采收，以免影响品质。

9. 采后处理 一般是在清晨或上午温度较低时采收，采收后及时销售或加工。如长距离运输鲜售，运输前须采取降温预冷等保鲜措施，并保持冷链贮运和保藏。

10. 秸秆利用 鲜食玉米秸秆有较好的营养价值，是牛羊等草食牲畜的优质饲料。果穗采摘后可保留秸秆在地里面继续生长一周左右时间，光合产物可增加茎秆和叶片中的含糖量，提高青贮饲料的营养价值。

三、适宜区域

适用于全国鲜食玉米产区。

四、注意事项

鲜食玉米生产过程中，严格禁止使用高毒高残留农药，特别是采收前 15 天内严禁喷施农药，确保食用安全。

五、技术依托单位

北京市农林科学院玉米研究中心、全国农业技术推广服务中心
联系地址：北京市海淀区曙光花园中路 9 号
邮政编码：100097
联 系 人：王荣焕，史亚兴
联系电话：010-51503703，51503400
电子邮箱：ronghuanwang@126.com，syx209@163.com

. 11 .

玉米花生宽幅间作技术

一、技术概述

1. 技术基本情况 玉米花生宽幅间作技术模式符合"稳定粮食产量、增加供给种类、实现种养结合、提高农民收入"的技术思路，是调整种植业结构、转变农业发展方式的重要途径。技术核心是压缩玉米株行距，充分发挥其边际效应，保障间作玉米稳产高产，挤出带宽增收花生，翌年可以将条带调换种植，实现间作轮作有机融合，减少作物连作障碍；同时利用花生固氮特点，降低氮肥施用量，有助于缓解我国粮油争地矛盾、人畜争粮矛盾及种地与养地不协调问题。

2. 技术示范推广情况 近年来，山东省农业科学院对玉米花生宽幅间作技术进行了系统研究，授权国家专利 10 余项，制定地方标准 1 项。该技术模式 2015 年被国务院列为农业转方式、调结构技术措施；2016 年中国工程院农业学部组织院士专家对该模式进行了实地考察，认为该技术探索出了适于机械化条件下的粮油均衡增产增效生产模式。2017—2018 年被列为农业部主推技术，在全国推广应用。

3. 提质增效情况 较传统纯作玉米，增收花生 120 ～ 180 千克，节氮 12.5% 以上，提高土地利用率 10% 以上，增加亩经济效益 20% 以上。

4. 技术获奖情况 作为主要内容，2018 年获得山东省专利奖二等奖和山东省农牧渔业丰收奖一等奖。

二、技术要点

1. 选择适宜模式 根据地力及气候条件，可选择不同的模式，黄淮夏播区宜选择玉米与花生行比为 3：6、3：8 等模式，春播区宜选择 2：4、3：4、2：6 等模式，花生一垄双行；东北区宜选择等带宽、大宽辐模式，如 6：6、8：8 等模式，花生为单垄单行；南方多熟地区因地制宜选择模式。以 3：6 模式进行示例，如图所示。

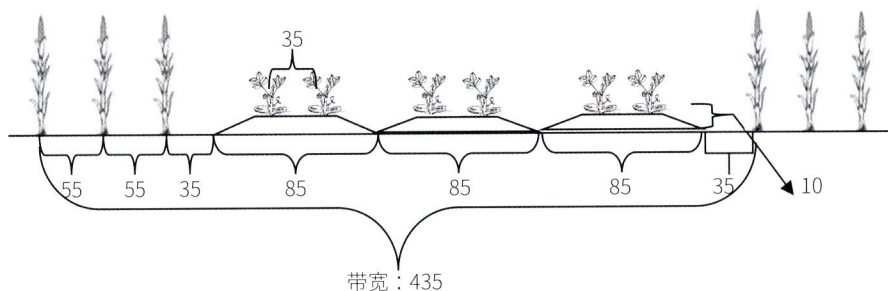

玉米花生 3∶6 模式田间种植分布图（单位：厘米）

2．选择适宜品种并精选种子 玉米和花生品种都要适合当地生态环境。玉米选用紧凑型或半紧凑型的耐密、抗逆高产良种；花生选用耐阴、耐密、抗倒高产良种。播前精选种子，玉米种子选用经过包衣处理的商品种。花生精选籽粒饱满、活力高、大小均匀一致、发芽率 ≥ 95% 的种子，播前拌种或包衣，或选用包衣商品种。

3．选择适宜机械 播种机从目前生产推广应用的玉米播种机械和花生播种机械中选择，实行玉米带和花生带分机播种。玉米收获选用现有的联合收获机，花生收获选用联合收获机或分段式收获机。

玉米、花生同期分段播种

玉米、花生分机收获

4．适期抢墒播种保出苗 玉米、花生可同期播种亦可分期播种，分期播种要先播花生后播玉米（一年两熟热量不足区域，如黄淮北部及东部）。大花生宜在 5 厘米地温稳定在 15℃ 以上，小花生稳定在 12℃ 以上为适播期，土壤含水量确保 65% ～ 70%。玉米一般以 5 ～ 10 厘米地温稳定在 12℃ 以上为适播期。东北区宜在 5 月中上旬播种。黄淮海地区花生春播时间应掌握在 4 月 25 日至 5 月 10 日，玉米适当晚播，一般不晚于 6 月上旬；夏播时间应在 6 月 15 日前，花生应抢时早播，玉米粗缩病严重的地区，玉米播种时间可推迟到 6 月 15 ～ 20 日。南方地区因地制宜择时播种。

5．播种规格 3∶6 模式示例：带宽 435 厘米，玉米小行距 55 厘米，株距 12 ～ 14 厘米；

花生垄距 85 厘米,垄高 10 厘米,一垄 2 行,小行距 35 厘米,穴距 14 ～ 16 厘米,每穴 2 粒。玉米播深 5 ～ 6 厘米,深浅一致,精量单粒播种；花生播深 3 ～ 5 厘米,深浅一致。

6. 均衡施肥　重视有机肥的施用,以高效生物有机复合肥为主,两作物肥料统筹施用。根据地力条件和产量水平,结合玉米、花生需肥特点确定施肥量,每亩基施氮肥 8 ～ 12 千克、磷肥 6 ～ 9 千克、钾肥 10 ～ 12 千克、钙肥 8 ～ 10 千克,适当施用硫、硼、锌、铁、钼等微量元素肥料。若用缓控释肥和专用复混肥可根据作物产量水平和平衡施肥技术选用合适肥料品种及用量。在玉米大喇叭口期追施 8 ～ 12 千克 / 亩纯氮,施肥位点可选择靠近玉米行 10 ～ 15 厘米处。覆膜花生一般不追肥。

7. 深耕整地　选择中、高产田,适时深耕翻,及时旋耕整地,随耕随耙耢,清除地膜、石块等杂物,做到地平、土细、肥匀。对于小麦茬口,要求收割小麦时留有较矮的麦茬,于阳光充足的中午前后进行秸秆还田,保证秸秆粉碎效果,而后旋耕 2 ～ 3 次,整地、旋耕时要慢速行走、高转速旋耕,保证旋耕质量。

8. 控杂草、防病虫　重点采用播后苗前封闭除草措施,兑水喷施 96% 精异丙甲草胺（金都尔）或 33% 二甲戊灵乳油（施田补）。出苗后阔叶杂草和莎草的防除,应于杂草 2 ～ 5 叶期可用灭草松（苯达松）喷雾。玉米和花生应单独防除禾本科杂草,在

生育中期病虫防治

玉米 3 ～ 5 叶期,苗高达 30 厘米时,在玉米带用 4% 烟嘧磺隆（玉农乐）胶悬剂定向喷雾；花生带喷施 5% 精喹禾灵等除草剂。采用分带隔离喷施除草,避免两种作物互相喷到。玉米、花生病虫害按常规防治技术进行,主要加强地下害虫、蚜虫、红蜘蛛、玉米螟、棉铃虫、斜纹夜蛾、花生叶螨、叶斑病、锈病和根腐病的防治。施药应在早晚气温低、风小时进行,大风天不要施药。

9. 田间管理控旺长　春玉米、春花生生长期遇旱应及时灌溉,夏玉米、夏花生生长期降雨与生长需水同步,遇特殊旱情（土壤相对含水量 ≤ 55%）时应及时灌水,采用渗灌、喷灌或沟灌。遇强降雨,应及时排涝。玉米一般不进行激素调控,但对生长较旺的半紧凑型玉米,在 10 ～ 12 展开叶时,每亩用 40% 玉米健壮素水剂 25 ～ 30 克,兑水 15 ～ 20 千克均匀喷施于玉米上部叶片。间作花生易旺长倒伏,当花生株高 28 ～ 30 厘

米时，每亩用 24 ～ 48 克 5% 烯效唑可湿性粉剂，兑水 40 ～ 50 千克均匀喷施茎叶（避免喷到玉米），施药后 10 ～ 15 天，如果高度超过 38 厘米可再喷施 1 次，收获时应控制在 45 厘米内，确保植株不旺长。

10. 收获与晾晒 根据玉米成熟度适时进行收获作业，提倡晚收。成熟标志为籽粒乳线基本消失、基部黑层出现。春花生在 70% 以上荚果果壳硬化、网纹清晰、果壳内壁呈青褐色斑块时，夏花生在大部分荚果成熟时，及时收获、晾晒。

成熟期

三、适宜区域

适合全国玉米产区及中高产花生产区。

四、注意事项

在不同区域使用过程中，应选择当地适宜的模式与品种；旋耕后玉米播种要注意调整播深并注重播后镇压，保证苗全、苗齐；注重苗前除草；防止花生徒长倒伏。

五、技术依托单位

1. 山东省农业科学院作物研究所、山东省农业科学院生物技术研究中心、
   山东省农业科学院玉米研究所、山东省花生研究所
联系地址：山东省济南市历城区工业北路 202 号
邮政编码：250100
联 系 人：张正，万书波，孟维伟，郭峰，李宗新，徐杰
联系电话：0531-66657802/8127/9645/9692/9402
电子邮箱：kyczhang@sina.com，wanshubo2016@163.com

2. 山东省农业技术推广总站
联系地址：山东省济南市历城区工业北路 200 号
邮政编码：250100
联 系 人：曾英松
联系电话：0531-67866303
电子邮箱：zengys0214@sina.com

. 12 .

玉米原茬地免耕覆秸精播机械化生产技术

一、技术概述

1. 技术基本情况 针对玉米收获后田间秸秆根茬残留量大、处理难，导致耕播质量差、秸秆焚烧屡禁不止、水土肥药流失严重等生产亟待解决的难题，国家大豆产业技术体系按照"精耕细作与保护性耕作融合，提质增效环保并重"的理念，开创出"侧向清秸防堵种床整备播种覆秸"免耕播种新方法，创制出系列原茬地免耕覆秸精播机，构建了玉米原茬地免耕覆秸精播机械化生产技术体系，为促进农业节本增效绿色发展提供了高度轻简化的技术与装备支撑。

核心技术系列免耕覆秸精播机与 22.2～162.8 千瓦拖拉机配套，适合任何作物任何状态原茬地大豆玉米花生垄平作模式，一次进地可完成"侧向清秸防堵、种床整备、侧深施肥、精量播种、覆土镇压、喷施药剂和秸秆适度粉碎均匀覆盖"7 项作业，性能达到 GB/T 20865—2017 优等品水平。

2. 技术示范推广情况 在黑龙江、吉林、辽宁和内蒙古等地 30 余市县累计推广应用 200 余万亩，2BMFJ 系列免耕覆秸精播机入选"2017 年中国农业农村新技术、新产品和新装备"。

3. 提质增效情况 在实现原茬地播后秸秆全量覆盖还田的同时，大豆平均亩产 200 千克以上、增幅 10% 以上、亩节本增效 115 元以上，被同行专家评价为：有效解决了长

2BMFJ 型原茬地免耕覆秸精播机样机

2BMFJ-8 型原茬地免耕覆秸精播机作业

2BMFJ-4 型原茬地免耕覆秸精播机作业　　2BMFJ-5 型原茬地免耕覆秸精播机作业

期困扰农业生产的秸秆处理、匀植保苗、培肥土壤和防止水土肥料流失难题，建立了基于秸秆地表还田的高度轻简化的生产技术体系，增产增效显著。

4. 技术获奖情况　该技术获国家发明专利 9 项、实用新型专利 16 项，新产品证书 9 件，全国农牧渔业丰收奖农业技术合作奖 1 项。

二、技术要点

1. 土壤耕作　对于采用任何方式收获后的玉米原茬地，包括摘穗后站秆地、放铺地和机收高留茬地等，无论玉米秸秆和根茬分布状态如何（推荐站秆地和高留茬地），无须任何耕整地环节，直接选用原茬地免耕覆秸精量播种机完成机械化免耕覆秸播种施肥和封闭除草等作业。

应用免耕覆秸精播机械化生产技术 2～3 年的地块，建议种植大豆等秸秆易于处理的作物，收获后秋季采用深松（优选）、深翻或联合整地等常规方式进行耕整地，并完成起垄镇压作业达到待播状态。耕整地作业配套动力机以大于 95.59 千瓦拖拉机为宜，配置相应作业机械；起垄作业要求垄向要直，建议配置 GPS/北斗自动导航装置，1 000 米垄长直线度误差不大于 3 厘米，垄距误差不超过 2 厘米。垄到地边，地头整齐。

2. 精量播种

（1）大豆播种方式。东北地区地温稳定通过 5℃时即要抢墒播种，依据不同条件可以选择的播种方式有如下几种：一是平播。行距 35～40 厘米，粒距 6～8 厘米，保苗株数为 2.3 万～2.4 万株/亩为宜。二是 65 厘米标准垄播。垄上双行播种，行距 8～12 厘米，粒距 8～10 厘米，保苗株数在 2 万株/亩为宜。三是 110 厘米大垄播种。

原茬地免耕覆秸精量播种大豆长势

垄上 3 行播种，垄上行距 22.5 厘米，粒距 8～10 厘米；垄上 4 行播种，垄上侧边行行距 8～12 厘米，中间两行行距 21～29 厘米，粒距 8～10 厘米，保苗株数为 2.3 万～2.4 万株 / 亩为宜，播种深度 3～5 厘米（依据不同作物及土壤墒情播种深度可调节）。

（2）播种机械选择。玉米原茬地块采用原茬地免耕覆秸精量播种机，大豆等后茬秸秆量较少的地块也可采用常规精量播种机。生产单位及用户可以依据配置的拖拉机情况，有针对性地选择与拖拉机功率相匹配的免耕覆秸精量播种机。

原茬地免耕覆秸精量播种玉米长势

（3）免耕覆秸精量播种作业方法及过程。采用梭形法完成机械化施肥播种喷施封闭除草剂（可选）作业，即播种机组在作业地块内沿作业方向依次往返行走作业。玉米原茬地免耕覆秸精量播种机作业时，清秸装置将播种带内的根茬切断、清除，适度粉碎后抛撒至机具前进方向的左侧（大型设备为左右两侧抛撒），整备出无秸秆残茬的种床，侧向抛出的秸秆和根茬均匀覆盖于播后地表。可以通过调节清秸覆秸控制板的角度，实现对秸秆覆盖均匀度和覆盖宽度的调控。施肥播种部件在经清理过的施肥播种带开沟，完成施肥、精量播种及覆土、镇压作业，根据生产需要可以选择配置封闭除草装置在覆土镇压后随即完成封闭除草作业。

（4）施肥要求。精量播种的同时完成施肥作业。播种大豆亩施用种肥复合肥 20 千克，成分为尿素∶氯化钾∶磷酸二胺 =7∶10∶16（具体肥料种类和施用量可依据当地土壤肥力和农艺要求设定），侧深施入，肥料位于种侧、种下 3～5 厘米。

（5）封闭除草要求。采用免耕覆秸精量播种机完成施肥播种作业的同时，可同步实施化学封闭除草。播种大豆需将 96% 精异丙甲草胺、70% 嗪草酮、80% 阔草清按 30∶10∶1 混配，每亩施用 135 克，兑水 15～20 千克均匀喷施；也可以根据当地具体情况选用适宜的除草剂，进行苗后除草作业。

3. 田间管理

（1）中耕管理。玉米原茬地采用免耕覆秸精量播种机播种，视土壤墒情确定是否需要中耕作业，若土壤墒情不好时，建议不中耕；常规整地地块按常规方法中耕。中耕时，垄作春大豆一般中耕 2～3 次，在第 1 片复叶展开时，进行第一次中耕，耕深 15～18 厘米，或垄沟深松 18～20 厘米，要求垄沟和垄侧有较厚的活土层；在株高 25～30 厘米时，进行第二次中耕，耕深 8～12 厘米，中耕机需高速作业，提高壅土挤压苗间草的效果；封垄前进行第 3 次中耕，耕深 15～18 厘米。规模化种植区域可采用与 66～154 千瓦拖拉机配套的中耕机按作物生产阶段要求完成机械化中耕作业。

（2）病虫害防控。建议实施科学合理的轮作制度，从源头预防病虫害的发生。采用种子包衣的方法预防根腐病、胞囊线虫病和根蛆等地下病虫害；苗期根据病虫害发生情况选用适宜的药剂及用量，采用喷杆式喷雾机或航化设备按照机械化植保技术操作规程进行防治作业。

（3）化学调控。高肥地块可在初花期喷施多效唑等植物生长调节剂，防止大豆后期倒伏；低肥力地块可在盛花、鼓粒期叶面喷施少量尿素、磷酸二氢钾和硼、锌微肥等，防止后期脱肥早衰。根据化控技术要求选用适宜的植保机械设备，按照机械化植保技术操作规程进行化学调控作业。

4. 收获作业　依据作物种类，确定合适收获期，按常规方法完成机械收获作业。

三、适宜区域

玉米原茬地免耕覆秸精播机械化生产技术广泛适用于各主产区各种地块的平作、大小垄作等作业模式，可播种大豆、玉米、花生和高粱等作物。

四、注意事项

（1）本技术要点及相关数据以玉米茬种植大豆为例，种植其他作物时需依据当地气候条件及作物生产需求灵活确定相关参数及作业规范。

（2）在操作免耕覆秸精量播种机及其他相关机械装备前，应认真阅读随机附带说明书，以正确调整与使用机组，并要及时进行维护保养，注意机组使用安全。

（3）采用免耕覆秸精量播种技术 2～3 年后，需深松、深翻或联合整地 1 次。

（4）免耕秸秆覆盖田易滋生蛴螬等地下害虫和根腐病等病害，应及时防控。

五、技术依托单位

东北农业大学
联系地址：黑龙江省哈尔滨市香坊区长江路 600 号
邮政编码：150030
联　系　人：陈海涛，乔金友
联系电话：0451-55190081，15504508358
电子邮箱：htchen@neau.edu.cn

· 13 ·

大豆大垄高台栽培技术

一、技术概述

1. 技术基本情况　大豆大垄高台栽培技术是 2012 年根据大兴安岭垦区地处大兴安岭东南麓的林缘丘陵耕地地貌和半干旱地区旱作农业生产实际，在垄上三行窄沟密植栽培技术基础上改进研发的一种新型大豆栽培模式，将垄距由 65 厘米变成 110 厘米，垄上三行改成垄上四行、五行和六行种植，2013 年又探索 110 厘米垄上种植三行模式，2018 年年底《内蒙古大豆大垄高台栽培技术规程》由内蒙古自治区技术监督和工商局批准上升为地方标准。2018 年在原 110 厘米垄上种植三行的基础上，不断技术创新，研发 110 厘米垄上四行浅埋滴灌大豆种植技术。

2. 技术示范推广情况　随着绿色高质高效创建、耕地轮作等项目的实施，规模化经营面积的不断扩大和社会化服务水平的提高，从 2012 年大兴安岭农场局推广的 5 万亩，发展到 2019 年全区 2 个盟市 7 个旗（县、市、场）的 230.5 多万亩。应用区域不断扩大，从大兴安岭农场管理局发展到莫力达瓦达斡尔族自治旗、阿荣旗、扎兰屯市、扎赉特旗、科尔沁右翼前旗和兴安盟农场局，而且技术不断创新。2018 年在原 110 厘米垄上种植三行的基础上，扎赉特旗开展的 110 厘米垄上四行浅埋滴灌大豆种植技术探索，示范面积 1 万亩，其中实收实测 1.18 亩，平均亩产 291.1 千克，创造了内蒙古自治区大豆实收亩产新纪录。大豆大垄高台栽培技术操作简单，适用性强，易于普及推广。

3. 提质增效情况　大豆大垄高台栽培技术平均亩产 180 千克，比垄上种植三行技术亩均增产 50 千克，按 3.40 元 / 千克计算，亩增加效益 170 元。

二、技术要点

该项技术以缩垄增行促高产提品质为目的，以深松、少耕、秸秆还田为基础，以蓄水保墒培肥地力为原则，以高台、宽垄、密植为核心，以低毒低残留药剂灭草、灭虫、绿色防控为保证，通过合理密植增加密度，达到单株强势，发挥群体优势的一项综合配套增产技术措施。

（1）采取玉米与大豆合理轮作。秋季收获时秸秆还田，利用联合整地机进行深松 30

厘米以上，打破犁底层。用大型拖拉机配置专用起垄机起垄，垄沟宽45厘米，上边宽65厘米、垄高18～20厘米，垄体饱满，垄距110厘米，也可春季播种前起垄。

（2）选用大豆大垄高台垄上三行专用精量播种机播种。耐密品种、积温较低地区播种2.7万～3.0万粒/亩；一般品种、积温较高地区播种2.3万～2.8万粒/亩。

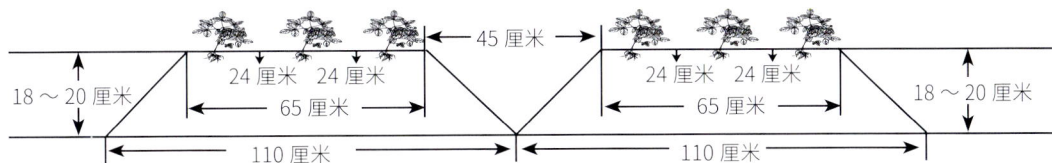
大豆大垄高台栽培示意图

（3）根据当地有效积温条件选用增产潜力大，高产、优质、耐密植、抗倒伏、适应能力强、脂肪含量21%以上或蛋白质含量40%以上,达到粮食作物种子标准——豆类（GB 4404.2—2008）的品种，所选品种杜绝越区种植。

（4）测土配方施肥。亩施磷酸二铵8～9千克、尿素3～4千克、硫酸钾2～3千克或用大豆专用肥（总养分含量50%以上）13～15千克，种肥必须做到种下侧深施或种下分层施。

（5）田间管理。适时铲趟、浇水、施肥，建议应用化学除草技术、病虫害绿色防控技术。

（6）收获时间。人工收获：黄熟末期至完熟初期，植株落叶时即可收割；机械收获：在大豆"摇铃"即叶片全部脱落、豆荚变成黑褐色、豆粒完全归圆、豆粒水分在15%～16%时适时收获，田间损失不超过5%，破碎粒不超过3%。

三、适宜区域
适宜内蒙古东部大豆种植区或其他同等生态类型的地区。

四、注意事项
（1）选用国家或自治区审定或引种备案的、生育期适宜的高蛋白、高油大豆专用品种。

（2）使用专用大垄高台起垄机起垄及专用大垄高台播种机。

五、技术依托单位

内蒙古自治区农业技术推广站

联系地址：内蒙古自治区呼和浩特市乌兰察布东街 70 号

邮政编码：010011

联 系 人：包立华

联系电话：13694718388

电子邮箱：nntlsk@163.com

· 14 ·

大豆带状复合种植技术

一、技术概述

大豆带状复合种植技术集高效轮作、绿色增收、提质增效三位一体，实现了基础理论研究、应用技术（机具）和示范推广的有机结合，为我国农业供给侧结构性调整、化解玉米大豆争地矛盾、拓展大豆生产面积提供了新的模式和新的选择。

大豆带状复合种植技术研究始于 2002 年，历经十几年的研究与示范推广，技术日臻成熟。多年多点试验示范表明，与单作相比玉米不减产、多收一季大豆。2008—2018 年列为全国农业主推技术，2012 年列为农业部农业轻简化实用技术，2019 年被遴选为国家大豆振兴计划重点推广技术。该技术在我国西南地区进行了大面积推广，在黄淮海、西北及东北地区进行了试验示范，年均应用面积近 1 000 万亩。

和常规技术相比，该技术具有高产出、可持续、机械化、低风险等优势，应用该技术的主产作物产量（如玉米、马铃薯）与原单作产量水平相当，还新增套作大豆 130 ～ 150 千克 / 亩，间作大豆 110 ～ 130 千克 / 亩，土地当量比套作可达 1.8 以上，光能利用率 3% 以上，肥料利用率提高 20% ～ 30%，亩增收节支 400 ～ 600 元；同时利用大豆根瘤固氮、机械灭茬还田与免耕直播等方式达到改善土壤团粒结构、提高土壤有机质和增加土壤肥力的效果。

二、技术要点

1. 选配良种 大豆选用耐阴抗倒高产品种，如南豆 25、齐黄 34、中黄 30、中黄 39、石豆 936。

2. 扩间增光 大豆带与共生作物带复合种植，共生作物玉米、马铃薯等带 2 行，行距 0.4 米；大豆带 2 ～ 4 行，行距 0.3 ～ 0.4 米；大豆带与共生作物带的间距 0.6 ～ 0.7 米。西南地区大豆带 2 ～ 3 行，行距 0.3 ～ 0.4 米；西北区大豆带 3 行，行距 0.3 米；黄淮海地区大豆带 3 ～ 4 行，行距 0.3 米。

带状间作大豆苗期长势图

带状套作大豆苗期长势图

3. 缩株保密　大豆单粒穴播，株距 10～12 厘米；缩小株距使共生作物密度与单作相当，如玉米株距缩小为 12～14 厘米。

4. 调肥控旺　共生作物按净作施肥标准施肥，或施用等氮量的控释肥，大豆施用生物菌肥（土力根，折氮量 1.12 千克／亩）或根瘤菌拌种，并在分枝期或初花期用 5% 的烯效唑可湿性粉剂喷施茎叶实施控旺。

5. 机播匀苗　玉米—大豆模式长江流域选择 2BYFSF-3 型，黄淮海地区选择 2BYFSF-5、2BYFSF-6 型带状复合种植专用施肥播种机实施播种，其他模式则选用当地配套机型。

玉米、大豆带状间作机播图

6. 机收提效　大豆用 GY4D-2 型联合收获机收获脱粒和秸秆还田，共生作物则利用当地现有配套机型，如玉米用 4YZ-2A 型自走式联合收获机和 4YZP-2L 型履带式收获机实施收穗。

机收带状间作大豆图

带状间作大豆成熟图

7. 防除杂草　播后苗前用 96% 精异丙甲草胺乳油（金都尔）封闭除草，苗后茎叶定向除草（通过物理隔帘将玉米、大豆隔开施药）。

8. 防病控虫　理化诱抗技术与化学防治相结合，用可降解色板（黄色、蓝色、紫色）诱杀蚜虫，用单波段 LED 杀虫灯 + 性诱剂诱芯装置诱杀斜纹夜蛾、桃柱螟等。

三、适宜区域

适宜于长江流域多熟制地区，黄淮海夏玉米及西北春玉米产区。

四、注意事项

品种选择时注意与共生作物间的协调性，共生玉米品种不宜株型分散和高大；播种前需调试播种机的开沟深度、用种量、用肥量，且培训农机手，确保一播全苗；如果封闭除草效果不佳，应及时采取茎叶除草，注意使用物理隔帘定向喷雾；注意防控根腐病、斜纹夜蛾等病虫害。

五、技术依托单位

四川农业大学农学院

联系地址：四川省成都市温江区惠民路 211 号

邮政编码：611130

联 系 人：杨文钰，雍太文，王小春

联系电话：13908160352，13980173140，13882441628

电子邮箱：mssiyangwy@sicau.edu.cn，scndytw@qq.com

· 15 ·

大豆机械化高质低损收获技术

一、技术概述

1. 技术基本情况 该技术主要针对我国黄淮海、南方等大豆主产区大豆种植方式不规范、地块小且不平整、收获时间短等现状，解决大豆收获损失率高、破碎率高的问题，提高大豆收获机械化程度。目前，该技术在黄淮海及南方地区得到较为广泛的应用，有效降低了机械化收获大豆的破碎率、损失率和含杂率，对提升大豆收获品质、提高大豆生产的经济效益具有重要的应用价值。

2. 技术示范推广情况 近年来，在江西鄱阳、安徽淮北、安徽宿州、山东济宁等地开展了多次试验示范，推广面积超过 3 000 亩。与现有其他收获机相比，利用该技术收获大豆损失降低了 2%，以大豆平均单产 300 斤[①]/ 亩、大豆平均单价 3.8 元 / 斤为例，300 斤 / 亩 ×0.02×3.8 元 / 斤 ×1 亩 =22.8 元，即每亩可增收 22.8 元。大面积田间试验表明，该技术显著提高了大豆收获作业质量，具有较好的应用前景。

3. 提质增效情况 该技术在我国黄淮海、南方等大豆主产区进行了多年的试验示范，和非示范区采用的传统大豆收获方式相比，利用该技术收获大豆损失降低了 2% ～ 5%，增产 8% 以上，具有较好的应用前景。

4. 技术获奖情况 以大豆机械化高质低损技术为核心的"大豆机械化收获技术"在 2016 年、2017 年、2018 年连续三年入选农业部主推技术。

二、技术要点

1. 机械联合收获 采用联合收割机直接收获大豆，首选专用大豆联合收获机，也可以选用多用联合收获机或借用小麦联合收割机，但一定要更换大豆收获专用的挠性割台。大豆机械化收获时，要求割茬一般 4 ～ 6 厘米，要以不漏荚为原则，尽量放低割台，为防止炸荚损失，保证割刀锋利，

割刀间隙需符合要求，减少割台对大豆植株的冲击和拉扯；适当调节拨禾轮的转速

---

① 斤为非法定计量单位，1 斤 =500 克。

和高度，一般早期的豆枝含水率较高，拨禾轮转速可适当提高，晚期的豆枝含水率较低，拨禾轮转速需要相对降低，并对拨禾轮的轮板加胶皮等缓冲物，以减小拨禾轮对豆荚的冲击。在大豆收获机作业前，根据大豆植株含水率、喂入量、破碎率、脱净率等情况，调整机器作业参数。一般调整脱粒滚筒线速度至 470 ～ 490 米 / 分钟（即滚筒转速为 500 ～ 650 转 / 分钟），脱粒间隙 30 ～ 34 毫米。在收获时期，一天之内大豆植株和子粒含水量变化很大，同样应根据含水量、实际脱粒情况及时调整滚筒的转速和脱粒间隙，降低脱粒破损率。要求割茬不留底荚，不丢枝，总损失率 ≤ 5%，破碎率 ≤ 5%，含杂率 ≤ 3%。

轮式大豆联合收获机　　　　　　　　　　履带式大豆联合收获机

2. 分段收获　分段收获有收割早、损失小及炸荚、豆粒破损和泥花脸少的优点。割晒放铺要求连续不断空，厚薄一致，大豆铺底与机车前进方向呈 30°，豆铺放在垄台上，豆枝与豆枝之间相互搭接，以防拾禾掉枝，做到不留"马耳朵"，割茬低，割净、拣净，减少损失。要求综合损失不超过 3%，拾禾脱粒损失不超过 2%，收割损失不超过 1%。割后 5 ～ 10 天，籽粒含水量在 15% 以下，及时拾禾。

3. 收获期选择　适期收获对保证大豆的产量和品质具有重要意义，大豆机械化高效低损收获需要严格把握收获时间，收获时间过早，籽粒百粒质量、蛋白质和脂肪含量偏低，尚未完全成熟；收获时间过晚，大豆含水量过低，会造成大量炸荚掉粒现象。

（1）机械联合收获期的确定。机械收获的最佳时期在大豆完熟初期，此期间大豆籽粒含水率为 20% ～ 25%，豆叶全部脱落，豆粒归圆，摇动大豆植株会听到清脆响声。

（2）分段收获期的确定。一般在大豆黄熟末期，此时大豆田有 70% ～ 80% 的植株叶片、叶柄脱落，植株变成黄褐色，茎和荚变成黄色，用手摇动植株可听到籽粒的哗哗声，即可进行机械割晒作业；对于人工收割机械脱粒方式的收获期，一般在大豆完熟期，此时叶片完全脱落，茎、荚、粒呈原品种色泽，豆粒全部归圆，籽粒含水量下降至 20%，摇动豆荚有响声，即可进行人工收割。

收获期大豆植株状态

4. 收获方式的选择 不同大豆产区需结合产区具体生产情况选择不同的收获方式，东北春大豆及黄淮海夏大豆产区收获条件较好、收获时期短，宜选择机械联合收获；南方大豆产区生产条件复杂，尤其在丘陵山地，地块小、联合收获机具难以进入且收获季节多阴雨天气，宜选择分段收获方式。

三、适宜区域

东北春大豆、黄淮海夏大豆和南部丘陵山地间套作大豆等全国大豆主产区。

四、注意事项

（1）驾驶操作前必须检查，保证机具、设备技术状态的完好性，保证安全信号、旋转部件、防护装置和安全警示标志齐全，定期、规范实施维护保养。

（2）根据当地大豆种植情况掌握好合适的收获时期，并把好"五关"，即收获关：根据当地大豆种植情况适时收获，既不能过早，也不能过晚；割茬关：割茬适当，既不高，又不低，比较适中，恰到好处；完整关：机械收割保证刀片锋利，人工收割刀要磨快，减少损失；清洁关：充分利用晴天地干时机，突击抢收，防止泥花脸，提高清洁度；标准关：坚持质量标准，达到质量要求，提高等级。

五、技术依托单位

农业农村部南京农业机械化研究所

联系地址：江苏省南京市玄武区中山门外柳营 100 号

邮政编码：210014

联 系 人：金诚谦

联系电话：025-84346200

电子邮箱：412114402@qq.com

.16.

黄淮海夏大豆免耕覆秸机械化生产技术

一、技术概述

针对黄淮海地区大豆播种时麦秸麦茬处理困难、大豆播种质量差、雨后土壤板结严重影响大豆出苗、土壤有机质含量持续下降、生产成本居高不下等问题，而研究形成的技术体系。通过该技术，实现了小麦秸秆的全量还田，解决了大豆播种时秸秆堵塞播种机，麦秸混入土壤后造成散墒、影响种子发芽，土壤有机质下降等长期悬而未决的难题；通过覆盖秸秆，提高了土壤水分利用效率，避免了播种苗带土壤板结；在小麦原茬地上，一次性完成"种床清理、侧深施肥（药）、精量播种、封闭除草、秸秆覆盖"等 5 项作业，提高播种质量，降低生产成本；通过侧深施肥，提高了肥料利用效率；通过化肥农药减施保证了大豆品质。从而实现了黄淮海麦茬夏大豆生产农机农艺融合、良种良法配套、生产生态协调。和常规技术相比，可增产大豆 10% 以上，水分、肥料利用率提高 10% 以上，降低化肥、农药用量 5% 以上，亩增收节支 60 元以上。

核心技术"黄淮海夏大豆麦茬免耕覆秸精量播种技术"自 2012 年以来单独或作为其他技术的核心内容，连续 8 年被遴选为农业部主推技术。2013 年以来在安徽、江苏、山东、山西、河南、河北、北京、陕西等省份多地进行示范、推广，获得良好效果。屡创小面积亩产 300 千克以上、大面积 250 千克以上实打实收高产典型。

二、技术要点

1. 优质高产大豆新品种选择　蛋白质、豆浆率和豆腐产率较高；高产田块大面积种植可达到 200 千克 / 亩；抗大豆花叶病毒、疫霉根腐病，抗旱、耐涝，稳产性好；抗倒性好，底荚高度适中，成熟时落叶性好，不裂荚。

2. 种子处理　精选种子，保证种子发芽率。按照每粒大豆种子黏附根瘤菌 $10^5 \sim 10^6$ 个的用量接种根瘤菌剂，直接拌种或采用高分子复合材料包膜根瘤菌包衣技术。根瘤菌直接拌种后要尽快播种（12 小时内），采用高分子复合材料包膜技术，可以在播前 1 ~ 2 月将根瘤菌包衣到种子上，适合大面积机械化播种。防治病害用 7.4% 苯醚甲环唑·吡唑醚菌酯 FS 拌种。每亩播种量为 3 ~ 4 千克，保苗 1.5 万株。

3. 小麦秸秆处理　综合考虑小麦收获成本及籽粒损失，建议小麦收获茬高 30 厘米，不对小麦秸秆进行粉碎、抛撒。

4. 麦茬免耕覆秸精量播种　麦收后趁墒播种，宜早不宜晚，底墒不足时造墒播种。采用麦茬地大豆免耕覆秸播种机播种，横向抛秸、侧深施肥（药）、精量播种、封闭除草、秸秆覆盖一次完成，行距 40 厘米，播种深度 3～5 厘米。结合播种亩施复合肥（氮∶磷∶钾=15∶15∶15）10 千克，施肥位置在种子侧面 3～5 厘米、种子下面 5～8 厘米。

大豆免耕覆秸精量播种　　　　　　　大豆免耕覆秸精量播种后小麦均匀覆盖情况

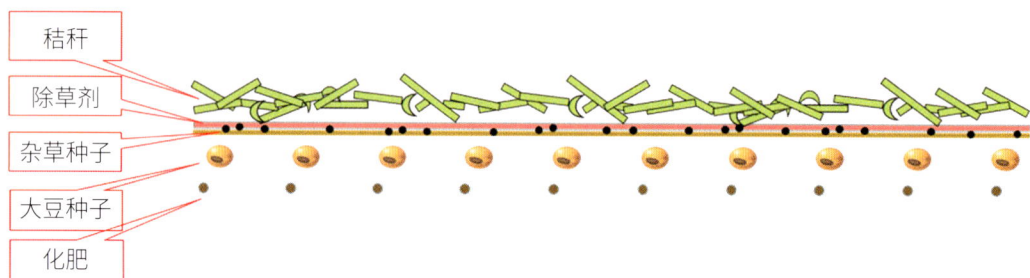

大豆免耕覆秸精量播种后土壤表面及耕作层模式图

5. 病虫害综合防治　蛴螬发生较重的地区或田块，可结合侧深施肥亩施 30% 毒死蜱微囊悬浮剂 0.5 千克 +200 亿孢子 / 克卵孢白僵菌粉剂 0.5 千克，或者 200 亿孢子 / 克卵孢绿僵菌 0.5 千克防治蛴螬。可结合播种实施田间封闭除草，亩施用精甲·噻·阔复合除草剂 135 克，机械喷雾每亩用量 15～20 升，防治黄淮海地区大豆田常见的杂草。

幼苗期注意防治大豆胞囊线虫病、根腐病及蚜虫、红蜘蛛等，花期注意防治点蜂缘蝽、蛴螬、造桥虫、豆天蛾、棉铃虫，鼓粒期注意防治豆天蛾、造桥虫等。尽量使用生物杀虫剂或高效低毒杀虫剂。防治点蜂缘蝽，可在开花期喷施吡虫啉、氰戊菊酯、氯虫·噻虫嗪等杀虫剂，隔 7 ～ 10 天喷 1 次，连喷 2 ～ 3 次。注意防治成株期病害，主要包括大豆根腐病、大豆溃疡病、大豆拟茎点种腐病、炭疽病等，可在开花初期及结荚期使用嘧菌酯 + 苯醚甲环唑进行防控。

6. 低损机械收获 联合收获最佳时期在完熟初期，此时大豆叶片全部脱落，植株呈现原有品种色泽，籽粒含水量降为 18% 以下。大豆联合收获机进行调整：一是割台，配置扰性割台或大豆低割装置割台；二是拨禾轮，转速尽量降低；三是脱粒系统，配置大豆低破损脱粒滚筒，凹板筛栅条之间的有效间隙为 15 ～ 18 毫米，脱粒滚筒与凹板筛之间的间隙为 20 ～ 30 毫米，脱粒滚筒线速度为 ≤ 13 米 / 秒，将脱粒滚筒脱粒部件除锐角、倒钝；四是排草口，安装拨草装置，保持排草口顺畅；五是调整清选系统风机转速与振动筛类型，保证清选清洁度。

三、适宜区域

黄淮海麦、豆一年两熟区。

四、注意事项

如果因为天气原因造成封闭除草效果不佳，应及时采取茎叶处理。

五、技术依托单位

中国农业科学院作物科学研究所

联系地址：北京市海淀区中关村南大街 12 号

邮政编码：100081

联 系 人：吴存祥

联系电话：010-82105865，13511055456

电子邮箱：wucunxiang@caas.cn

· 17 ·

油菜绿色高质高效生产技术

一、技术概述

在国家油菜产业技术体系、国家科技支撑计划和中国农业科学院科技创新工程的支持下，中国农业科学院、华中农业大学、湖北省油菜办公室等开展协同攻关，引进吸收国内外最新科技成果，将机械化高抗高产油菜新品种、种子包衣、种肥同播、缓控释肥、病虫草绿色防控、直接收获等油菜优质高产技术进行集成组装，建立了适合两熟和三熟等不同耕作模式下的油菜绿色高质高效生产技术。

该技术显著提高了我国菜籽生产的品质和效益：劳动用工从每亩 5 ～ 10 个下降到 0.5 个以内，农药施用量降低 90% 以上，肥料施用量减少 10% 以上，机收损失率下降到 5% ～ 8%，直接或间接增产 5% ～ 15%，产油量提高 8% 以上。2013 年以来，该技术在湖北武穴、云梦、公安及江西湖口、瑞安等地开展了大面积试验示范和推广，实现了油菜籽生产成本降低一半以上，油菜生产成本从 5.0 元 / 千克降低到了 2.0 元 / 千克，规模化生产成本减低到了 1.7 元 / 千克，大大提升了油菜生产竞争力。

该技术以高产高油为基础，以绿色高效为目标，物资机械投入成本约 300 元 / 亩，一般亩产量 150 ～ 200 千克，按照每斤 2.0 元计算，亩产值 600 ～ 800 元，扣除成本，亩效益 300 ～ 500 元。同时还实现了减肥减药，农药施用量降低 90% 以上，肥料施用量降低 10% 以上。

二、技术要点

1. 机械化高抗高产油菜新品种包衣种 选用阳光 2009、华油杂 62、中油杂 19、沣油 737 等抗病优质高产机收油菜品种，也可选择国家或本地省级审定或登记的油菜新品种，要求具备高产、抗菌核病、耐密、抗倒等适宜机械收获的特性。播种前用"种卫士"拌种包衣，防治苗期虫害。

2. 适期种肥同播技术 9 月底至 10 月上中旬采用 2BFG-10 油菜联合播种机或 2BYM-6/8 型油麦兼用精量联合直播机种肥同播，亩播种量 200 ～ 300 克，亩成苗 2.5 万～ 3.0 万株。若播期推迟（10 月 15 日以后）可增加播种量到 300 ～ 400 克，适当增加密度到

3 万～ 4 万株。

3. 高效施肥技术 选用"宜施壮"油菜专用缓释肥，稻田油菜亩施 35 千克，旱地油菜亩施 25 千克，随多功能油菜联合播种机播种时一并施用。若施用一般性的复合肥时须每亩施用 1 千克的硼砂或 0.5 千克的高含量硼肥（有效硼 12% 以上）作为基肥，防止油菜花而不实。

4. 病虫草绿色防控技术 直播后 3 天内用乙草胺封闭除草，蕾苔期或花期用无人机或大型机械喷雾按每亩 25% 咪鲜胺 50 毫升或 40% 菌核净可湿性粉剂 100 克、30 克速效硼、60 克磷酸二氢钾兑水喷施，促进生长结实，防病、防衰、防倒、防花而不实。建议统防统治，提高防治效果和作业效率，降低防治成本。

5. 直接收获技术 油菜黄熟时，利用无人机每亩喷施 80 ～ 100 毫升"立收油"干燥剂，喷施后 5 ～ 10 天采用 4LZY-2.0S 型油菜联合收割机一次性收获。

三、适宜区域

本技术适宜长江流域冬油菜主产区（湖北、湖南、江西、四川、贵州、云南、重庆、安徽、江苏、浙江、广西等省份）、黄淮油菜主产区（河南、陕西）、北方春油菜产区（青海、内蒙古、甘肃、新疆、西藏）推广。

四、注意事项

（1）选择品种要选用适合当地区域的审定或登记品种。

（2）北方春油菜产区应按照当地实际情况选择播期。

2BFG-10 型油菜联合播种机田间播种作业

油菜"一促四防"统防统治

无人机喷施"立收油"

五、技术依托单位

1. 中国农业科学院油料作物研究所

联系地址：湖北省武汉市武昌区徐东二路 2 号

邮政编码：430062

联 系 人：李俊，程勇，张学昆

联系电话：027-86813983

电子邮箱：zhangxuekun@caas.cn

2. 华中农业大学

联系地址：湖北省武汉市洪山区狮子山街 1 号

邮政编码：430070

联 系 人：廖庆喜

联系电话：027-87282121

电子邮箱：liaoqx@mail.hzau.edu.cn

3. 农业农村部南京农业机械化研究所

联系地址：江苏省南京市玄武区中山门外柳营 100 号

邮政编码：210014

联 系 人：吴崇友

联系电话：025-84346274

电子邮箱：wucy@nriam.com

4. 湖北省油菜办公室

联系地址：湖北省武汉市武珞路 519 号省农业事业大厦

邮政编码：430070

联 系 人：蔡俊松，鲁明星

联系电话：027-87666925

电子邮箱：hbsycbgs@126.com

.18.

油菜机械化播栽与收获技术

一、技术概述

1. 技术基本情况 油菜机械化播栽与收获技术是解决冬油菜和春油菜种植及收获的关键技术，主要包括油菜精量联合直播、毯状苗移栽、联合收获和分段收获机械化技术，该项技术作业效率高，作业质量好，省工节本，增产增效效果显著。

2. 技术示范推广情况 油菜机械化播栽与收获技术已连续多年在油菜主产区大范围推广应用；油菜毯状苗移栽技术被农业农村部列为 2018 年十项重大引领性农业技术，在长江流域 5 省布点开展规模化试验示范，受到了油菜主产区的普遍欢迎。

3. 提质增效情况 油菜机械化精量播种技术可一次性完成精量施肥、耕整开沟、播种等多道工序，播后出苗率高、苗齐苗壮，显著提高生产效率。毯状苗机械移栽效率是人工育苗移栽的 60 ～ 80 倍，移栽效率高、产量稳定。机械化联合收获一次性完成切割、脱粒、清选等多个环节，省工省时，作业效率高，有利于抢农时。机械化分段收获损失率低，适应性强，适收期长，菜籽品质优，后熟作用避免绿籽叶绿素带进油品，提升了菜籽油品质。

4. 技术获奖情况 油菜机械化播栽技术获中国机械工业科学技术奖一等奖 1 项，2014—2016 年度全国农牧渔业丰收奖一等奖 1 项，中国专利优秀奖 2 项，江苏省科学技术奖二等奖 1 项，湖北省科技进步奖二等奖 1 项，教育部科技进步奖二等奖 1 项。

二、技术要点

（一）油菜机械化精量联合直播技术

（1）田块准备。田块表面要相对平整，坡度不大于 15°；前茬作物留茬高度不大于 30 厘米；待播种土壤湿度适中，相对湿度为 40% ～ 60%。

（2）种子准备。根据当地生态条件和生产特点，选择适宜当地环境的高产、双低、抗病、抗倒、抗裂角、花期集中、株型紧凑等适合机械化收获的油菜品种。播种前精选种子，清除秕、碎、病粒和杂质，符合机械化作业要求。

（3）肥料准备。肥料应采用颗粒肥料，以防止化肥在肥箱内结块。

（4）播期选择。冬油菜直播，9 月 15 日至 10 月 25 日为直播油菜的可播期，推荐在 9 月 20 日至 10 月 15 日适期雨前早播。春油菜根据当地气候条件确定。机械直播用量一般控制在 150～250 克 / 亩，土壤墒情差或推迟播期的应适当增加播量，推荐使用 2BFQ-6/4 型油菜精量联合直播机。

2BFQ-6 型油菜精量联合直播机

（二）油菜毯状苗高效移栽技术

1. 培育毯状苗

（1）床土配置。床土取肥沃无病虫的表层土壤，去除土壤中的石子、砖块和杂草，每盘床土加 45% 的三元复合肥 6～8 克，肥料与床土要充分混匀。

（2）种子处理。播种前选晴天进行晒种，以提高种子发芽率。播种前用烯效唑、硫酸镁、氯化铁、硼酸、硫酸锌、硫酸锰混合液拌种，注意搅拌均匀。

（3）定量播种。播种量（克 / 盘）＝每盘育苗数 × 千粒重 /（1000/ 发芽率 / 田间出苗率），确定播种量后按盘准确称量种子。

（4）肥水管理。播种至出苗阶段要保持表土层湿润，每天浇水 2～3 次。出苗后适当控水，以不发生萎蔫为宜。间隔 2～3 天用营养液浇水一次；出苗期、一叶一心期和二叶一心期分别施尿素 1 克 / 盘，移栽前施尿素 2 克 / 盘。施用时可将尿素溶于水中进行喷施。

2. 适期移栽

（1）移栽苗龄。秧苗 4 叶期，苗高 10～14 厘米移栽为宜，在正常播种的条件下，一般秧龄控制在 35 ～ 40 天，秧苗太小，移栽后不易成活；秧苗过高易形成超龄苗，移栽后发棵缓慢。

（2）作业条件。移栽用苗应均匀，秧苗根系盘结，土块不松散。田块应符合当地农艺要求，进行耕翻整地，地表应平整，不应有大土块和石块等障碍物，土壤含水率 20% ～ 30% 为宜。整地后开畦沟，一般畦面宽度 1.8 米左右为宜。对于土壤墒情适宜的田块，可以在前茬作物如水稻收获后，实时进行秸秆粉碎处理，抢墒进行免耕移栽。

（3）移栽方法。移栽机具选用由农业农村部南京农业机械化研究所、洋马公司研制生产的油菜毯状苗移栽机进行作业，针对不同土壤条件对机具工作参数进行适当调节，作业速度控制在 1 米 / 秒以内，株距 12 ～ 16 厘米，栽植深度 4 ～ 6 厘米。

3. 栽后管理　栽后土壤墒情好或有降雨，不需喷洒活棵水，如果干旱严重应适当灌水，或畦沟浸水。

4. 其他田间管理　如施肥、病虫害防治、除草等，与常规油菜种植的田间管理基本相同。

2ZYG-6 型油菜毯状苗移栽机

（三）油菜机械化联合收获技术

（1）油菜联合收获时应将拨禾轮降低到适当位置，收获倒伏作物时，逆倒伏方向收割，以免增加油菜籽的损失。

（2）采用联合收获时应在 95% 以上油菜角果变成黄色或褐色，植株、角果中含水量下降，冠层略微抬起时进行，并宜在早晨或傍晚进行收获以减少损失；割茬高度应符合当地农艺要求，应为 20 ～ 30 厘米。

4LZY-3.5S 型油菜联合收割机

（3）油菜联合收获机应加装秸秆粉碎装置，秸秆的切碎长度≤ 10 厘米，便于秸秆还田，避免秸秆焚烧造成的环境污染等问题。

（四）油菜机械化分段收获技术

（1）油菜分段收割应选择全株有 70%～ 80% 的角果呈黄绿色至淡黄色，主序角果已转黄色，分枝角果基本褪色，种皮也由绿色转为红褐色时期，割晒后后熟 3～6 天，在早晚有露水时或在阴天用捡拾机收获。

（2）割晒机作业时，割茬高度应选择 20～30 厘米，以减少油菜籽的损失。

（3）割晒时油菜成熟度低不易炸裂，适收期长。捡拾作业时一般要等露水稍干后再进行。如遇到雨后，要等油菜上的雨水干了再收获。这样可提高作业效率，又可减少堵塞和损失。

4SY-2.8 型油菜割晒机   4SJ-2.0 型油菜捡拾脱粒机

三、适宜区域

长江流域油菜主产区。

四、注意事项

（1）油菜机械化精量联合直播技术。一是播种完成后应及时清理与完善沟渠，做到"三沟"齐全、排水畅通。二是适时查苗，采用油菜精量联合直播机播种一般不需要间苗和定苗。三是化学除草应在播种后选用除草剂进行土壤封闭处理。四是土壤含水量在 70% 时可不灌水，长江流域一般秋冬干旱比较普遍，应注意抗旱保苗。五是注意田间追肥和防治病虫害，根据油菜生产农艺规程要求合理施用氮肥、磷肥、钾肥和硼肥。六是机具操作严格按照使用说明要求执行。

（2）油菜毯状苗高效移栽技术。油菜毯状苗的密度一般要达到 4 000～6 000 株 / 米^2，而且为适应机械移栽要求，苗高 10～14 厘米为宜。通常情况下这样的播种密度往往出苗率和成苗率很低，而且容易造成秧苗根茎细长，机器栽插时抗植伤能力差，栽后活棵生长慢。因此需要对种子进行前期化学处理，控制生长发育进程，以形成高密度、根系发达的毯状苗。

（3）油菜机械化联合收获技术。应用联合收获时应选择成熟度一致性好、抗倒伏的油菜品种，按技术要求选定适宜的收获时间，否则收获损失率较高。

（4）油菜机械化分段收获技术。分段收获后期抗风能力强，但连续阴雨不宜作业。按照上述技术要点适时收获可有效降低损失率，获得含水率较低的油菜籽。

五、技术依托单位

1. 农业农村部南京农业机械化研究所
联系地址：江苏省南京市玄武区柳营 100 号

邮政编码：210014

联　系　人：吴崇友

联系电话：15366092918

电子邮箱：542681935@qq.com

2. 华中农业大学
联系地址：湖北省武汉市武昌区南湖狮子山街 1 号

邮政编码：430070

联　系　人：廖庆喜

联系电话：027-87282120

电子邮箱：903621239@qq.com

3. 扬州大学农学院
联系地址：江苏省扬州市邗江区文昌中路 567 号

邮政编码：225104

联　系　人：冷锁虎

联系电话：18912133687

电子邮箱：171998209@qq.com

· 19 ·

油菜菌核病、根肿病综合防控技术

一、技术概述

1. 技术基本情况　近年来，受全球气候变暖、极端天气频发、耕作制度和栽培模式变革、品种不合理布局、带病种子和农机跨区调运等诸多因素的影响，油菜菌核病、根肿病的发生为害呈逐年加重趋势，已经成为我国油菜高产稳产的主要限制因子之一。对于油菜菌核病，目前生产上推广的抗病品种主要以避病和耐病为主，传统的化学防治虽然有一定的效果，但由于最理想的施药时间是在盛花初期，而此时油菜已经封行，人工施药较为困难；而对于油菜根肿病，当前生产上推广的品种大多不抗根肿病，传统的防治技术主要有撒施生石灰、氰霜唑或氟啶胺灌根等，但操作起来不仅成本高昂，而且耗时费工，防治难度较大。这就导致了很多地区基本不采取任何病害防治措施，结果造成巨大的经济损失，并严重影响到油菜种植效益及农民种植积极性。

针对这一现状，中国农业科学院油料作物研究所联合国内相关科研院所开展联合攻关，研发并集成了以植保无人机喷药防治为核心的油菜菌核病综合防控技术体系，以及针对不同种植模式的油菜根肿病综合防控技术。多年的试验示范结果显示，该技术具有轻简易行、防治效果好、防治成本低等一系列优点，增产增效显著。

2. 技术示范推广情况　自 2010 年以来，依托国家油菜产业技术体系相继在长江流域20 多个地市建立了 10 万亩以上的核心示范区，对以植保无人机喷药防治为核心的油菜菌核病综合防控技术体系进行了试验示范。目前，该技术已经得到社会各界的广泛认可，全国各油菜主产区也在大面积示范和推广该技术，累计推广面积超过 1 500 万亩，较好地解决了油菜菌核病防治耗时费工的难题。

油菜根肿病综合防控技术也相继在湖北、安徽和四川病区示范推广多年，防病增产效果显著，是一项根肿病严重病区具有突破性的重大增产技术措施。

3. 提质增效情况　试验示范结果表明，油菜菌核病综合防控技术体系的实施，可使产中管理的成本每亩控制在 100 元以内，与传统相比降低 2/3 以上，菌核病防治效果平均提高 18% 以上，农药减施 20% 以上，节水 90% 以上，挽回菜籽直接产量损失 12%

以上，亩综合效益增加 200 元以上；油菜根肿病综合防控技术的实施，可使根肿病的防治效果达到 80% 以上，挽回菜籽直接产量损失 50 千克以上，亩综合效益增加 100 元以上。

二、技术要点

1. 油菜菌核病综合防控技术 总体策略是以种植抗病品种为基础，化学防治为加强措施，生物和农业防治为辅。

（1）选用抗病品种。在油菜菌核病重发区，选用适合当地种植的抗（耐、避）病品种，如秦优 7 号、秦优 10 号、中双 9 号、中油杂 19、华油杂 62 等，以减轻病害的发生。

（2）芽前封闭除草技术。在现有联合播种机上增加喷药装置或采用高效喷雾器械，在油菜播种后喷施精异丙甲草胺、异松·乙草胺等封闭除草剂，在土壤表面形成一层药膜以抑制杂草生长，预防苗期菌核病的发生。

油菜机械化芽前封闭除草技术

（3）苗期"一调三抗"技术。在油菜菌核病重发区，尤其是花前油菜菌核病发生较重的区域，采用植保无人机等高效喷雾器械在油菜苗期喷施碧护、阿泰灵等复合型药剂，调节油菜生长平衡，提高植株免疫力，增强油菜抗病、抗虫、抗逆能力，预防苗期菌核病的发生。

（4）花期"一促四防"技术。在油菜盛花初期，利用植保无人机喷施咪鲜胺（戊唑·咪鲜胺、异菌·氟啶胺）、硼肥、磷酸二氢钾、植物源助剂等混合药剂，防治菌核病、防花而不实、防早衰、防高温逼熟，促进油菜后期生长发育。

油菜花期"一促四防"技术

（5）秸秆（菌核）快速腐解技术。在收割机上安装喷雾施药装置，对油菜秸秆喷施棘孢曲霉、盾壳霉等复合型生物菌剂，加速秸秆和菌核腐解，一方面减少田间菌源物数量，另一方面培肥地力，提高后茬作物产量。

油菜秸秆（菌核）快速腐解技术

2. 油菜根肿病综合防控技术

（1）选用抗病品种。油菜抗根肿病新品种"华油杂 62R"和"华双 5R"抗病效果显著，对我国多数油菜主产区根肿菌生理小种表现为免疫抗性。

（2）延期播种。播种时应尽量避开根肿病适宜发生的土壤温度（20～25℃）和湿度（大于 50%）等环境条件，如推迟播种期 10～15 天，可显著降低发病率和病情指数。

（3）直播油菜根肿病防治技术。按 1 升水加 10% 氰霜唑 15 毫升、胺鲜酯 15 毫克的比例配制浸种液,将种子按 1:5 的比例放入浸种液中浸泡 1～2 小时,取出晾干后播种。播种时亩施 10 千克石灰氮和 30 千克 45% 三元复合肥作底肥。播种密度以每亩 2.0 万～2.5 万株为宜。

（4）移栽油菜根肿病防治技术。在病害较轻或人工较缺乏的地方,可采用苗床土壤消毒的方法育苗,即平整苗床后,表面均匀喷施 10% 氰霜唑 1 500 倍液,用药量以表层 15 厘米土壤充分湿润为宜。在病害较重的地方,可采用育苗筒育苗,即平整苗床后,将蜂窝状纸质育苗筒（直径 6 厘米,高 8 厘米,可降解）在苗床上展开,筒内填 80% 无菌土,用无菌水淋透后播种,上面再覆盖一层无菌土。播种后 30 天左右选择健壮苗移栽大田,移栽密度每亩 3 000 株左右。移栽时亩施 10 千克石灰氮和 30 千克 45% 三元复合肥作底肥。移栽后可根据实际情况用 10% 氰霜唑 2 000 倍液灌根。

三、适宜区域

全国油菜菌核病、根肿病发病区。

四、注意事项

（1）施用封闭除草剂时,应根据土壤墒情决定兑水量,推荐 30～60 千克 / 亩。干旱不利于药效发挥,遇雨或田间有积水时容易发生药害。

（2）采用植保无人机喷施化学农药时,一般每亩药液用量 500～1 000 毫升,药液浓度较高,容易产生药害,因此在选择农药时一定要慎重。同时,植保无人机的雾滴粒径较小,为保证防治效果,建议向药液中添加喷雾助剂,以提高雾滴的高湿润性、抗挥发性、强渗透性、扩展性及耐雨性等。

（3）根肿病的防治重在预防,一旦作物遭到病菌侵染再用药则毫无防治效果,因此在有根肿病发生的田块必须注重预防,提前施药。

五、技术依托单位

1. 中国农业科学院油料作物研究所

联系地址：湖北省武汉市武昌区徐东二路 2 号

邮政编码：430062

联 系 人：刘胜毅,方小平,程晓晖

联系电话：13971106884,18672962977,18627096913

电子邮箱：liusy@oilcrops.cn,xpfang2008@163.com,chengxiaohui@caas.cn

2. 四川省农业科学院

联系地址：四川省成都市锦江区静居寺路 20 号

邮政编码：610066

联 系 人：刘勇

联系电话：028-84504089

电子邮箱：liuyongdr@163.com

3. 荆州农业科学院

联系地址：湖北省荆州市沙市区南湖路 101 号

邮政编码：434000

联 系 人：陈洪洲

联系电话：13308610119

电子邮箱：1943331753@qq.com

4. 宜昌市农业科学研究院

联系地址：湖北省宜昌市点军区江南路 89 号

邮政编码：443002

联 系 人：程雨贵

联系电话：0717-6672246

电子邮箱：1162016518@qq.com

5. 苏州市农业科学院

联系地址：江苏省苏州市相城区望亭镇北

邮政编码：215155

联 系 人：孙华

联系电话：13506213412

电子邮箱：sunhqzy@163.com

6. 襄阳市农业科学院

联系地址：湖北省襄阳市高新区邓城大道 81 号

邮政编码：441057

联 系 人：白桂萍

联系电话：15907278008

电子邮箱：175841880@qq.com

. 20 .

油菜多用途开发利用技术

一、技术概述

该技术是将油菜菜籽生产、蔬菜、饲料、绿肥、旅游、蜜蜂采蜜等功能有机整合，形成适用不同区域的油菜"一菜多用"技术模式，既可增加收益，又可种养结合和建设美丽乡村，一二三产业融合。

如收获菜籽，按亩产 150 千克、5.0 元 / 千克，每亩物化投入约 300 元（不含土地费及劳力投入）计，亩效益 450 元左右；用作饲料，按亩产鲜饲料 3～5 吨，0.3 元 / 千克，亩投入 300 元计，亩效益 600 元以上；如采摘一次菜薹作蔬菜，亩收获菜薹 250 千克以上，按 5.0 元 / 千克计，扣除劳力 200 元，亩效益增加 1 100 元以上；作绿肥用时，其产量显著高于紫云英（红花草），且种子费用低，经济效益和生态效益显著；而作为观光旅游资源时，更能增加油菜附加值。

二、技术要点

1. 种植模式 油菜的多用途开发利用模式形式多样，主要有以下几种方式：①菜用 + 饲用 / 肥用；②菜用 + 饲用 + 油用；③菜用 / 饲用 + 观花 + 油用；④菜用 / 饲用 + 油用。花期以后收获的油菜，都可作为蜜源。

2. 播种时间

（1）西北、东北地区。以油用为主油菜播种期为 3 月底至 4 月初。麦后复种油菜，可在 7 月底至 8 月初及时播种，用作饲料或绿肥。

（2）长江流域。以油用为主的最佳播种期为 9 月 25 日至 10 月 15 日。如作绿肥，播种期可推迟至 10 月 25 日前后，初花期翻压还田。

3. 品种选择 推荐选用各地区审定（登记）的高产、耐密、抗倒、抗病油菜品种；如做菜用，可选用已审定（登记）专用品种；种子质量符合我国行业标准《低芥酸低硫苷油菜种子（NY 414—2000）》。

4. 机械直播或移栽 无茬口矛盾，采取直播方式，否则可采用育苗移栽方式。

5. 肥料运筹 播种时施用油菜专用配方肥 40～50 千克 / 亩。采摘一季菜薹后，及时追施尿素 5 千克 / 亩。

6. 田间管理　杂草发生较重的田块，播种后 2～3 天内封闭除草。长江流域春后及时清理三沟，确保雨住田干。冬前防治蚜虫、菜青虫，初花期防治菌核病。

7. 适时收获　一是用作蔬菜：菜薹高 15 厘米左右时抢晴天采收 1～2 次。二是用作饲料：作鲜饲料或者青贮饲料时可在终花期收获，也可采取随割随喂或草地放牧方式。三是用作绿肥：长江流域可在 4 月下旬翻压还田，西北、东北地区在霜前翻压还田。四是收获籽粒：油菜角果全部呈枇杷黄色时，割倒后熟 3～5 天后捡拾脱粒；或全株角果完全枯黄后机械联合收获。

8. 菜籽晾晒入仓　籽粒含水量降至 9% 以下时，扬净装袋入库。

菜薹在收获时要注意保证良好的品相

饲料油菜在终花期收获后裹包青贮

每头牛可饲喂 3～5 千克 / 天新鲜饲料油菜

甘肃会宁油菜观光旅游与绿肥还田模式

三、适宜区域

适宜我国长江流域油菜主产区，及黄淮、东北、西北等区域。

四、注意事项

（1）油菜用途形式多样，可根据当地的市场需求和实际需要进行调整，宜菜则菜、宜饲则饲、宜油则油。

（2）做到抢墒播种，保证全苗、匀苗。

（3）高密度种植，均匀排布株行距。

（4）收获菜薹或者饲料后，及时追肥，保证后期生物学产量。

五、技术依托单位

1. 华中农业大学

联系地址：湖北省武汉市洪山区狮子山街 1 号

邮政编码：430070

联 系 人：周广生，汪波

联系电话：027-87281507

电子邮箱：zhougs@mail.hzau.edu.cn，wangbo@mail.hzau.edu.cn

2. 全国农业技术推广服务中心

联系地址：北京市朝阳区麦子店街 20 号楼

邮政编码：100125

联 系 人：王积军

联系电话：13910705740

电子邮箱：wangjj@agri.gov.cn

. 21 .

花生抗旱节水高产高效栽培技术

一、技术概述

1. 技术基本情况 花生是重要的油料作物之一，每年种植面积大约 7 000 万亩，单产和总产居油料作物之首。地域降水量偏少、降水集中或季节性干旱成为限制花生产量与质量提高的主要因子。据统计，全国约 70% 的花生种植在缺少灌溉条件的中低产田，因干旱引起的花生减产率平均在 20% 以上。

旱薄地土壤贫瘠和供肥保水能力差而导致养分利用率低，造成生长中后期脱肥早衰、病虫害加剧而使产量和品质下降。传统花生生产一般采用大水漫灌、加大化肥施用量，造成肥料淋失，成为影响水体质量的主要污染源。同时，在花生生育中后期，经常遇到 15 天以上的阶段性干旱，严重限制了产量提高。膜下滴灌水肥一体化技术随水追肥，按照肥随水走、少量多次、分阶段拟合的原则，将花生总灌溉水量和施肥量在不同的生育阶段分配，制订合理的灌溉施肥制度（包括基肥与追肥比例、不同生育期灌溉施肥次数、时间、灌水量、施肥量等）。利用该技术可满足花生不同生育期水分和养分需要，延缓生育后期花生早衰提高产量的同时改善籽仁品质。

实施花生抗旱节水高产高效栽培技术可充分发挥花生自身节水潜力，有利于提高水肥利用效率，减少环境污染，提高花生产量和经济效益，保护环境，促进花生生产可持续发展。

2. 技术示范推广情况 该技术在山东、河南、河北及辽宁等花生产区 3 年累计推广 1 111.6 万亩，获总经济效益 13.6 亿元，经济效益和社会效益显著。

3. 提质增效情况 通过应用花生抗旱节水高产高效栽培技术体系，花生平均亩产提高 15.0%，每亩增收 232.3 元，物质投入每亩增加 118.4 元（按第一年主管道和滴灌管道计算），劳动用工每亩减少 80.0 元，合计实现单位规模新增纯收益 193.9 元 / 亩。示范区水肥利用率提高 15% 以上，实现了产量、效益和生态的协同提高。

4. 技术获奖情况 "花生抗逆高产关键技术创新与应用"获 2018 年度山东省科技进步奖一等奖。其中，花生抗旱节水高产栽培技术是抗逆栽培主要技术之一。

二、技术要点

1. 品种选择　选用中晚熟、产量潜力大、根系较大且在深层土壤内具有较多根系、综合抗性好，并已通过审定或认定的抗旱高产品种，如花育 25 号、花育 36 号、远杂 9847、冀花 4 号、阜花 11 号等抗旱型高产品种。

2. 整地与施肥　适当深松，深度一般以 30 厘米为宜，增加土壤通透性。整地时，每亩施腐熟有机肥 2 400 ～ 3 000 千克，配施尿素 10 ～ 12 千克、生物磷钾肥 30 千克，钙肥施用 12 ～ 15 千克；或每亩施腐熟有机肥 2 400 ～ 3 000 千克，生物复合肥 40 千克。此外，还要配合使用钼肥、硼肥等微量元素肥料，及根瘤菌肥。有机肥、钙肥和 80% 氮磷钾肥基施，20% 的氮磷钾肥利用膜下滴灌随水施入，生物肥播种时沟施。

机械施肥整地

3. 播种与滴灌带铺设　采用花生铺管覆膜播种机进行播种铺管覆膜一体化操作，根据地块的形状布设干管和滴灌带。传统双粒穴播覆膜起垄一般垄距 85 厘米左右，垄顶宽 55 ～ 60 厘米，垄高 10 厘米，垄顶整平，一垄双行，垄上小行距 35 ～ 40 厘米，穴距 15 ～ 18 厘米，每亩 9 000 ～ 11 000 穴，每穴播 2 粒；单粒精播播种垄距 85 厘米左右，垄上种 2 行花生，垄上小行距 25 厘米，播种行距离垄边 12.5 厘米，穴距 10 ～ 12 厘米，每亩播种 13 000 ～ 16 000 粒，每穴播 1 粒。

机械播种铺管覆膜

田间管道铺设

4. 水肥一体化管理 生产上在长期无雨条件下，可采取干播湿出技术，在播种覆膜后将滴灌控制装置、预铺设的滴灌管道与水源连接进行灌溉，控制灌水量为 5～10 米^3/亩，使 0～20 厘米土层土壤含水量达饱和状态。花生苗期一般不浇水，进行蹲苗，花针期和结荚期遇天气干旱需对花生进行灌水处理，一般灌水量

滴灌系统首部枢纽

为 20 米^3，保持土壤湿润；大雨过后要及时排干花生地积水，待土壤落干后及时做好保墒和覆土工作，以保证花生及时下针、结荚。生育中后期每亩可随滴灌水施入尿素 3.0～4.5 千克，施入磷酸氢二钾 4～6 千克防止植株出现早衰减产；也可喷施适量的含有氮、磷、钾和微量元素的其他肥料。

三、适宜区域

干旱、旱薄丘陵地及春花生高产田。

四、注意事项

1. 滴灌带铺设 干管布设方向与花生种植行向垂直，滴灌带铺设走向与花生种植行向同向，将干管与滴灌带布置成"丰"字形或"梳子"形。

2. 科学化控 结荚初期当主茎高度达 35 厘米，及时喷施生长调节剂防止植株徒长或倒伏。施药后 10～15 天如果主茎高度超过 40 厘米可再喷施一次。

五、技术依托单位

山东省花生研究所

联系地址：山东省青岛市李沧区万年泉路 126 号

邮政编码：266100

联 系 人：张智猛

联系电话：18963021090

电子邮箱：qinhdao@126.com

. 22 .

花生单粒精播节本增效高产栽培技术

一、技术概述

1. 技术基本情况　花生常规种植方式一般每穴播种 2 粒或多粒，以确保收获密度，但群体与个体矛盾突出，易早衰、早熟，限制了花生产量进一步提高。单粒精播能够保障花生苗齐、苗壮，提高幼苗素质；再配套合理的密度、优化肥水等措施，能够延长生育期，显著提高群体质量和经济系数，充分发挥花生高产潜力。此外，由于花生种子大，全国每年用种量约占全国花生总产量的 8% ～ 10%，单粒精播技术节约用种显著。推广应用单粒精播技术对花生提质增效具有十分重要的意义。

2. 技术示范推广情况　单粒精播技术先后作为省级地方标准和农业行业标准发布实施。2011—2017 年连续 7 年被列为山东省农业主推技术，2015—2018 年连续 4 年被列为农业部主推技术，在全国推广应用。

3. 提质增效情况　较常规双粒播种，单粒精播技术多数增产在 5.5% 以上，部分产田达 20% 以上，平均增产 8%，亩节种约 20%。

4. 技术获奖情况　作为部分内容，2008 年获国家科技进步奖二等奖；随着深入研究和应用推广，本技术作为主要内容，2018 年获山东省科技进步奖一等奖和山东省农牧渔业丰收奖一等奖。

二、技术要点

1. 精选种子　精选籽粒饱满、活力高、大小均匀一致、发芽率≥ 95% 的种子，药剂拌种或包衣。

2. 平衡施肥　根据地力情况，配方施用化肥，确保养分全面供应。增施有机肥，精准施用缓控释肥，确保养分平衡供应。施肥要做到深施，全层匀施。

3. 深耕整地　适时深耕翻，及时旋耕

药剂拌种、包衣

整地，随耕随耙耢，清除地膜、石块等杂物，做到地平、土细、肥匀。

4. 适期足墒播种 5 厘米日平均地温稳定在 15℃以上，土壤含水量确保 65%～70%。北方春花生播种适期为 4 月下旬至 5 月中旬，南方春秋两熟区春花生为 2 月中旬至 3 月中旬，秋花生为立秋至处暑，长江流域春夏花生交作区为 3 月下旬至 4 月下旬。麦套花生在麦收前 10～15 天套种，夏直播花生应抢时早播。

5. 单粒精播 单粒播种，亩播 13 000～17 000 粒，宜起垄种植，垄距 85 厘米，一垄两行，行距 30 厘米左右，穴距 10～12 厘米，裸栽播深 3～5 厘米，覆膜压土播深 2～3 厘米。密度要根据地力、品种、耕作方式和幼苗素质等情况来确定。肥力高、晚熟品种、春播、覆膜、苗壮，或分枝多、半匍匐型品种，宜降低密度，反之增加密度。夏播根据情况适当增加密度。覆膜栽培时，膜上筑土带 3～4 厘米，当子叶节升至膜面时，根据情况及时撤土清棵，确保侧枝出膜、子叶节出土。

播种规格（穴距）

机械化播种作业

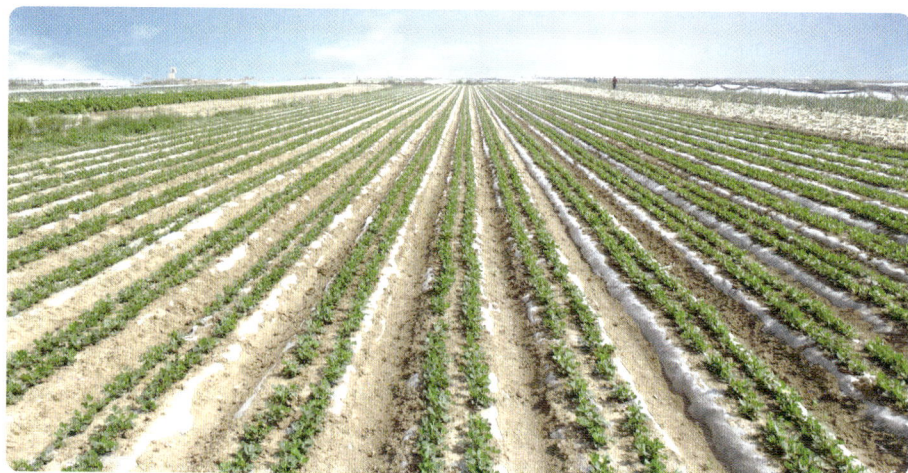

单粒精播田出苗情况

6. **肥水调控** 花生生长关键时期，遇旱适时适量浇水，遇涝及时排水，确保适宜的土壤墒情。花生生长中后期，酌情化控和叶面喷肥，雨水多、肥力好的地块，宜在主茎高 28～30 厘米开始化控，提倡"提早、减量、增次"化控，确保植株不旺长、不脱肥。

7. **防治病虫害** 采用综合防治措施，严控病虫危害，确保不缺株、叶片不受危害。

病虫害综合防治

三、适宜区域

适合全国花生产区。

四、注意事项

要注意精选种子。密度要重点考虑幼苗素质，苗壮、单株生产力高，降低播种密度，反之则增加密度；肥水条件好的高产地块宜减小密度，旱（薄）地、盐碱地等肥力较差的地块适当增加密度。

五、技术依托单位

1. 山东省农业科学院生物技术研究中心、山东省花生研究所

联系地址：山东省济南市工业北路 202 号

邮政编码：250100

联 系 人：万书波，郭峰

联系电话：0531-66658127/9692

电子邮箱：wanshubo2016@163.com，guofeng08-08@163.com

2. 山东省农业技术推广总站

联系地址：山东省济南市历下区十亩园东街 7 号

邮政编码：250013

联 系 人：曾英松

联系电话：0531-67866303

电子邮箱：zengys0214@sina.com

· 23 ·

麦后夏花生免耕覆秸栽培技术

一、技术概述

1. 技术基本情况　麦后夏花生免耕覆秸栽培技术是一项轻简高产高效种植技术,集花生高产、早熟、优质、节本、增效技术为一体,提升机械化、标准化、规模化生产水平,有效解决"三夏"农时紧张问题,降低劳动力成本,实现粮油双增收。

为解决黄淮海花生产区麦后夏花生和麦垄套种花生整地播种周期长、播种技术粗放、机械化水平低、人工成本高、小麦秸秆处理难等问题,2012 年以来,承担全国农业技术推广服务中心新技术示范项目,先后应用东北农业大学陈海涛教授研制的花生免耕覆秸播种机械、正阳县豫丰机械有限公司生产的花生起垄播种机、农业部南京农业机械化研究所与河南农有王农业装备科技股份有限公司研制生产的夏花生免耕起垄播种机械,加强农机农艺融合,将免耕、碎秸、起垄、播种、施肥、镇压等技术整合进麦后夏花生直播栽培技术,针对关键措施、瓶颈技术,经过多年试验验证、集成与示范,形成了一套适易于小麦、花生一年两熟地区的麦后夏花生免耕覆秸栽培技术,主要包括品种选择、机械精播、科学施肥、田间管理、病虫害绿色防控等技术要点。近年来,该技术在河南省豫东、豫北、豫南地区大面积示范,成效显著,充分挖掘了现有资源的生产潜力,达到环保、增收、提质、增效。

2. 技术示范推广情况　已在豫东、豫北、豫南地区规模化示范推广 100 多万亩。

3. 提质增效情况　在豫东、豫北、豫南沙土地,与原来花生麦垄套种栽培技术、麦后夏花生铁茬播种栽培技术相比,分别增产 10.3% 和 12.6%,每亩节约用工成本 80 元。

4. 技术获奖情况　河南省实施的"夏花生丰产提质增效绿色栽培技术"项目获得 2016 年全国农牧渔业丰收奖二等奖,该项技术为项目示范推广的主要技术内容之一。

二、技术要点

1. 种子处理　根据当地生态条件,选择增产潜力大、早熟、综合抗性好、生育期在 110 天以内的高产优质品种。播种前 10～15 天剥壳,剥壳前带壳晒种 2～3 天,分级粒选,剔除秕粒、病虫粒、破损粒、霉变粒,选用饱满的籽粒作为种子使用。播种前用符合绿色食品种植要求的药剂浸种或种子包衣。

2. 机械精播　前茬要求：小麦成熟收获时间不能晚于 6 月 10 日，小麦收获后残茬留茬高度不能高于 15 厘米。小麦收获后及时播种，不宜晚于 6 月 15 日。播种时根据不同土壤质地足墒播种，墒情不足时应造墒播种，确保全苗。主要分两种种植模式：一是麦后免耕覆秸平播。选用在麦收后能一次性完成灭茬覆秸、精量播种、侧深施肥、喷洒农药、开沟、覆土、镇压等多重工序的免耕覆秸精播机播种；种植密度每亩用种 20 ～ 25 千克，种植密度 22 000 ～ 24 000 株，行距 35 ～ 40 厘米，穴距 15 ～ 20 厘米，播种深度 4 ～ 5厘米。二是免耕碎秸起垄播种技术。麦收后先用旋耕机快速旋耕，随即用免耕起垄播种机完成起垄、开沟、侧深施肥、精量播种、覆土、镇压等多道工序复合作业；垄宽 50 厘米，沟宽 20 厘米，垄上播两行花生，小行距 25 厘米，大行距 45 厘米，穴距 15 ～ 20 厘米；播种深度 4 ～ 5 厘米，种植密度每亩用种 20 ～ 25 千克，种植密度 22 000 ～ 24 000 株。

麦收后夏花生免耕覆秸平播

麦收后立即利用旋耕机旋耕

麦收后田间旋耕后效果

旋耕后立即应用免耕起垄播种机播种

免耕覆秸起垄播种后的效果

免耕起垄播种机

3. 科学施肥

种肥：每亩施纯氮 6.0～7.5 千克，五氧化二磷 5～6 千克，氧化钾 6～9 千克，需用专用复合肥或粒径相近的颗粒原料肥混合，肥料使用应符合绿色食品栽培要求。

追肥：开花下针期和结荚期每亩分别追施纯氮 2.5～3.5 千克。花生封垄前结合中耕，顺垄每亩撒施硫酸钙 50～60 千克，促进荚果发育，减少空壳，提高饱果率。

叶面喷肥：灌水或雨后缺铁性发黄，每亩用 100 克硫酸亚铁兑水 50 千克喷雾。为防止早衰，花生进入结荚期后，叶面喷施 1% 的尿素和 2%～3% 的过磷酸钙澄清液，或 0.1%～0.2% 磷酸二氢钾水溶液 2～3 次（间隔 7～10 天），每次喷洒 30～50 千克／亩。

4. 病虫草害防治 病虫草害防治采用绿色植保、综合防治的方法。

5. 田间管理

中耕培土：中耕 2～3 次，齐苗后及早进行第一次中耕，在第一次中耕后 10～15 天进行第二次中耕，初花期至盛花期进行第三次中耕，并结合中耕进行培土迎针。

水分管理：花生开花下针至结荚期需水量最大，遇旱应及时浇水。花生生长中后期如雨水较多，排水不良，能引起根系腐烂、茎枝枯衰、烂果，要及时疏通沟渠，排除积水。灌溉用水应符合绿色食品生产要求。

化学调控：株高达到 30～35 厘米时，每亩用 15% 的多效唑可湿性粉剂 30～50 克或 5% 的烯效唑可湿性粉剂 20～40 克兑水 30 千克叶面均匀喷洒。

6. 收获贮藏

收获时期：花生成熟（大果花生饱果率达到 65% 以上，珍珠豆花生饱果率达到 75% 以上）时抢晴好天气及时收获。

收获方式：收获时宜采用花生联合收获机或分段式收获机，收获和摘果时要注意避免或减少机械损伤荚果。

晾晒贮藏：花生收获摘果后，应及时晾晒或机器烘干，当花生荚果水分降至 10% 以下时，入库贮藏。贮藏设施及仓库应清洁、干燥、通风、无虫害和鼠害。

三、适宜区域

适宜于小麦、花生一年两熟制地区。

四、注意事项

先小面积示范，再逐步推广。

五、技术依托单位

河南省经济作物推广站、河南省花生产业技术体系

联系地址：河南省郑州市农业路 27 号

邮政编码：450002

联 系 人：任春玲

联系电话：13838268959

电子邮箱：843605883@qq.com

· 24 ·

花生种肥同播肥效后移延衰增产技术

一、技术概述

1. 技术基本情况 由于花生地膜覆盖栽培及地下结果等原因不便追肥，多在播种期一次性施肥，速效肥料造成前期旺长倒伏，后期脱肥早衰，影响产量和品质。肥效后移技术指采用包膜缓控释肥等缓释长效肥料，延长肥效期，增强中后期肥效，可以控制前期旺长，防止后期脱肥早衰，提高肥料利用率，降低肥料对环境的污染。种肥同播指花生机械播种与施肥一次性完成，缓控释肥料集中施在播种沟中间，种与肥隔离深施，既可提高肥效又避免肥料烧种伤根。该技术亦可作为化肥减施技术推广应用。

适于肥效后移技术的包膜控释肥

2. 技术示范推广情况 山东农业大学与金正大生态工程集团股份有限公司、山东农大肥业科技有限公司等企业合作研发包膜控释肥、腐殖酸控释肥等多种缓控释肥肥料品种，在实施农业部花生高产创建活动，及全国 26 个花生综合试验站及示范县示范推广，不断改进熟化施肥技术，推广面积迅速扩大。

3. 提质增效情况 一般增产 10% 以上，一般增效 10% ～ 15%。

4. 技术获奖情况 "百万吨级作物营养双平衡控释肥料创制及应用"获山东省科技进步奖一等奖（2016 年）；"新型作物控释肥研制及产业化开发应用"获国家科技进步奖二等奖（2009 年）；《缓控释肥种肥同播技术规程》（DB37/T 2554—2014）作为山东省地方技术标准实施；"花生肥效后移防衰增产技术"被山东省遴选为主推技术（2011 年）。

二、技术要点

1. 春播花生采用起垄地膜覆盖 高产粮田实行麦后灭茬起垄覆膜夏直播或麦后夏直播等两熟制。轮作换茬，秋冬深耕深翻，增施有机肥培肥地力。

2. 采用缓控释肥等长效肥料 确定合理的施肥量和配比，保证合理的供肥动态，达到营养和供肥双平衡。

（1）一般施肥数量。亩产 500 千克左右高肥力地块，亩施农家有机肥 4 000～5 000 千克、五氧化二磷 12 千克、纯氮 12 千克、氧化钾 10 千克。亩产 300～400 千克的中等肥力地块，亩施有机肥 3 000 千克左右、五氧化二磷 6～8 千克、纯氮 8～10 千克、氧化钾 4～5 千克。中低产田亩施有机肥 2 000 千克左右、五氧化二磷 4～6 千克、纯氮 6～8 千克、氧化钾 2～4 千克。小麦秸秆全部还田的夏花生，应适当加大氮肥用量。

（2）肥料品种与配比。包膜控释尿素：控释期 2～4 个月的硫包膜或树脂包膜尿素与普通尿素掺混，控释尿素的氮量应占总氮量的 50%～70%，再与磷肥、钾肥配合施用。高肥地需要较晚发挥肥效，可适当加大控释尿素的比例，旱薄地需较早发挥肥效，可适当降低控释尿素的比例。控释掺混复合肥（15-15-15）：控释期 2～4 个月的包膜尿素与常规复合肥掺混，控释尿素的氮量应占总氮量的 50%～60%，一般亩施 40～60 千克；春花生低产田或小麦秸秆全部还田的夏直播花生，应适当加大氮肥用量或比例如 20-13-12。控释掺混腐殖酸复合肥（15-15-15）：控释期 2～4 个月的包膜尿素与腐殖酸复合肥掺混，控释尿素的氮量应占总氮量的 50%，一般亩施 40～60 千克。春花生低产田或小麦秸秆全部还田的夏直播花生，应适当加大氮肥用量如 23-12-10，或使用其他类型缓释长效肥料。

（3）施肥方法。有机肥在耕地前施入。化肥在起垄播种时一次性集中施在播种沟中间，种与肥隔离，深施 15 厘米以上。选择适宜的播种机，一次性完成起垄、施肥、播种、喷除草剂、覆膜、压土等工序。

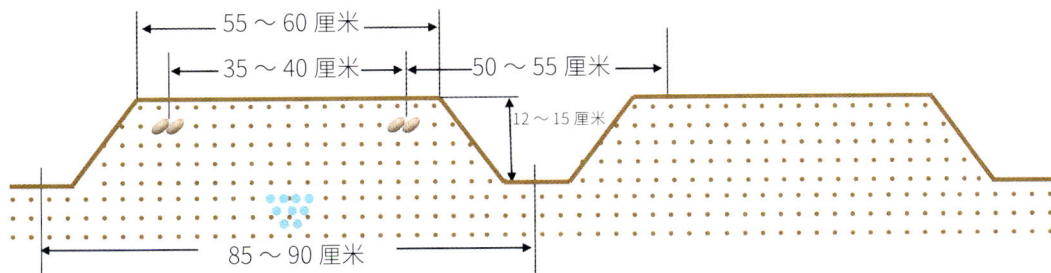

55～60 厘米　35～40 厘米　50～55 厘米　12～15 厘米　85～90 厘米

种肥同播与种植规格示意图

3. 适期播种　春播花生推迟到 4 月底至 5 月中旬播种，麦后夏直播 6 月上中旬抢时早播。

4. 选用高产品种，适当密植　大花生品种山花 9 号每亩 0.8 万～ 0.9 万穴，山花 7 号 0.9 万～ 1 万穴。小花生品种山花 8 号等 1.0 万～ 1.1 万穴，每穴 2 粒。

5. 其他技术措施　其他技术措施同常规。

机械播种作业现场

注：图中使用的地膜为配色地膜。

三、适宜区域

整体技术适宜北方花生产区，施肥技术亦适宜南方花生产区。

四、注意事项

干旱影响包膜控释肥发挥肥效，遇干旱又需发挥肥效时应配合灌溉。

种肥同播肥效后移花生大田生长

五、技术依托单位

山东农业大学

联系地址：山东省泰安市岱宗大街 61 号

邮政编码：271018

联 系 人：万勇善，张民，张昆

联系电话：0538-8241540

电子邮箱：yswan@sdau.edu.cn

· 25 ·

花生机械化播种与收获技术

一、技术概述

1. 技术基本情况 我国花生常年种植面积约 7 000 万亩、占全球 17.6%，总产量约 1 650 万吨、占全球 37%，种植面积和产量分别居世界第二位和第一位。随着我国农业供给侧结构性改革的持续推进，花生种植面积预计将出现较大幅度的增加。目前，花生生产机械化水平还不高，特别是播种和收获两个环节还处在较低水平。据测算，2018 年，花生机械化播种、收获水平分别不到 50% 和 40%，仍有较大提升空间。

（1）麦茬全量秸秆地花生机械化播种技术。该技术可一次性完成碎秸清秸、苗床整理、洁区（无秸秆的土壤）施肥播种、播后均匀覆秸等作业，解决了传统播种机具在全量秸秆覆盖地工况下作业顺畅性差、架种、晾种等技术难题，也可进一步推动秸秆禁烧和秸秆还田肥料化利用。

麦茬全量秸秆地花生播种机

（2）多垄多行花生联合播种技术。该技术可一次性完成多垄多行花生精量播种和施肥等作业，具有功能多、效率高、播种精度高、播深一致、便于田间转移等特点，解决了目前市场上花生播种机效率低、漏播率高、破损率大、出苗率低等问题。

（3）半喂入花生联合收获技术。该技术可一次性完成挖掘、夹持输送、清土、果秧分离、清选、集果等所有收获作业环节，具有功耗少、破损率低、损失小等特点，收获后花生秧蔓完整无损，可用作饲料。

多垄多行花生联合播种机

半喂入花生联合收获机

（4）全喂入花生捡拾收获技术。该技术分为两段，第一段采用花生挖掘收获机完成机械化挖掘、抖土和铺放等环节，经过 3～7 天田间晾晒后，第二段采用全喂入花生捡拾收获机完成机械化捡拾、摘果和清选等作业。通过该技术收获的花生含水率在 15% 左右，基本可直接入仓收储，解决了花生烘干、晾晒问题。

全喂入花生捡拾收获机

2. 技术示范推广情况　麦茬全量秸秆地花生机械化播种技术已在我国黄淮海花生主产区获得较大范围推广应用，多垄多行花生联合播种技术已在我国黄淮海、东北、西北花生主产区获得小范围示范应用，半喂入花生联合收获技术已在我国各花生主产区获得广泛应用，全喂入花生捡拾收获技术已在我国黄淮海、东北等花生主产区获得较大范围的推广应用。

3. 提质增效情况

（1）麦茬全量秸秆地花生机械化播种技术。该技术省工省时，无须人工移出清理小麦秸秆，生产率可达 5～8 亩 / 小时，且播种后的花生适合机械化收获作业，产量较人工播种无显著差异，综合效益明显高于人工或传统半机械化作业方式。

（2）多垄多行花生联合播种技术。该技术生产效率可达 8 亩 / 小时，每亩平均可减少用工费 43.6 元、节省燃油 2.1 升、用种量减少 3.4%、因精密播种产量提高 5.6%，特别适合大面积规模化种植。

（3）半喂入花生联合收获技术。该技术生产效率高，可达 2～3 亩 / 小时，是人工收获的 30 倍以上，节约生产成本 60% 以上；尤其在气候不好的情况下，有利于抢收。

（4）全喂入花生捡拾收获技术。该技术将花生整株铺放在花生田进行自然晾晒，可有效减少花生霉变损失，提高花生品质，可节约花生烘干成本 300～500 元 / 亩；该技术生产效率高，可达 10～15 亩 / 小时，是人工捡拾收获的 100 倍以上，特别适用于花生大面积规模化种植。

4. 技术获奖情况　以麦茬全量秸秆地花生机械化播种技术为核心技术的"旱田全量秸秆覆盖地免耕播种关键技术与装备"已获神农中华农业科技奖一等奖；以多垄多行花生联合播种技术为核心技术的"花生机械化播种与收获技术及装备"已获国家科技进步奖二等奖；以半喂入花生联合收获技术为核心技术的"花生收获机械化关键技术与装备"已获国家技术发明奖二等奖。

二、技术要点

1. 麦茬全量秸秆地花生机械化播种技术

（1）田块要求。土质以沙壤土或沙土为宜；前茬小麦种植时，尽量将地整平，灌溉用所起垄的垄距尽量为麦茬全量秸秆地花生播种机宽度的整数倍；小麦收获时，留茬高度无特殊要求，秸秆均匀或条铺田间均可，无须粉碎。

（2）种子准备。根据当地生态条件和生产特点，选择适宜当地环境的生育期短、产量稳定、结果范围集中、株型直立的优良品种。播种前精选种子，清除秕、碎、病粒和杂质；可根据当地病虫害发生规律，选用高巧、施乐适、普尊等种衣剂对花生种子进行包衣处理；种子包衣时应选用伤种率较低的包衣机进行加工处理。

（3）肥料准备。应根据花生需肥规律、土壤供肥性能与肥料的效应，将氮、磷、钾合理配比后施用；一般夏花生播种时，每亩施用氮肥 5～6 千克、磷肥 6～8 千克、钾肥 2～3 千克；肥料应采用流动性较好的颗粒肥料，以防止排肥管堵塞及肥料在肥箱内架空。

（4）播期选择。根据当地气候、土壤含水率适期播种，一般要求在 6 月 15 日之前完成播种作业；墒情不足时，播后及时灌溉补墒；小麦生育后期土壤含水量较低时，在收获前 7～10 天适量浇水，一方面确保花生适墒播种，另一方面保证播种机具顺畅作业。

（5）播后管理。播种后应及时喷施除草剂，每亩用 72% 都尔 100 毫升或 50% 乙草胺 75 毫升等，均可高效防除杂草。

2. 多垄多行花生联合播种技术

（1）田块要求。以大田块为宜，土质以沙壤土或沙土为宜；田间无根茬或根茬已被翻埋；播种前需采用旋耕整地机将田块整平，做到土壤上松下实；整地时可同时施用有机肥。

（2）种子准备。根据当地生态条件和生产特点，选择产量稳定、结果范围集中、株型直立的优良品种。播种前精选种子，清除秕、碎、病粒和杂质；可根据当地病虫害发生规律，选用高巧、施乐适、普尊等种衣剂对花生种子进行包衣处理；种子包衣时应选用伤种率较低的包衣机进行加工处理。

（3）肥料准备。应根据花生需肥规律、土壤供肥性能与肥料的效应，将氮、磷、钾合理配比后施用；肥料应采用流动性较好的颗粒肥料，以防止排肥管堵塞及肥料在肥箱内架空。

（4）播期选择。根据当地气候、土壤含水率适期播种，春花生一般于 5 月 15 日前完成播种；墒情不足时，应及时造墒播种。

（5）播后管理。如果采用覆膜播种，需及时查看幼苗破膜出苗情况，防止烧苗现象；遇旱及时浇水，防止花生植株株高过低，遇涝及时排水，防止花生植株株高过高；根据病虫草害发生情况，及时喷施相应药剂；适时化控，防止徒长和早衰。

3. 半喂入花生联合收获技术

（1）种植要求。适用于沙土和沙壤土条件下的花生收获，且采用宽窄行种植模式，要求窄行距≤ 30 厘米、宽行距≥ 50 厘米、株高 30 厘米以上为宜。

（2）收获时机。收获时机的把握对于降低花生收获损失、提高收获作业质量至关重要，应注意在土壤较为松散时且花生未完全成熟前适当提前收获。

（3）机具调整。作业前需先调整挖掘铲深度及花生秧夹持位置，确保高摘净率和较低含杂率。

（4）使用花生联合收获机作业时，应根据花生长势、土壤条件等，以 0.6～1.0 米/秒的速度作业为宜；遇到植株倒伏时，最好逆倒伏方向收获。

4. 全喂入花生捡拾收获技术

（1）种植要求。适用于沙土和沙壤土条件下的花生收获，且采用宽窄行种植模式，要求窄行距≤ 30 厘米、宽行距≥ 50 厘米、株高 30 厘米以上为宜。

（2）适期收获。按照当地花生生产条件确定适宜收获期，当植株呈现衰老状态，顶端停止生长，上部叶片变黄，基部和中部叶片脱落，大多数荚果成熟时，表明花生已到收获期。收获时尽量避开雨季。

（3）收获条件。土壤含水率在 10%～18%，手搓土壤较松散时，适合花生收获机械作业。土壤含水率过高，无法进行机械化收获；含水率过低且土壤板结时，可适度灌溉补墒，调节土壤含水率后再机械化收获。

（4）挖掘铺放。采用花生挖掘机挖掘、抖土和铺放，作业质量要求：总损失率≤ 3%、埋果率≤ 2%、带土率≤ 20%，作业后地表较平整、无漏收、无机组对作物碾压、无荚果撒漏。

（5）捡拾收获。经过 3～7 天晾晒后，采用花生捡拾摘果机完成捡拾、摘果、清选等，捡拾摘果收获机作业质量要求：总损失率≤ 5%、含杂率≤ 8%、破碎率≤ 5%。

三、适宜区域

麦茬全量秸秆地花生机械化播种技术、多垄多行花生联合播种技术、半喂入花生联合收获技术、全喂入花生捡拾收获技术均适用于黄淮海流域花生主产区，多垄多行花生联合播种技术、全喂入花生捡拾收获技术也适用于东北、新疆等花生产区。

四、注意事项

（1）麦茬全量秸秆地花生机械化播种技术。配套动力要足，一般选用 88.2 千瓦以上的四驱轮式拖拉机进行播种；严禁秸秆清理装置入土作业。

（2）多垄多行花生联合播种技术。该技术主要适用于大田块、春花生播种作业；机具工作前应进行试播，调整好工作状态，工作时定期检查排种和播种深度。

（3）半喂入花生联合收获技术。该技术对花生种植要求较高，推广对象应以规范化种植的直立型花生为主，而不适用于蔓生型花生；联合收获后的花生荚果含水率高，易发生霉变，应及时晾晒、干燥。

（4）全喂入花生捡拾收获技术。应选用配套的花生挖掘铺放机具进行有序铺放作业；

晾晒过程中如遇阴雨天气可适当延长晾晒时间；收获前应提前进行残膜处理，防止残膜缠绕影响捡拾收获作业。

五、技术依托单位

1. 农业农村部南京农业机械化研究所

联系地址：江苏省南京市玄武区柳营 100 号

邮政编码：210014

联 系 人：胡志超

联系电话：025-84346246

电子邮箱：nfzhongzi@163.com

2. 青岛农业大学

联系地址：山东省青岛市城阳区长城路 700 号

邮政编码：266109

联 系 人：王东伟

联系电话：13869881615

电子邮箱：w88030661@163.com

3. 山东省农业机械技术推广站

联系地址：山东省济南市工业南路 67 号

邮政编码：250100

联 系 人：王华

联系电话：0531-83199869

4. 河南省农业机械技术推广站

联系地址：河南省郑州市政六街 5 号

邮政编码：450000

联 系 人：李伟

联系电话：0371-65683350

. 26 .

花生地下害虫综合防控技术

一、技术概述

1. 技术基本情况　花生地下害虫严重影响花生的产量和品质,其中花生蛴螬危害一般减产 20%～40%,重则达 70% 以上。而花生生产中普遍存在地下害虫防控措施不到位、综合防控意识不强、单一化学药剂使用和施药方法不当等问题,因此对花生地下害虫实施科学合理的综合防控技术,降低化学农药使用量,提高虫害防控科学化水平,实现田间防效提高 30% 以上,通过基地示范在花生产区推广应用,是保障花生高质高效和生态环境安全的迫切需要。

2. 技术示范推广情况　从 2009 年起,国家产业技术体系虫害防控岗位团队对花生地下害虫的防控进行了研究,建立了一整套地下害虫综合防治技术,并于 2009—2014 年分别在河北唐山、大名、新乐和深州等花生产区进行了示范,累计推广应用面积 351 万亩,有效地减少了化学农药的使用量,取得了良好的生态效益与社会效益。

3. 提质增效情况　该技术的实施可实现花生(果)较农民常规防治平均亩增产 10.0%～12.3%。2009—2014 年在河北唐山、大名、新乐和深州等产区实现花生累计增产 10 980 万千克,按平均 5 元 / 千克计算,共新增经济效益 54 900 万元。该技术的应用,在切实降低化学农药使用量和使用次数,增加效益的同时,提高花生的品质,保证花生高质高产和生态环境安全。

二、技术要点

以花生为实施对象,以生态优化和健身栽培为基础,分生育期优先采用农业防治、物理防治和生物防治等绿色防控措施,科学使用化学农药,严禁使用高毒、高残留农药,协调各项防控技术,发挥综合效益,将虫害损失控制在经济允许水平以下。

1. 选用优良品种　不同地区根据当地主要虫害种类选择抗虫性较好的当地适宜花生品种。

2. 播种期防治　做好播种前选种、晒种处理,并进行药剂拌种。防治地下害虫(地老虎、蛴螬、金针虫等):150 亿个孢子 / 克球孢白僵菌每亩 250～300 克拌土撒施于播种沟、穴内；每 100 千克花生种子用 30% 辛硫磷微囊悬浮剂 1 000 ～ 1 200 克制剂拌种（或每亩 800 ～ 1 200 克制剂喷雾于播种穴）（干旱地区使用效果好）。拌种采用 25% 噻虫·咯·霜灵悬浮种衣剂（先正达迈舒平）300 ～ 700 毫升 /100 千克种子，用水稀释 4 ～ 7 倍后倒在种子上充分搅拌。

花生播种期药剂拌种

60% 吡虫啉悬浮种衣剂（高巧）200 ～ 400 毫升 /100 千克种子 +40% 萎锈·福美双悬浮剂（卫福）200 ～ 300 毫升 /100 千克种子，适量水（种子重量的 3% ～ 5%）稀释后，再拌种，搅拌均匀后阴干播种。

3. 健身栽培 重视推广高垄栽培，平衡施肥，合理密植，适时播种，科学轮作等健身栽培措施。有条件的南方地区可以采用水、旱轮作方式，缺水地区可与禾本科等作物倒茬，以减轻虫害危害。冬前及花生播种前深翻土壤（风沙区避免秋耕），破坏地下害虫的栖息场所；及时清除田间及田边杂草，以减少虫口数量。施用厩肥、堆肥等有机肥料要充分腐熟，防止害虫发生。

4. 杀虫灯诱杀 利用金龟子等害虫的趋光性，在害虫发生前至结束（4 ～ 9 月）安装杀虫灯诱杀。每 40 ～ 50 亩安装 1 盏杀虫灯，灯管下端距地面 0.8 ～ 1.5 米，每天黄

杀虫灯诱杀技术

昏时开灯，次日清晨关灯。

5. 性诱剂诱杀 利用人工合成的暗黑鳃金龟等害虫的性引诱剂，在害虫成虫发生前于田间架设诱捕器，安装专用性诱剂诱芯，诱杀雄成虫；每 60 ～ 80 米设置一个诱捕器，诱捕器应挂在通风处，田间使用高度为 2.0 ～ 2.2 米；使用时接虫盆内盛水并加入少许洗衣粉，保持水面距诱芯 1 厘米。

6. 生态优化 花生田边、地头间隔零星种植蓖麻、荞麦、红麻等植物，优化生态环境。利用蓖麻诱杀金龟子；以荞麦花蜜、红麻叶分泌的花外蜜，为蛴螬的天敌土蜂提供补充营养，增强土蜂对蛴螬的寄生效果。

田间安装害虫诱捕装置

7. 药剂灌根 150 亿个孢子 / 克球孢白僵菌每亩 250 ～ 300 克，中耕期时均匀撒入花生根际附近土中或将菌粉混于水中，将菌水泼入根部，浅锄入土。

三、适宜区域

技术适宜推广应用于全国花生各产区。

生态优化

四、注意事项

拌种药剂用量必须严格按照要求确定，拌种用水量依据种子吸水性确定，防止用水量过大或过小造成拌种不均匀和破坏种皮的现象，拌种后阴干，注意不宜放置太久。药剂拌种要有专人负责，严格按照操作规范实施，拌过药剂的种子单独存放，防止意外中毒事件发生。

五、技术依托单位

1. 中国农业科学院蔬菜花卉研究所

联系地址：北京市海淀区中关村南大街 12 号

邮政编码：100081

联 系 人：郭巍

联系电话：13933299863

电子邮箱：guowei05@caas.cn

2. 河北农业大学

联系地址：河北省保定市乐凯南大街 2596 号

邮政编码：071001

联 系 人：郭巍，赵丹

联系电话：13933299863，13910819460

电子邮箱：guowei05@caas.cn，504742779@qq.com

· 27 ·

丘陵山区春播绿豆地膜覆盖生产栽培技术

一、技术概述

1. 技术基本情况 绿豆是我国主要的小杂粮作物之一，具有抗旱、耐瘠、适播期长、生育期短等特点，主要集中在燕山—太行山、大兴安岭、秦巴山区和吕梁山区等旱薄丘陵地。该区域地力贫瘠、灌溉设施缺乏、干旱少雨，在很大程度上，绿豆丰歉多靠天而定，绿豆产量低而不稳。围绕丘陵旱地绿豆高产高效生产需求，丘陵山区春播绿豆地膜覆盖栽培技术，可以保墒、增温、抑草，较大幅度地提高产量，解决绿豆产量低、品质差、病虫害严重等问题。

2. 技术示范推广情况 本项技术已在河北省燕山—太行山区的丘陵坡地应用，面积累计约 40 万亩，亩经济效益平均提高 60 元以上，新增社会纯效益达 2 400 万元以上。

3. 提质增效情况 采用该项技术，绿豆增产可达 20% 以上，亩增产 20 千克以上，亩增效益最高可达 140 元。

4. 技术获奖情况 本技术已成为河北省地方标准（DB 13/T 2267—2015）。

二、技术要点

1. 基础条件

选地：选择坡度小于 25°，地表平整，土层较厚，质地疏松的地块。前茬宜为非豆科作物。

产地气候条件：整个绿豆生长季节积温 1 000℃以上；年降水量 ≥ 400 毫米；生育期日照时数不少于 800 小时。

2. 播前准备

品种选择：选择抗旱耐瘠、早熟直立、株型紧凑，结荚集中，成熟一致的绿豆品种，如冀绿 7 号、冀绿 10 号、冀黑绿 12 号等。

整地：适时耕翻耙匀，精细整地。耕后擦耙平整，达到深、松、细、平、净，地面平整、疏松细碎，上虚下实，无坷垃、石块等。

施基肥：土壤瘠薄的地块，结合春季整地施足底肥，基肥应以腐熟有机肥为主配合少量化肥。一般中等肥力地块每亩施有机肥 2 000 ～ 3 000 千克、氮肥 5.0 ～ 7.0 千克、磷肥 1.5 ～ 2.0 千克、钾肥 4.0 ～ 6.5 千克。播前耕翻时将各种基肥拌匀,一次施入。

覆膜:选择幅宽 80 ～ 100 厘米、厚度 0.008 ～ 0.012 毫米地膜,采取人工或机械覆膜,保证覆膜质量。坡地采取等高线覆膜。每隔 5 米压一土带,以防串风揭膜。

抢墒覆膜:墒情适宜时,在 4 月中下旬至 5 月上旬,结合春翻施肥整地抢墒覆膜。

等雨覆膜:墒情较差时,春翻整地后等雨覆膜或雨后春翻整地覆膜。

3. 播种

播种期:4 月下旬至 5 月上旬 5 厘米地温稳定通过 14℃后播种。

种植方式:膜上双行种植,行距 40 ～ 50 厘米,边沟宽 20 厘米。穴距 20 厘米左右,每穴 2 粒。一般孔径 3 厘米,播深 3 ～ 5 厘米,干细土覆土,覆土要压实、压严。采用人工或机械播种。

机械覆膜

播种

4. 田间管理

化学除草:覆膜前可选用 48% 氟乐灵乳油每亩喷施 125 ～ 150 毫升进行土壤处理。

查苗放苗:出苗期及时查苗、放苗,随即用细土压好缝口。

病害防治:苗期重点防治根腐病。田间出现病株时,可选用 50% 多菌灵、65% 代森锰锌或 50% 甲基硫菌灵等可湿性粉剂喷施根茎部,每周喷 1 次,连喷 2 ～ 3 次。花荚期重点防治叶斑病和白粉病。叶斑病可在发病初期选用 50% 多菌灵或 75% 百菌清等可湿性粉剂喷雾防治,每隔 7 ～ 10 天喷施一次,连续防治 2 ～ 3 次。白粉病在发病初期选用 25% 三唑酮可湿性粉剂喷雾。

虫害防治:春播绿豆地膜覆盖易发生根蛆为害,可用 5% 辛硫磷颗粒剂拌细土撒于种子附近进行防治。苗期重点防治地老虎、蚜虫、红蜘蛛等。防治地老虎可用 40.7% 毒死蜱或 40% 氯氰菊酯等乳油喷雾。防治蚜虫可选用 50% 吡虫啉可湿性粉剂喷雾。防治红蜘蛛可选用 1.8% 阿维菌素乳油喷雾。

苗期田间管理：治虫

花荚期重点防治豆荚螟、豆野螟和食心虫等。可选用下列药物：40% 氰戊菊酯、50% 辛硫磷、20% 灭多威、30% 高氯·马、2.5% 功夫菊酯或 5% S- 氰戊菊酯等乳油在现蕾分枝期和盛花期各喷一次。

花荚期田间管理：治虫

5. 收获贮藏　在田间 80% 的豆荚变黑时即可一次性收获。收获时间应在上午 10 时前及傍晚进行，收获后及时脱粒晾晒。籽粒含水量达到 13.5% 以下时即可清选贮藏。

丘陵山区地膜覆盖绿豆成熟期

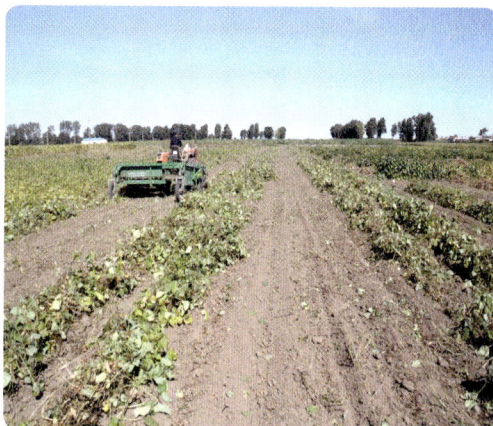

绿豆机械收获

三、适宜区域

本项技术适用于燕山—太行山、大兴安岭、秦巴山区和吕梁山区等的旱薄丘陵地。

四、注意事项

花荚期及时防治虫害。

五、技术依托单位

1. 国家食用豆产业技术研发中心 / 河北省农林科学院粮油作物研究所

联系地址：河北省石家庄市高新区恒山街 162 号

邮政编码：050035

联 系 人：田静，范保杰

联系电话：0311-87670655

2. 中国农业科学院

联系地址：北京市海淀区中关村南大街 12 号

邮政编码：100081

联 系 人：程须珍，王丽侠

联系电话：010-62180535

.28.

黄河流域高效轻简化植棉技术

一、技术概述

1. 技术基本情况 黄河流域作为我国三大产棉区之一，棉花种植主要依靠精耕细作，管理烦琐、用工多、效率低，严重阻碍棉花生产的可持续发展。自 2008 年以来，山东棉花研究中心、中国农业科学院棉花研究所等单位相继开展了精量播种、简化整枝、高效施肥、集中收花等关键技术研究，集成建立了适宜该区应用的棉花高效轻简化栽培技术，在产量不减的前提下，用工和物化投入大幅度减少，轻简节本、提质增效效果明显。

2. 技术示范推广情况 棉花高效轻简化栽培技术省工节本增效明显，已在黄河流域棉区得到较大范围推广应用。据统计，截止到 2017 年 12 月，该技术在黄河流域棉区累计推广 3 923 万亩，平均占总植棉面积的 30.8%。2015—2017 年推广 1 467 万亩，占总棉田面积的 44.1%，应用规模和占比总体呈逐年扩大趋势。

轻简化植棉技术示范田

3. 提质增效情况 与传统种植模式相比，高效轻简化植棉技术平均增产皮棉 5%～10%，用工减少 30% 以上，物化投入减少 8%～10%，平均每亩增收 300 元以上，轻简节本、提质增效作用明显。

4. 技术获奖情况 以该技术为主要内容的"棉花轻简化丰产栽培技术体系"获得 2017 年山东省科技进步奖一等奖和 2017 年度中华农业科技奖一等奖。

二、技术要点

1. 一熟制棉田高效轻简化植棉技术

（1）机械代替人工作业。利用机械整地、铺膜播种、植保、中耕施肥、收获、拔柴和秸秆还田等，减轻劳动强度，提高作业效率。应与规模化种植、组织化服务相结合，并努力提高机械装备水平。

（2）精量播种减免间苗定苗。采用成熟度好、发芽率高的精加工脱绒包衣种子，以精播机播种，每公顷用种量 11～15 千克，一穴播 1～2 粒种子，出苗后及时放苗，并通过放苗灵活控制棉苗数量，不疏苗、间苗、定苗。改大小行种植为 76 厘米等行距种植，便于集中收获或机械采收。

传统大小行种植 等行距轻简化种植

（3）除草剂代替人工除草。采用除草剂并配合地膜覆盖控制棉田杂草，宜采取整地、施肥和喷除草剂一体化作业：棉田整平后，每公顷用 48% 氟乐灵乳油 1 500～1 600 毫升、兑水 600～700 千克，均匀喷洒地表，然后通过耖地或耙耢混土。播种后，每公顷再用 50% 乙草胺乳油 1 050～1 500 毫升、兑水 500～700 千克，或 60% 丁草胺乳油 1 500～2 000 毫升、兑水 600～700 千克，均匀喷洒播种床，然后盖膜，防治多年生和一年生杂草。

（4）简化施肥、中耕和培土。采用控释氮肥（释放期 90 天），高产田每公顷施 195

千克控释氮（纯氮），磷肥 90～105 千克，钾肥 105～120 千克，播种前一次性条施于土壤耕层 10 厘米以下；中、低产田每公顷施 90 千克控释氮（纯氮），磷肥、钾肥用量和使用方法同高产田。在盛蕾期与中耕、除草、破膜、培土结合起来采用机械一次完成。

（5）合理密植，简化整枝，集中成铃。改中等密度（4.5 万～6.0 万株／公顷）下的"中密中株型"群体为合理密植（7.5 万～9.0 万株／公顷）下的"增密壮株型"群体。通过合理密植和少量多次、前轻后重化控技术，控制株高 80～100 厘米，免整枝，且集中成铃。

传统分散结铃棉花单株　　　　　　　　　　轻简化集中成铃棉花单株

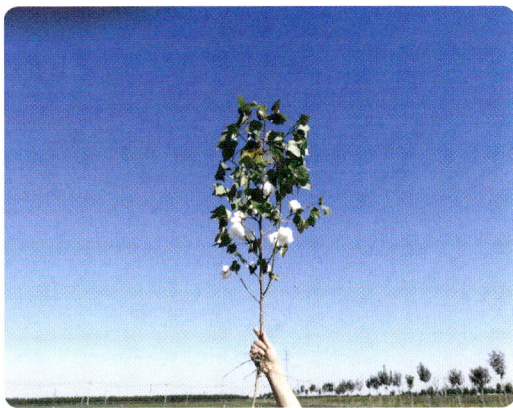

（6）脱叶催熟，集中收花。于 10 月初且气温稳定在 18～20 ℃、田间吐絮率达到 60% 以上时，每公顷采用 50% 噻苯隆可湿性粉剂 300～450 克和 40% 乙烯利水剂 2 250～3 000 毫升混合喷施叶面，喷药两周后人工集中摘拾，两周后再摘拾一次即可。有条件的地方提倡采用机械一次收花。

（7）残膜回收。选用厚度 0.008 毫米以上的地膜覆盖，于 6 月底或 7 月初采用人工揭膜回收，或在整地之后播种之前采用专用残膜回收机械回收。

2. 蒜（麦）后直播短季棉高效轻简化植棉技术

（1）选择早熟棉品种。棉花选用高产优质、生育期 110 天以内的脱绒包衣短季棉品种；大蒜或小麦选用高产优质、晚播早熟的品种。

（2）精量播种免间苗定苗。大蒜或小麦收获后，立即采用开沟、施肥、播种、镇压、覆土一次性完成的精量播种联合作业机抢时、抢墒播种，不盖地膜。精量条播时每公顷用种量 22.5 千克，精量穴播时用种量 18 千克左右。播后每公顷用 33% 二甲戊灵乳油 2.25～3.0 升，兑水 225～300 千克，均匀喷洒地面，防治杂草。

（3）简化施肥。蒜后短季棉采用一次性追施，现蕾期每公顷追施氮 60 千克、磷肥 37.5 千克、钾肥 45 千克。麦后短季棉可采用"一基一追"的施肥方式，每公顷基施氮 100 千克、磷肥 75 千克、钾肥 75 千克，盛蕾期追施氮 80 千克。也可采用种肥同播技术，每公顷施用 180 千克控释氮（释放期为 90 天）、磷肥 75 千克、钾肥 75 千克。

（4）化控免整枝。全生育期化控 3 次。现蕾前后根据棉花长势和土壤墒情，每公顷喷施缩节胺 7.5 ～ 15.0 克；盛蕾初花期、打顶后 5 天左右分别化控一次，每公顷喷施缩节胺 22.5 ～ 60.0 克。于 7 月 20 日前后或棉株出现 7 ～ 8 个果枝时，每公顷采用 45 ～ 75 克缩节胺喷施棉株，侧重喷施主茎顶和叶枝顶；7 天后每公顷采用 75 ～ 90 克缩节胺进行第二次喷施，着重喷施主茎顶，实现自然封顶，株高控制在 70 ～ 90 厘米。

（5）脱叶催熟，集中收花。10 月 1 日前后或棉花吐絮率 40% 以上时，每公顷采用 50% 噻苯隆可湿性粉剂 300 ～ 450 克和 40% 乙烯利水剂 2 250 ～ 3 000 毫升混合喷施叶面。待棉株脱叶率达 95% 以上、吐絮率达 70% 以上时，进行人工集中摘拾或机械采摘。第一次采摘后，机械拔麦或者种麦，棉株地头晾晒，根据残留棉桃数量人工摘拾一次。也可采用专用机械将未开裂棉桃集中收获，喷施乙烯利或自然晾晒吐絮后一次收花。

三、适宜区域

该技术适合黄河流域棉区一熟春棉和蒜（麦）棉两熟棉田。

四、技术依托单位

1. 山东棉花研究中心
联系地址：山东省济南市工业北路 202 号
邮政编码：250100
联 系 人：董合忠，李维江，代建龙
联系电话：0531-66659255，0531-66658187
电子邮箱：donghezhong@163.com

2. 中国农业科学院棉花研究所
联系地址：河南省安阳市开发区黄河大道 38 号
邮政编码：455000
联 系 人：李亚兵，韩迎春，范正义
联系电话：0372-2562293
电子邮箱：hanyc@cricaas.com.cn

· 29 ·

基于数量化标准的全程机械化植棉技术

一、技术概述

1. 技术基本情况 我国棉花生产管理主要基于人工观察和经验判断，缺少数量化的株型和熟性标准，严重制约全程机械化植棉技术的实施。本技术以群体透光率为棉花株型的数量化指标，以棉花株高、果枝发生和开花进程与棉花从播种到收获全生育期累计积温为棉花熟性的数量化指标，构建了棉花株型和熟性的数量化标准，实现基于数量化标准的全程机械化植棉。

2. 技术示范推广情况 本技术自 2010 年起进入试验和示范，在我国主产棉区建立了基于数量化标准的全程机械化植棉新模式。

3. 提质增效情况 本技术示范田棉花集中开花，提早吐絮 7 ～ 15 天，霜前花率提高 10 个百分点；用工 4 ～ 5 个 / 亩，机械化作业率达到 95%，省工节本显著。近 4 年累计推广面积 301.0 万亩，产量增幅 5% ～ 22%，平均产值增收 104.8 元 / 亩，节本 104.0 元 / 亩，新增产值 3.16 亿元，增收节支总额 6.29 亿元，取得了良好的经济、社会、生态效益。

4. 技术获奖情况 本技术获国家授权发明专利 2 件；软件著作权 10 件；发表论文 40 篇，

示范田集中、提早开花

其中 SCI/EI 收录 12 篇；"棉花数量化轻简高效栽培技术及产品研制应用"通过专家评价，评价委员会一致认为创新性突出，实用性和可操作性强，为实现棉花数量化、轻简化、机械化栽培管理发挥了引领作用。

二、技术要点

1. 主要技术经济指标 棉田机械化作业率 95%，吐絮率达到 95% 左右，采净率达到 95% 左右，以保证品质和减少损失。

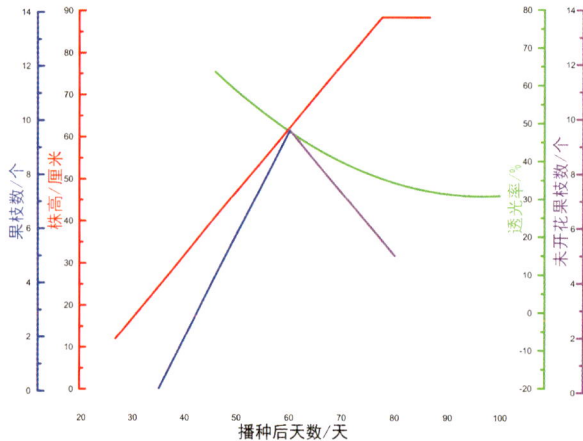

棉花株型和熟性的数量化标准

2．技术要点

（1）构建棉花标准化株型和熟性调控标准，实现棉花生产标准化和机械化。利用棉花群体透光率准确量化了棉花的株型特征，构建了棉花全生育期数量化株型标准：群体透光率苗期 60%、蕾期 50%、初花期 40%、花铃期 30%、吐絮期 40%。以棉花播种到收获关键生育期需 ≥ 15℃积温为量化棉花熟性的数量指标，建立了棉花播种到出苗需 ≥ 15℃积温 15～35℃·天（子叶平展）、播种到苗期结束需 ≥ 15℃积温 250～300℃·天（株高 25 厘米）、播种到蕾期结束需 ≥ 15℃积温 600～650℃·天（株高 60 厘米，未开花果枝数 10 台 / 株）、播种到花铃期结束需 ≥ 15℃积温 1 150～1 300℃·天（株高 80～90 厘米，打顶适宜期末开花果枝 5 台 / 株）、播种到收获需 ≥ 15℃积温 1 400～1 500℃·天（80% 株棉桃成熟喷施脱叶催熟剂）的数量化熟性评价标准。棉花生长前期，基于株高和真叶发生速度调控棉花生长，高于生长标准，采用化学调控或水、肥调控等措施抑制生长；低于生长标准，则采用水、肥调控措施促进生长。棉花生长进入中后期，则依据棉花开花进程来明确棉花打顶时间和化学调控时期及肥水调控等措施施用时期。通过棉花群体光能利用率明确棉花群体质量的优劣，可通过化学调控、水肥调控等措施控制棉花生长不同时期其群体光能利用率不偏离标准指标。

基于数量化标准的全程机械化植棉技术规程表

月份	4月			5月			6月			7月			8月			9月			10月		
	上	中	下	上	中	下	上	中	下	上	中	下	上	中	下	上	中	下	上	中	下
节气	清明		谷雨	立夏		小满	芒种		夏至	小暑		大暑	立秋		处暑	白露		秋分	寒露		霜降
生育时期	备播期			棉花全生育期 130 天左右												棉花吐絮收获时期					
	灌水造墒备播		播种—出苗	苗期（播种后 0～40 天）			蕾期（播后 40～70 天）			花铃期（播后 70～120 天）			始絮期（播后 130 天）			吐絮期					
株型标准	量化指标：群体透光率		子叶平展	群体透光率大于 60%			群体透光率 45%～50%			群体透光率 35%～40%			群体透光率 30%～35%		群体透光率 35%～0%			群体透光率 50%			
熟性标准	量化指标：累计积温和株高、果枝发生及开花速率		子叶出生；≥15℃积温 15～35℃·天	株高 0～50 厘米；真叶发生 1～8 片；≥15℃积温 250～300℃·天			株高 60～80 厘米；真叶发生 8～18 片，果枝发生 8～10 台；≥15℃积温 600～650℃·天			株高 80～90 厘米；打顶后未开花果枝消减速率；≥15℃积温 1 150～1 300℃·天						≥15℃积温 1 400～1 500℃·天					
长势诊断管理措施	平衡地力、施入基肥、灌水造墒		适时播种；防高温烧苗	防治病虫为害，保全苗；基于数量化株型和熟性标准促稳长。由积温低和病虫为害造成的棉花迟发，可采取破板结中耕、施肥提苗等措施促进生长；旺长田可酌情轻化控			基于数量化株型和熟性标准，正常生长棉田以水肥调控棉花蕾期稳长；迟发棉需要加强病虫防治，揭膜后及时中耕锄草，施肥、补水促进生长；旺长棉可以控水减肥与化控			初花期艾氟迪首次调控，基于积温和农艺指标的熟性量化指标，明确艾氟迪施用量和施用时期，并确定适时打顶时期		打顶后艾氟迪第二次化控，基于株型和熟性的数量标准，诊断棉花长势特征，管理重点是防早衰，促早熟	基于积温的熟性量化指标，明确末次灌溉、治虫时期。早衰棉合理喷施叶面肥，酌情补灌增铃重			基于积温的熟性数量化标准，明确喷施脱叶剂适宜时期。适时采收，贪青时去叶断根催早熟					

（2）选择适宜机采品种。选择纤维长度长、强度高、早熟性好、结铃集中的高产优质抗病品种。具体要求：一是超"双三零"品质，即纤维上半部平均长度超过 30 毫米、比强度超过 0.3 牛 / 特克斯，纤维整齐度指数不低于 85%。二是早熟性好、结铃集中的本地审定品种，不乱引、乱种其他中熟类型品种或杂交种，更不能种植杂交种 F2。三是对脱叶剂敏感，株型相对紧凑，果枝始节高于地面 18 厘长。四是推荐一地种植一个主栽品种，提升纤维一致性水平。

（3）合理密植。西北内陆按行距（66+10）厘米宽窄行播种，理论株数 16 700～19 000 株 / 亩；长江流域油后棉按 76 厘米等行距播种，适宜种植密度为 4 000～5 000 株 / 亩；黄河流域一熟种植棉田按行距（66+10）厘米宽窄行或者 76 厘米等行距播种，适宜密度为 6 000～8 000 株 / 亩。

（4）水肥管理。施足基肥，一般施农家肥 1～2 吨 / 亩，或油渣 80～100 千克 / 亩，尿素 40 千克 / 亩，磷酸二铵 18 千克 / 亩，钾肥 5～10 千克 / 亩，氮磷比控制在 1：（0.4～0.5）；基肥中氮肥用量一般占全生育期氮肥总量的 30%～50%；有机肥、磷肥和钾肥全部或大部分用作基肥。西北内陆棉区按 400～450 千克 / 亩籽棉目标产量确定施标准肥总量 160～170 千克 / 亩；按照时间滴水量和供肥量应呈每次递减趋势，前多后少，8 月 20 日停肥。西北内陆棉区棉花全生育期滴水次数及滴水量：生长期滴水 8～10次，总滴水量 230～280 米^3/ 亩。长江流域和黄河流域籽棉产量 250～300 千克 / 亩，棉花全生育期施纯氮黄河流域 12～15 千克 / 亩，长江流域 20～25 千克 / 亩，除部分基施外分部追施。长江流域和黄河流域棉花全生育期灌水量分别为 90～140 米^3/ 亩、115～160 米^3/ 亩，其中播种前造墒灌水量占全生育灌水总量的 20%、苗期占 10%、蕾期占 20%、花铃期占 30%、吐絮期占 20%。长江流域和黄河流域棉区棉花是否需要灌水，可依据气候特点、土壤墒情、作物的形态、生理性状和指标加以判断。

（5）化学调控。棉花全生育期采用全程化调技术，在"早、轻、勤"的原则下，基于株型和熟性标准，因苗施调，分类指导，一般全程化学调控 3～5 次。

（6）整枝与打顶。在棉花生理终止期（未开花果枝数 5 台 / 株）时开始打顶。西北内陆、长江和黄河流域棉花在适宜的种植密度下，基于数量化株型和熟性标准，通过化学调节剂和水分调控棉花生长发育进程，可以简化农艺管理，实现免整枝免打顶。

（7）脱叶催熟。选择合适的脱叶剂与喷施时期，要求棉株上部的棉桃成熟度在80% 以上，脱叶催熟后棉田吐絮率要求达到 95%。施药时间：西北内陆棉区一般为 8月下旬至 9 月上旬，长江流域和黄河流域棉区为 9 月下旬至 10 月上旬，吐絮率达到40%～60% 时即可施药。脱叶剂（50% 噻苯隆）和催熟剂（40% 乙烯利）混用方式，每亩兑水 15～20 升。西北内陆棉区：噻苯隆 20～30 克 / 亩，乙烯利 70～100 毫升 /亩，药后 15～20 天收获时脱叶率和吐絮率均可达 90% 以上。长江流域和黄河流域棉区：噻苯隆 20～50 克 / 亩，乙烯利 100～200 毫升 / 亩，药后 15～20 天收获时脱叶率和吐絮率均可达 90% 以上。

（8）机械化采收。西北内陆棉区的北疆开始采收时间为 9 月 25 日，采收结束时间为10 月 25 日；南疆开始时间为 10 月 10 日，结束时间为 11 月 20 日。黄河流域开始采收时间为 10 月 10 日，采收结束时间为 10 月 30 日。长江流域开始采收时间为 10 月 25 日，采收结束时间为 11 月 20 日。

三、适宜区域

西北内陆，包括新疆、甘肃、内蒙古；黄河流域、长江流域示范需规范种植模式，配备籽棉清理机械设备等。

四、注意事项

（1）看天看地看苗，搞好肥水运筹。易发老苗棉田 8 月滴水量适当减少。在气温偏低的冷凉年景，对迟发旺长棉田、贪青晚熟棉田要适当减少滴灌氮肥用量和滴灌供水量，结束灌溉时间要适当提早。

（2）根据品种的敏感程度调整脱叶剂的喷施量，脱叶剂喷施时间不能提早到 8 月下旬；若施用时间早，剂量宜低，以避免造成叶片干枯不脱落；若施用时间较晚，剂量应随之增加。脱叶催熟剂的施用次数可根据棉田群体大小米确定，群体小的棉田，施药一次即可；群体大的高产田、生长旺盛的棉田和杂草发生的棉田，由于药液不易喷到中下部叶片，宜采用分次施药避免造成叶片"枯而不落"。脱叶催熟剂施用时应注意天气情况，施药时晴朗无风，施药后 3 ～ 5 天无雨，且平均温度以高于 20℃为宜。

（3）机采棉规模化应用强调综合技术和配套技术。

五、技术依托单位

1. 中国农业科学院棉花研究所

联系地址：河南省安阳市开发区黄河大道 38 号中棉所

邮政编码：455000

联 系 人：李亚兵，韩迎春，王国平，范正义，冯璐

联系电话：0372-2562293

电子邮箱：hyccky@163.com

2. 中国农业大学

联系地址：北京市海淀区圆明园西路 2 号

邮政编码：100083

联 系 人：杜明伟

联系电话：010-62731949，15210086571

电子邮箱：dum-lm@163.com

3. 湖北省农业科学院经济作物研究所

联系地址：湖北省武汉市洪山区南湖大道 43 号

邮政编码：430064

联 系 人：别墅，张教海

联系电话：027-87380003

电子邮箱：bieshu02@163.com

· 30 ·

甘薯茎线虫病绿色防控技术

一、技术概述

1. 技术基本情况 甘薯茎线虫病又称糠心病、空心病，是甘薯生产上的一种毁灭性病害，是我国植物检疫性病害，病原是腐烂茎线虫。在我国河北、山东、河南、安徽、江苏、山西、陕西等北方薯区发生为害。甘薯茎线虫病绿色综合防控技术是从农业生态整体出发，集成了"选用抗病品种、控制田间线虫基数、药剂封剪口、大田药剂防治"的综合防控技术，该技术降低了农药的使用量，提高了甘薯茎线虫病的防治效果，为甘薯产业的可持续发展提供了有力的技术支撑。

甘薯茎线虫病薯块症状

2. 技术示范推广情况 该技术已在山东、江苏、河南、河北、山西等北方茎线虫发生薯区进行示范推广应用，有效地减轻了甘薯茎线虫病为害，提高了甘薯产量和薯农效益，降低了高毒农药的使用，保护了环境。

3. 提质增效情况 据不完全统计，该技术提高甘薯亩产 300 ~ 600 千克，以 1.0 元 / 千克计算，亩增效益 300 ~ 600 元。甘薯茎线虫病绿色防控技术的应用，降低了农药的使用量，节省了成本，提高了茎线虫病的防治效果，有效地提高了农民的甘薯种植水平和种植效益，取得了良好的经济、生态和社会效益。

4. 技术获奖情况　该技术于 2016 年获得徐州市科技进步奖二等奖，2018 年获得淮海科技奖一等奖。

二、技术要点

该技术是以"选、控、封、防"为主线的甘薯茎线虫病绿色防控技术。

1. 选　选用抗病品种，选用无病种薯，选用无病苗床。研究表明种薯种苗是甘薯茎线虫远距离传播的主要途径，种薯带有茎线虫，排种出苗后，14 天在薯苗的基部就可分离到茎线虫，而成为第一侵染源。且种植时用药，无法控制薯苗中所带线虫为害，线虫从薯苗直接侵入薯块，发病早、为害重，大田表现出严重糠心状。选用抗病品种、无病种薯，是防控茎线虫发生的第一关。

2. 控　控制田间虫口基数、控制薯苗携带线虫。清洁田园，控制田间虫口基数是防控的主要措施。在收获后，要把甘薯茎线虫病薯块清出大田，并集中消灭。苗床期用 0.5 毫摩尔 / 升的茉莉酸甲酯喷施薯苗，每 7 天喷施一次，控制茎线虫向薯苗扩展速度。采用高剪苗栽种，苗床采苗时距离地表 3 ～ 5 厘米剪取薯苗栽种，减少薯苗带线虫概率。

高剪苗

3. 封　封闭剪苗伤口。茎线虫主要从薯苗移栽时基部切口侵入，栽种时用 30% 三唑磷微胶囊剂 30 千克 / 公顷，或 30% 辛硫磷微胶囊剂 30 千克 / 公顷，按农药和水比例为 1∶5，加入适量的泥土，搅拌成泥浆状，蘸薯苗茎基部 10 厘米，不可蘸到心叶部分，然后栽种。

药剂蘸根封闭伤口

4. 防 即大田药剂防治。可用 30% 三唑磷微胶囊剂或 30% 辛硫磷微胶囊剂 30 千克 / 公顷兑水后穴施；或者 10% 噻唑膦 15 千克 / 公顷拌土后穴施或 30 千克 / 公顷拌土起垄前撒施。施药后正常栽种。

三、适宜区域

本技术可在江苏、山东、河南、河北、山西、陕西、安徽等北方甘薯茎线虫病发生薯区推广应用。

四、注意事项

封闭剪苗伤口时，蘸薯苗茎基部 10 厘米，不可蘸到心叶部分，然后栽种，随蘸随栽，不可放置过夜。

五、技术依托单位

江苏徐州甘薯研究中心
联系地址：江苏省徐州市徐海路高铁站北徐州市农业科学院
邮政编码：221131
联 系 人：谢逸萍，孙厚俊
联系电话：0516-82028006
电子邮箱：xieyiping6216@163.com，sunhouj1980@163.com

·31·

番茄褪绿病毒病综合防控技术

一、技术概述

1. 技术基本情况

技术研发推广背景：番茄褪绿病毒病是近年来在我国及世界范围内番茄生产上新发生的病害，给番茄生产造成了严重危害。2014 年以来，连续 3 年在山东省寿光市番茄主产区开展了番茄褪绿病毒病的防控试验示范，调查统计结果表明，试验区域的病株率为 10% ～ 15%，未采取防控措施的温室病株率为 50% 左右。

解决的主要问题：结合番茄褪绿病毒在我国的发生规律与流行特征，开发针对性的生物防控、物理防控、农业防控、化学防控技术，并整合技术手段，最终制订防治番茄褪绿病毒病的综合防控技术规程，填补国内该领域的空白。

2. 技术示范推广情况

番茄褪绿病毒病防控技术在 2014—2016 年连续 3 年在山东省主要蔬菜产区示范推广，技术相对成熟。本技术内容科学、实用，易被使用者掌握。该防控技术作为专业性的技术对推动我国日光温室番茄生产，提高产品质量发挥着重要的作用，也具有很高的推广应用价值。

3. 提质增效情况

通过实践该项技术，番茄示范区番茄病毒病发病率为 10% 以下，农户自防区发病率为 50% 以上，大大降低了田间发病率，与农户自防区相比，防控效果达到了 80% 以上，在发生番茄褪绿病毒的温室采用该技术后，明显控制了病情，病毒病

使用番茄褪绿病毒病综合防控技术之前番茄生长情况　　使用番茄褪绿病毒病综合防控技术之后番茄生长情况

不再扩散和蔓延，且在防控以后，原来发生番茄褪绿病毒病的番茄叶片褪绿症状减轻。防治方法科学合理，防治效果显著，示范效果良好，值得在番茄种植区推广。

4. 技术获奖情况 项目成果获得过中国专利优秀奖，正在申报湖南省科学技术进步奖。

二、技术要点

1. 生物防控 番茄播种前用光合细菌菌剂（五丰盛）10 毫升兑水 3 千克浸种 15 分钟；在番茄苗期、花期、幼果期以 1∶300 比例稀释集中叶面喷施。番茄定植后，第 2 天用生物制剂宁盾 1 号（有效成分为芽孢杆菌）150～200 倍液灌根，每亩用量 5 升。

2. 物理防控

（1）高温闷棚。6 月底至 7 月初，棚内地面覆膜，随水冲施威百亩熏蒸处理土壤，用量 25 千克 / 亩。密闭棚膜闷棚 15～20 天，做好棚体消毒、土壤消毒和空气消毒。

（2）降温处理。番茄定植前将降温剂均匀喷洒于棚膜表面，反射部分阳光并防止阳光直射，降低棚内温度，调节作物生长势，提高作物抗病能力。

（3）双网隔断（关键措施）。定植后，于温室前脸通风口、上通风口处覆盖遮光率 75% 的遮阳网，温室出入口处同样也张挂遮阳网，防止粉虱随人的出入而进入温室。10 月中旬温室前脸通风口、上通风口张挂 60 目银灰色防虫网，温室出入口处张挂棉被保温。利用粉虱对黑色、银灰色的强烈驱避性，阻隔粉虱，同时遮阳网的使用，可以在一定范围内降低棚内温度，促进作物生长，提高抗病能力，这是本项技术的关键措施。

3. 农业防控

（1）种植玉米驱避粉虱。各种粉虱均不在玉米及周边生活，在日光温室通风口处种植玉米，能显著降低飞入日光温室的粉虱数量。6 月下旬，在前通风口外侧种植玉米，一是降低前风口处的温度，减少粉虱发生；二是对粉虱起到一定的驱避作用。

（2）种植烟草诱集粉虱。番茄定植后，于棚内东、西两侧及中间部分种植适量烟草，诱集粉虱，集中杀灭。粉虱对寄主有选择性，其对烟草的嗜好程度高于番茄。

（3）延迟栽培避病。将番茄定植时间由原来的 7 月下旬延后至 8 月上旬，避开由于高温干旱引起的烟粉虱盛发期，对降低病毒病发生作用明显。

4. 化学防控

（1）灌根法防控传毒介体。22.4% 螺虫乙酯悬浮剂 1 500 倍液、25% 噻虫嗪水分散粒剂 3 000 倍液、72.2% 霜霉威盐酸盐水剂 3 000 倍液，三元复配，在番茄生长前期、生长中期、生长后期分 3 次进行灌根处理。

（2）喷雾法防控传毒介体。选用 22.4% 螺虫乙酯悬浮剂 1 000 ～ 2 000 倍液，或 30% 啶虫脒微乳剂 4 000 ～ 6 000 倍液，或 70% 吡虫啉水分散粒剂 2 500 ～ 5 000 倍液喷雾，各药剂交替施用。一般 10 天左右喷 1 次，连喷 2 ～ 3 次。

（3）发病初期应用病毒钝化剂。喷洒 2% 宁南霉素水剂 250 倍液，或 1.5% 植病灵乳剂 1 000 倍液，或 20% 盐酸吗啉胍可湿性粉剂 500 倍液，或 0.5% 菇类多糖水剂 300 倍液，每隔 5 ～ 7 天喷 1 次，连续喷 2 ～ 3 次。

番茄褪绿病毒病综合防控技术流程图

三、适宜区域

适宜我国山东、河北、河南、北京、天津等北方日光温室发生番茄褪绿病毒病的地区。

四、注意事项

培育无病毒番茄苗是防控该病毒病的核心要点，苗期应采用防虫网隔离传毒介体烟粉虱。移栽前，应抽检番茄苗是否携带病毒。

五、技术依托单位

湖南省植物保护研究所
联系地址：湖南省长沙市芙蓉区远大二路 726 号
邮政编码：410125
联 系 人：刘勇
联系电话：13307312011
电子邮箱：haoasliu@163.com

· 32 ·

蔬菜病虫全程绿色防控技术

一、技术概述

1. 技术基本情况 我国蔬菜病虫种类多、发生复杂、农药使用乱，病虫防控必须从源头抓起，把蔬菜生产全程的所有防控措施有机结合，在生产前尽量堵截病虫源头，切断传播途径，最大限度减少和限制病虫发生；生产期因时因地采用有效措施进行预防或控制；生产结束后彻底清除残存病虫，带病虫残体及时进行除害处理等。

北京市植物保护站提出了一套以病虫源头控制为核心，理化诱控、生物防治、生态调控、科学用药等有机结合的蔬菜病虫全程绿色防控技术体系，覆盖蔬菜产前、产中和产后全过程。具体包括 20 多项核心技术，基地应用后分别实现了有机、绿色、无公害生产。

2. 技术示范推广情况 自 2013 年起至今，北京市植物保护站组织在京郊建设了 98 个蔬菜病虫全程绿色防控示范基地，累计覆盖面积 3.3 万亩。基地内绿色防控技术使用率 100%，统防统治比例达到 80% 以上，减少化学农药使用，初步实现蔬菜高效生产、产品安全和农业面源污染控制的有机结合。此项技术在京津冀全面推广应用，目前已在三地建设蔬菜病虫全程绿色防控示范基地 290 家。

3. 提质增效情况 绿控基地内应用蔬菜病虫全程绿色防控技术，平均施药次数减少 5 ～ 13 次，减少化学农药用量 27% ～ 42%，亩均节本增收 8% 以上。

二、技术要点

1. 全园清洁 种植前对整个园区进行全面清洁，即清除杂草、植株残体，集中回收废弃物等；生产期随时清除棚内摘除的病叶病果，集中妥善处理。

2. 无病虫育苗 通过选择抗耐病品种、种子消毒、嫁接、育苗基质消毒、苗棚表面消毒、防虫网隔离防虫、色板诱杀害虫、出棚前药剂防治等措施培育无病虫苗。

3. 定植前棚室表面和土壤消毒 在种植下茬作物前，特别是连茬种植，定植前进行棚室表面和土壤消毒可以显著降低气传病害、小型害虫和土传病害的发生危害程度，推迟病虫发生，减少生长期防治次数，降低农药用量。

（1）棚室表面消毒。清除棚室内杂草和植株残体。20% 辣根素水乳剂 1 升 / 亩，每升制剂兑水 3～5 升，采用常温烟雾施药机在苗棚内均匀喷施，施药后密闭苗棚熏蒸 12 小时，杀灭苗棚内的病菌和小型害虫。夏季还可使用日光高温闷棚消毒。

（2）土壤消毒。在土传病害发生区，采用辣根素、棉隆等药剂防治根结线虫、枯萎病、黄萎病等土传病害。辣根素土壤消毒应在定植前 1 周，在整好地的土壤表面铺滴灌管，密闭覆盖地膜，施药前用水充分湿润土壤，然后用 20% 辣根素水乳剂 4～6 升／亩，通过滴灌系统随水滴灌，密闭熏蒸 3 天，揭膜后放风 3 天。

棚室表面消毒处理

4. 产中综合防控　根据病虫发生规律和特点，因地制宜应用多项技术措施预防或控制其发生危害，主要包括遮阳网、防虫网、色板，硫黄熏蒸，投入品控制，消毒池，节水灌溉，蜜蜂（熊蜂）授粉，生物农药，常温烟雾施药和精准施药等 10 多项核心技术。

（1）遮阳网防病。高温季节采用遮阳网、遮阳涂料等措施遮阳降温，预防病毒病和生理性病害。

（2）防虫网阻隔防虫。在棚室入口处和通风口覆盖防虫网，有效阻止各类害虫进入棚室内部。蝶类、蛾类害虫选择 20～30 目，蚜虫、斑潜蝇、白粉虱等害虫选择 40～50 目，烟粉虱选择 50～60 目。设置防虫网应将风口、出入口完全覆盖，最好在棚室消毒和育苗前或定植前，不能等害虫进入后再设置。

通风口设施防虫网

（3）色板诱杀害虫。定植后悬挂黄板监测害虫发生动态，每亩挂设 3 块。害虫发生后，每亩挂设 25 厘米 ×30 厘米色板 30 块左右，或 30 厘米 ×40 厘米色板 20～25 块，色板下缘应高出蔬菜顶部 10～20 厘米。黄板诱杀蚜虫、粉虱、斑潜蝇等害虫，蓝板诱杀蓟马等害虫。色板上黏附害虫较多时应及时更换，以保证诱杀效果。

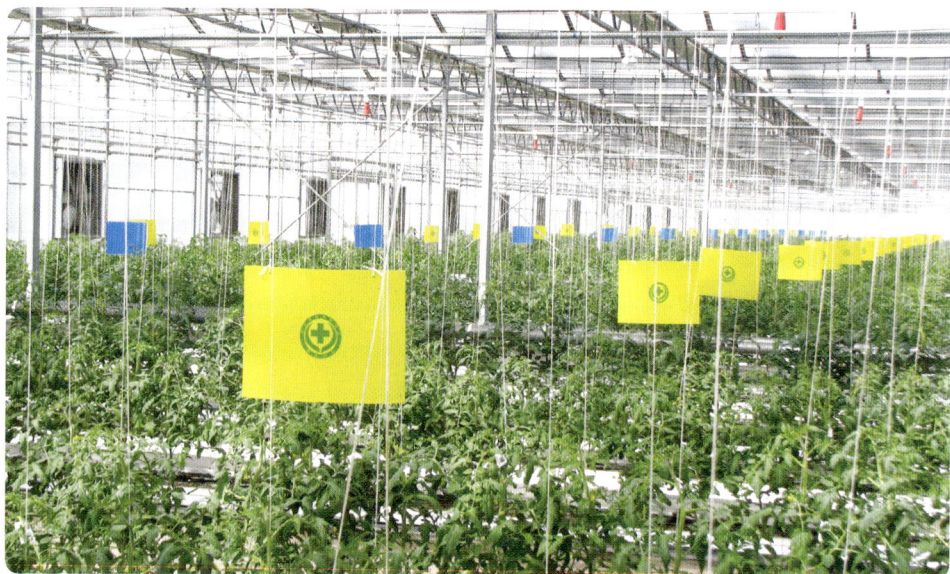

黄板、蓝板诱杀技术

（4）消毒池防病。在棚室入口处放置浸有消毒液的托盘、海绵垫或地垫，进行鞋底面消毒处理。

（5）投入品质量控制。化肥、农药等投入品应选择正规厂家合格产品。有机肥应携带产品质量检验合格证，不应含有超标的农药、重金属残留，在使用前堆沤 10 ～ 20 天，杀灭其中携带的病菌和虫卵。农药不应含有登记有效成分以外的其他非法添加成分，生物农药不应含有其他化学农药成分。

（6）节水灌溉防病。推荐使用滴灌、膜下暗灌等节水灌溉措施，降低空气湿度，减少植株表面结露，缩短病菌侵染时间，延缓病害发生时期，降低病害发生程度。

（7）蜜蜂（熊蜂）授粉。使用蜜蜂或熊蜂对设施果菜授粉，其花瓣会自然脱落，显著降低灰霉病发生，降低畸形果率，提高果实口感和产品质量。多于 25% 的作物开花后开始释放蜜蜂（熊蜂），确保棚室温度持续保持在 12 ～ 30℃。

（8）硫黄熏蒸防病。硫黄为有机生产允许使用的植保产品，主要用于草莓、辣椒、瓜类等作物白粉病的预防，推荐在定植前或生产过程中定期使用。一般配合电热式硫黄熏蒸器使用，温室内每亩需要 6 ～ 8 个熏蒸器。

（9）常温烟雾施药。常温烟雾施药机在常温下将药液分散成 20 ～ 50 微米的药液颗粒，在棚室内长时间漂浮扩散，较常规施药节省农药 20% ～ 40%，亩施药液 2 ～ 4 升，具有施药均匀、扩散性能好、药剂附着沉积率高等优点。施药不受天气限制，不增加空气湿度，不受农药剂型限制，施药完全自动控制，效率高，省工、省力，对施药者无污染，显著减少农药对环境的污染，特别适合现代化蔬菜园区病虫防控施药。

（10）精准施药技术。精准施药系列配套量具（已获国家专利），具有度量精准、方便、不易损坏和丢失，带有配兑各种浓度药液所需药、水量的速查卡和精准施药顺口溜等，可有效解决农民施药凭经验随意配兑导致病虫产生抗性、效果不好、农药浪费、残留或污染等问题。

（11）杀虫灯诱杀害虫。在设施园区内安放杀虫灯可以降低园区内鳞翅目、鞘翅目等害虫成虫的数量，减少对棚内蔬菜的危害；在露地蔬菜杀虫灯对多数趋光性害虫可以发挥很好的控制作用，常年可减少50% 施药，害虫重发生年可减少70% 以上的田间施药。

太阳能杀虫灯

（12）性诱捕诱杀害虫。重点推荐在露地蔬菜上应用，主要性诱剂种类有小菜蛾、甜菜夜蛾、斜纹夜蛾、棉铃虫等。使用时诱芯4 ～ 6 周更换一次，未使用的诱芯低温保存。虫量发生较大时，性诱捕需要与其他防治方法配合使用。

性诱捕器

（13）天敌昆虫防治害虫。天敌昆虫已在生产中广泛应用，如丽蚜小蜂、异色瓢虫、拟长毛钝绥螨、胡瓜钝绥螨等，可用于防治温室白粉虱、烟粉虱、蚜虫、朱砂叶螨、二斑叶螨、蓟马、跗线螨等。

（14）化学农药替代。 科学使用植物源、微生物源、矿物源等非化学农药可以有效防治主要病虫，显著降低化学农药的使用量，如寡雄腐霉、多抗霉素、矿物油、辣根素等。

5. 产后残体无害化处理 在田间地头选择高于地面能够照射阳光的平坦地，将蔬菜植株残体集中堆放后覆盖透明塑料膜密封，太阳直接照射进行高温密闭堆沤；或者将蔬菜残体集中堆放，用完整的废旧棚膜覆盖，按照 20 毫升 / 米³ 的用药量注入 20% 辣根素水乳剂，密闭熏蒸 3～5 天。可杀灭蔬菜残体表面传带的病菌和小型害虫，减少病虫初始来源。

三、适宜区域

全国蔬菜种植区。

四、注意事项

应根据蔬菜种类、生产特性、生产模式、生产季节、病虫发生等情况选择相应的单项技术，在生产中组合集成应用；其中全园清洁、棚室表面消毒、残体无害化处理、防虫网、色板诱杀技术、消毒池技术尽量应用到位。

五、技术依托单位

北京市植物保护站

联系地址：北京市西城区北三环中路 9 号

邮政编码：100029

联 系 人：李云龙

联系电话：010-82074102

电子邮箱：zbzsck@163.com

·33·

蔬菜根结线虫绿色防控技术

一、技术概述

1. 技术基本情况 针对蔬菜根结线虫病高发致害及防控中大量使用化学农药等问题，生产中急需安全高效的蔬菜根结线虫绿色防控技术。基于国家重点研发专项"蔬菜化肥农药减施技术集成研究与示范"和"耕地地力影响农业有害生物发生的机制与调控"的研究成果，形成了蔬菜根结线虫绿色防控技术，该技术通过高效生防菌配合土壤消毒防控根结线虫，具有无残留、绿色安全、高效、增产等特点。

2. 技术示范推广情况 基于"蔬菜化肥农药减施技术集成研究与示范"项目的实施，该技术已经在全国范围内大面积推广应用，并在北京顺义、河北廊坊、山东莱芜和寿光等地建立了试验示范基地，在生产应用中对番茄、黄瓜、生姜等作物的根结线虫的防控中体现出了稳定、高效、绿色安全等特点。通过示范基地作用，辐射影响周边区域，在全国范围内获得良好的影响。

3. 提质增效情况 2016—2018 年在北京顺义、河北廊坊、山东莱芜等蔬菜产区，采用该技术防控根结线虫效果达到 90%，生长期农药用量降低了 30% 以上，蔬菜增产 15%，实现了绿色安全生产。

4. 技术获奖情况 该技术中的菌剂技术及生防菌获得国家发明专利 4 项。

二、技术要点

1. 核心技术

（1）土壤根结线虫诊断技术。根据前茬作物的根结线虫发生情况和土壤根结线虫数量诊断病情进行及时防治。当前茬作物中发现根结线虫危害或是每 100 克土壤中根结线虫二龄幼虫数量大于 10 头时就要进行防控。在选用幼苗时检测到根部有根结症状则禁用整批苗木，防止根结线虫传入。

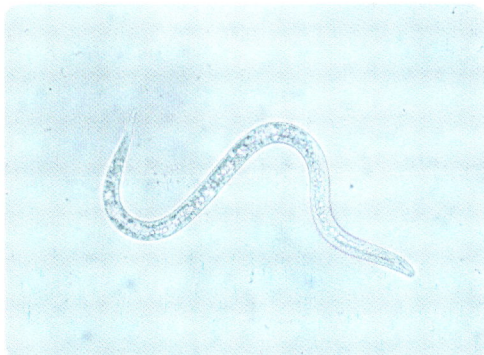

根结线虫二龄幼虫形态

（2）抗根结线虫品种技术。在种植过程中，针对蔬菜根结线虫的发生，选用具有抗性蔬菜品种进行种植，在番茄及辣椒中均有商品化的抗根结线虫品种，如抗根结线虫的"仙客 1 号"番茄、"莎丽"番茄、"凯蒂"番茄、"日本天鹰椒王"、"青农"羊角椒等。

抗、感根结线虫番茄品种根部症状（左抗、右感）

（3）嫁接防控根结线虫技术（番茄及黄瓜）。有针对性地选用具有抗根结线虫特性的蔬菜砧木与番茄、黄瓜等品种进行嫁接处理，利用砧木抗性防控根结线虫。在番茄中可选用抗根结线虫的番茄材料，如果砧 1 号作为砧木；黄瓜中可以选育对根结线虫具有抗病及耐病作用的南瓜作为砧木，如云南黑籽南瓜、NR1 号南瓜等。

黄瓜与南瓜砧木的嫁接苗

（4）土壤消毒处理技术。首先清除田间病残体，在换茬期间结合翻耕土地清除地下部的根系及地上部植株，并进行土壤灌水，保持湿润 3～5 天，使土壤湿度达到

60% ～ 70%，以手握成团落地即散为准。然后棉隆处理，将棉隆（微粒）均匀地撒施或是沟施到田间，用量为 30 ～ 45 克 / 米^2，施药后立即进行深翻（30 厘米左右）并覆盖不透气薄膜，并采用新土压住薄膜边角。覆膜时注意边角沟等位置的仔细密封，防治消毒气体外溢，密封消毒 10 ～ 20 天，温度高则处理时间相应较短，但最短不能少于 10 天。揭去薄膜后，进行翻耕松土（30 厘米），透气 7 天以上，苗子移栽定植。

温室土壤消毒处理

（5）生防菌剂处理。土壤消毒处理后，进行土壤生防菌处理，将具有防治根结线虫等土传病害的微生物菌剂等施入土壤，撒施每亩用量为 40 ～ 60 千克，沟施平均用量为 100 克 / 米，穴施用量为 20 ～ 30 克 / 株。使用后将菌剂表面覆盖一层土壤，避免移栽幼苗根系与菌剂直接接触，以防止烧苗现象，然后直接移栽定植苗子，进行正常的生产管理。

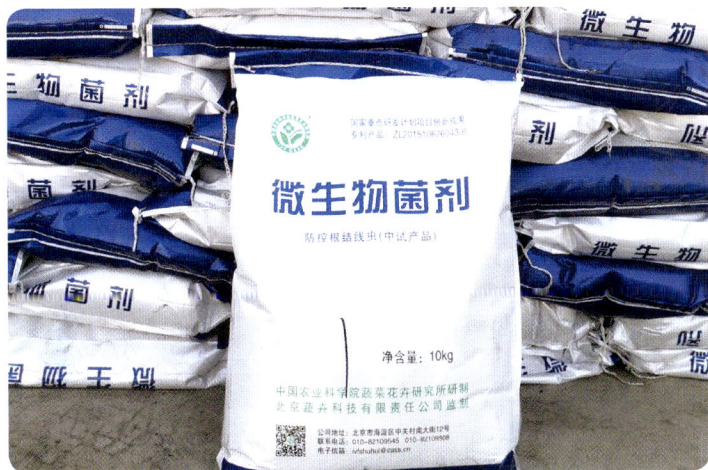

防控根结线虫的微生物菌剂

（6）高效低毒农药精准施药。在生长期监测根结线虫等土传病害的发生情况，在根结线虫等病害的发生初期采用局部精准施药技术定点施药，主要采用 1.8% 的阿维菌素 500 倍液、42% 的氟吡菌酰胺 1 000 倍液进行灌根，每株用量为 50 ～ 100 毫升。

2. 配套技术应用方案 一是对于根结线虫严重发生的蔬菜田块（发病率高于 30%），采用抗根结线虫品种、土壤消毒处理技术并结合生防菌处理，可以实现快速及持久的防控作用。二是对于局部发生的或是轻微发生的蔬菜田块，宜采用嫁接防控根结线虫技术、高效低毒农药精准施药及生防菌剂处理等技术相结合，可以有效地防控根结线虫为害。

三、适宜区域

适应于全国设施及露地蔬菜种植区域，在黄瓜、番茄、辣椒、菜豆、生姜、马铃薯等作物上均可以采用，主要针对根结线虫等土传病害严重发生地区。

四、注意事项

（1）棉隆是熏蒸剂，因此在使用时应注意保护措施，如果不慎接触应立即用大量清水冲洗。

（2）棉隆对鱼有毒，使用时请远离池塘等水产养殖区。

五、技术依托单位

中国农业科学院蔬菜花卉研究所
联系地址：北京市海淀区中关村南大街 12 号
邮政编码：100081
联 系 人：谢丙炎，茆振川
联系电话：010-82109545，13701013984
电子邮箱：xiebingyan@caas.cn，maozhenchuan@caas.cn

· 34 ·

蒜蛆绿色防控关键技术

一、技术概述

1. 技术基本情况 山东是大蒜主产区，年产量 140 万吨左右。每年约有 70 万吨的蒜头及其加工产品远销日本、韩国及欧美等国家，是山东出口创汇的主要农产品。在大蒜主产区最令农户头疼的问题是蒜蛆的防治，蒜蛆主要以幼虫蛀食大蒜鳞茎，引起鳞茎腐烂，蒜瓣裸露、炸裂，并伴有恶臭气味。地上部表现为叶片枯黄、萎蔫，直至死亡。蒜蛆的发生使大蒜的品质下降，形成散瓣、红皮蒜等，影响大蒜商品性。

通过研究者近几年不断观察和试验，确认蒜蛆的发生也是连作障碍的一种表现。传统的大蒜栽培方式会导致土壤中盐分积累、自毒物质增多和病原菌的积累，连作会导致土壤环境不断恶化，这对大蒜根系的生长造成很大威胁，容易使大蒜须根和蒜皮发生腐烂。腐烂的强烈气味，容易引来葱地种蝇、迟眼蕈蚊产卵和繁殖，这是导致蒜蛆大发生的主要原因。

目前生产上蒜蛆的防治主要依赖化学农药，这些农药在杀死蒜蛆的同时，也会导致大蒜中药物残留超标，对人体健康带来危害，也给大蒜出口造成障碍。有效控制大蒜根部病害，不发生根腐病等会产生特殊腐败气味的病虫害是控制蒜蛆的关键，本技术通过土壤消毒、蒜种消毒、补充有益微生物和水肥一体化等技术的综合应用，控制根部病害，防控蒜蛆的发生。

2. 技术示范推广情况 推荐技术在山东省兰陵县磨山镇和芦柞镇已经小范围推广，推广面积累积 200 ～ 300 亩，当地群众比较容易接受。

3. 提质增效情况 提质增效情况指技术试验、示范或推广过程中节约成本、提升品质、增加效益等情况。本技术核心是土壤消毒、种子消毒、补充有益微生物维持土壤良好的微生物环境，水肥一体化精准肥水，因此在这一过程中化学肥料和化学农药的应用大大降低。经调研过去山东兰陵大蒜生产底肥一般用氮—磷—钾(17-17-17)平衡肥 50 千克 / 亩，氮—磷—钾（15-5-25）高钾复合肥 50 千克 / 亩，返青后要追施 2 ～ 3 次肥料，每次追肥量为 40 ～ 50 千克 / 亩，叶面还要补充数遍叶面肥。大量的化肥不但使得土壤酸化、板结、盐碱化，增加了投资成本，化肥的投入为 700 ～ 900 元 / 亩。

为了防治蒜蛆，蒜农从大蒜整地就开始用药防治，整地时一般用毒死蜱 7 ～ 10 千克 / 亩、辛硫磷 7 ～ 10 千克 / 亩、阿维菌素 3 ～ 4 千克 / 亩，大蒜出苗后多喷施噻虫胺和噻虫嗪，年后结合浇水一般施用毒·辛 3 ～ 4 瓶 / 亩、高氯 3 ～ 5 千克 / 亩，农药的投资每季为 400 ～ 500 元 / 亩，使用大量化肥农药的结果是蒜蛆越治越多，多的时候为害面积达到 30% 以上，产量降低、品质和商品性变差。

改用本技术后全程除了家畜粪肥按照原先计划使用之外，石灰氮作为药肥两用的投入品，不但能将土壤中的虫卵、病原菌杀死，也提供了大量的氮肥，减少了化肥的投入。蒜种的拌种处理减少了种子带菌和带来虫子、虫卵的可能性，避免了苗期大量灌药。返青后在蒜蛆幼虫、成虫活跃期，定期使用微生物菌剂，保持了根系土壤良好微生物环境。采用水肥一体化避免了大水和大肥，减少了根部淹水和盐碱化环境持续时间，避免了根腐的发生，自然减少了蒜蛆的发生，大量减少了农药的使用，肥料农药节省投入为 400 ～ 500 元 / 亩，同时大大地减少了用工，保证大蒜出口的安全性和商品性。

二、技术要点

（1）在大蒜种植前 10 ～ 15 天，向大蒜种植地块地表均匀撒施石灰氮，石灰氮的施入量为 50 ～ 100 千克 / 亩（依照蒜蛆发生的轻重），然后深翻土壤，翻耕土壤的深度 25 ～ 30 厘米为宜。起垄，浇水，使土壤的相对湿度达到 80% ～ 90%；有条件可以覆膜，石灰氮消毒效果更好。

（2）当土壤相对湿度降至 60% ～ 75% 时，向地表施入基肥，基肥包括有机肥、磷肥、钾肥，有机肥为腐熟的禽畜粪便或商品有机肥，有机肥的施入量为 400 ～ 1 000 千克 / 亩，钾肥一般施用 25 ～ 30 千克 / 亩。同时撒施混合菌剂，翻耕到土壤中，然后整地作畦；如果后期采用水肥一体化滴灌形式浇水，基肥中可以不加磷肥、钾肥，在后期大蒜旺盛生长时通过滴灌随时施用。但是如果使用过磷酸钙，要与有机肥一同施入土壤，增加磷肥的利用率，过磷酸钙施入量为 25 ～ 50 千克 / 亩。

（3）于 10 月初播种大蒜，大蒜播种量一般为 190 ～ 225 千克 / 亩。为防止种子带有虫卵、幼虫和种子带菌，大蒜播种前要采用种衣剂拌种，可以选用先正达的酷拉斯，每瓶 50 毫升，每亩用 3 ～ 5 瓶，稀释后拌种，蒜种拌种后经晾晒可以播种。播种后喷施除草剂，之后铺布滴灌管线（如已安装滴灌），覆盖地膜。

蒜种处理

铺设滴灌

（4）翌年春天，浇返青水时，顺水再冲施一次混合菌剂。混合菌剂为枯草芽孢杆菌、解淀粉芽孢杆菌和侧孢短芽孢杆菌的混合，枯草芽孢杆菌施用量为 10 万亿～ 50 万亿孢子 / 亩，解淀粉芽孢杆菌施用量为 5 万亿～ 20 万亿孢子 / 亩，侧孢短芽孢杆菌施用量为 100 亿～ 400 亿孢子 / 亩。

（5）之后可结合浇水施肥每月冲施一次混合菌剂，微生物菌剂不但能活化土壤中固定的磷钾肥，降低土壤的盐碱化，更重要的是创造良好的根系微生物环境，保持根系活力，不发生根腐病，减少蒜蛆的发生，保证大蒜的品质和商品性。

发生蒜蛆地块

绿色防控地块

蒜蛆始发生蒜头

绿色防控蒜头

对照蒜头切面

绿色防控蒜头切面

三、适宜区域

适宜长期连作的大蒜主产区，尤其是土壤已经发生酸化的大蒜种植区。

四、注意事项

菌剂的使用要特别注意田块的有机营养情况和田间含水量。如果田间含水量过高或者过低，土壤过于贫瘠，有机质含量太低，会造成菌剂在田间的定植效率较低，促苗抗病的功能大大降低甚至没有。

五、技术依托单位

山东省农业科学院蔬菜花卉研究所

联系地址：山东省济南市工业北路 202 号

邮政编码：250100

联　系　人：张卫华

联系电话：15098998150，13064010162

电子邮箱：zhwh70@126.com

· 35 ·

利用天敌昆虫防控设施蔬菜害虫的
轻简化配套技术

一、技术概述

以保护地蔬菜害虫蚜虫、蓟马、粉虱等为治理对象,应用"以虫治虫"的害虫防治技术,通过移栽期释放值守型蝽类天敌,中后期接力释放瓢虫、草蛉、蚜茧蜂,有效结合蜜蜂授粉增效技术,创建符合北方地区蔬菜生产需求的害虫生物防控技术体系,为设施蔬菜的安全生产、提质增效提供技术支撑。

2013 年以来,连年在天津市静海区等地示范应用,针对主栽品种黄瓜、番茄、辣椒、茄子、豆角等蔬菜,普及培训天敌昆虫的高效接种、种群自持、值守控害等综合技术,有效控制了蚜虫、粉虱、叶螨、蓟马、潜叶蝇、鳞翅目幼虫等害虫的危害,减少化学药物投入量,降低生产成本,提高蔬菜品质。技术累计推广应用面积 3 746.8 亩,应用区蔬菜害虫防治处置率 95% 以上,害虫总体防效 80% 以上,危害损失率控制在 10% 以内,比常规防治方法减少化学农药使用 50% 以上,举办现场及专项技术培训会 12 次,培训农民 3 000 余人次,取得了显著的经济、生态和社会效益。"保护地蔬菜害虫生物防治新技术的研究与应用"技术成果,于 2018 年 3 月获得天津市科学技术进步奖二等奖。

二、技术要点

天敌昆虫的高效释放利用技术包括捕食性和寄生性天敌昆虫的接种式释放技术,保护地蔬菜田天敌昆虫的值守与种群自持技术,及天敌昆虫产品的缓释接力技术。

(1)捕食性和寄生性天敌昆虫的接种式释放技术。在田间害虫未大规模发生时,提前释放少量天敌昆虫,如捕食盲蝽、益螨、蚜茧蜂等,利用其自身生存与繁殖的本能,可主动搜寻并攻击田间出现的害虫,通过捕食或寄生的方式,建立起稳定的种群,控制害虫数量使其保持在不足以构成为害的低水平。在蔬菜生长期间,适时地补充天敌昆虫,保持天敌昆虫的种群数量,与害虫数量维持较为合理的动态平衡,达到持续控制害虫为害的效果。

在蔬菜幼苗期接种式释放捕食螨类天敌昆虫

（2）保护地蔬菜天敌昆虫的值守与种群自持技术。选择 2 或 3 种天敌昆虫，进行组合搭配。首先释放值守型天敌昆虫如捕食螨类，可在温室大棚内主动搜索猎物，当害虫未发生时通过吸食植物汁液存活，害虫出现但数量较少如仅在棚室局部发生时，捕食螨可主动猎食害虫，压制了害虫种群。在蔬菜生长、害虫数量增多的情况下，可根据棚室内害虫种群及数量情况，选择接力型天敌昆虫，如草蛉、瓢虫、蚜茧蜂类，在害虫种群

在蔬菜生长期接力式释放草蛉类天敌昆虫

数量呈现增长的初期阶段，可迅速压低虫口密度，实现持续控制。

（3）天敌昆虫产品的缓释接力技术。对天敌昆虫的虫态选择以悬挂蜂卡、卵卡为主，或释放 3 龄后的天敌幼（若）虫，此时天敌昆虫产品处于幼期阶段，尚不能飞翔逃逸，相对延长了天敌昆虫控制害虫的时间，也提升了天敌昆虫的定殖性能，达到长期控制害虫的功效。

在蔬菜生长期接力式释放蚜茧蜂类天敌昆虫

（4）天敌昆虫的保护利用技术。在设施蔬菜大棚的棚头等处，散播显花植物、趋避植物和载体植物。种植芝麻等显花植物，为天敌提供蜜露和营养，可提高瓢虫、草蛉、捕食螨、蚜茧蜂的种群数量；种植芹菜等趋避植物，可利用其气味驱走粉虱类害虫；种植小麦等载体植物，利用其生长的麦二叉蚜、麦长管蚜（均不为害蔬菜）自然繁育瓢虫

异色瓢虫在辣椒和黄瓜上的应用及在小麦载体植物上的定殖

和草蛉等天敌昆虫，提高天敌昆虫的控制效果。

三、适宜区域

该成果适用于在我国北方（京津冀及周边山东、河南等地）保护地蔬菜种植区应用推广。已连续多年应用于天津市多个区县的保护地蔬菜种植户，有效地解决了保护地蔬菜害虫为害严重、蔬菜产品农药残留的问题，减少了农药使用量，降低了生产成本，显著控制了害虫数量和为害，提升了蔬菜品质和效益，经济、生态和社会效益显著。

四、注意事项

（1）加强保护地大棚的物理隔离措施，加装防虫网，注意降低棚内湿度，严格按规程进行蔬菜生产，减少蔬菜害虫的基数。

（2）密切关注蔬菜苗期的害虫发生数量，在害虫未大规模发生时，提前释放少量值守型天敌昆虫，利用其自身生存与繁殖的性能，主动搜寻并攻击蔬菜苗期和生长期的蚜虫、粉虱等害虫。

五、技术依托单位

中国农业科学院植物保护研究所
联系地址：北京市海淀区圆明园西路 2 号
邮政编码：100193
联 系 人：张礼生
联系电话：010-62815909

·36·

设施瓜果优质简约化栽培技术

一、技术概述

1. 技术基本情况 该技术针对全国设施瓜果（西瓜、甜瓜、草莓、葡萄）主产区优质生产和简约化栽培中的突出问题，集成示范健康嫁接苗集约化生产、水肥一体化、蜜蜂（熊蜂）授粉、连作障碍防控、设施环境调控、设施机械化耕作、有机肥替代化肥、病虫害绿色防控、采后贮运等优质简约化生产技术，减少设施生产中化学农药和肥料的施用，提高劳动生产率、果实商品率和品质，促进我国瓜果产业绿色发展。

2. 技术示范推广情况 该技术已在北京、天津、浙江、湖北、广西、海南等省份建立示范基地 76 万亩。

3. 提质增效情况 设施西瓜、甜瓜化学农药和化肥减少 30%，商品优质瓜产量提高 10%，每亩增收节支 1 000 元以上。设施草莓生产平均亩效益达到 2 万元。设施葡萄每亩农药用量下降 70%，化肥使用量下降 40% 以上，人工成本投入每亩下降 30% 以上，比露地种植每亩收入可提高 10 000 元以上。

4. 技术获奖情况 "西甜瓜嫁接育苗与设施栽培关键技术研究与应用" 2018 年获得第五届华耐园艺科技奖，"西瓜甜瓜健康种苗集约化生产技术研发与示范推广" 2015 年获得湖北省科技进步奖二等奖，国家公益性行业（农业）科研专项 "蜜蜂授粉增产技术集成与示范" 2017 年 5 月通过专家验收。天津市农业科技成果转化项目 "葡萄避雨栽培关键技术研究与示范" 2018 年 11 月通过专家验收。

二、技术要点

（一）核心技术

1. 健康嫁接苗集约化生产技术 选择合适的抗病砧木，西瓜可用葫芦或南瓜作为砧木，葫芦砧木品种有京欣砧 1 号、京欣砧冠、甬砧 5 号等，南瓜砧木品种有京欣砧壮、京欣砧 9 号、青研砧木 1 号、丰乐金甲等。甜瓜以南瓜作为砧木，品种有银光、砧思壮 8 号等；甜瓜嫁接也可用甜瓜本砧如甬砧 9 号等。接穗应根据当地市场需求选择适宜品种，砧木和接穗种子在嫁接前要经过种子健康检测不含黄瓜绿斑驳花叶病毒、细菌性果斑病等检疫性病害，种子在播种前经过药剂和催芽处理提高发芽势。利用轻型基质作为育苗基质，采用双断根嫁接、顶插接或贴接法进行嫁接育苗，嫁接用具使用 75% 的酒精消毒，嫁接后注意环境调控，弱光天气时采用 LED 补光，嫁接成活率达到 90% 以上。嫁接苗生长过程中应用 HACCP 原理防治病虫害，培育无病虫健康种苗，西瓜和甜瓜嫁接苗长到三叶一心时出圃，采用嫁接育苗和栽培技术能提高对土传病害抗性，减少后期化学农药施用。采用草莓三级繁种体系与穴盘基质育苗技术，培育无病健康壮苗。

西瓜嫁接育苗集约化生产技术

2. 水肥一体化技术 设施西瓜、甜瓜和草莓整地做畦后每畦铺设 1～2 条滴灌带，滴灌带末端密封，另一端与畦头灌溉主管道用三通阀门连接，灌溉主管道进水口处一端与文丘里施肥器、抽水泵出水口相接。铺设滴灌管网后，进行地膜覆盖。注意地膜与滴灌带重合处，压紧压实地膜，使地膜尽量贴近滴灌带。根据当地的水质情况在灌溉水源首部安装砂石过滤器或叠片式过滤器，定植后浇透水一次，伸蔓期后根据土壤墒情和天气情况灌溉，一般每 5～7 天滴灌 1 次，保持土壤含水量不低于田间持水量的 60%，西瓜和甜瓜采收前 7～10 天停止浇水。设施西瓜、甜瓜采用高钾水

设施草莓简约化栽培技术

溶性肥料，通过文丘里施肥器连接到供水系统随水入田，伸蔓期和果实膨大期各施一次追肥，每次施肥量为每亩追肥 10 千克。设施草莓宜采用滴灌追肥，一般在晴朗天气中午施用高钾型肥料，浓度控制在 0.4% 以内，少量多次通过滴灌管水肥同灌，每亩灌水量 300 ～ 500 千克，间隔 7 ～ 10 天追施一次，结合喷药可追施叶面肥或施 0.2% 液肥，补充中微量营养元素。采用水肥一体化技术可节约水肥施用 20% 以上，同时降低设施内湿度，有利于提高设施瓜果果实产量和品质。

3. 蜜蜂（熊蜂）授粉技术 设施西瓜和草莓用蜜蜂授粉，设施甜瓜用蜜蜂或熊蜂授粉。

运输蜂群时，汽车等运输工具应该清洁无农药污染；蜂群饲料充足，固定好巢脾及蜂箱，防止运输过程中挤压蜜蜂；选择傍晚蜜蜂归巢后运输，在第 2 天早晨蜜蜂出巢前到达。在西瓜和甜瓜第 2 雌花开花前 1 ～ 2 天，及草莓初花期的傍晚将蜂群放入，蜂箱置于设施中央支架上，支架距地面 30 ～ 50 厘米，置于垄间，巢门向南，蜂箱上搭 1 层遮阴物，

设施甜瓜蜜蜂授粉技术

待蜂群稳定后将巢门打开。每亩大棚配置 1 个标准授粉蜂群（6 000 只）。蜜蜂在蜂箱巢门附近放置装有清洁水的容器，每两天换 1 次水，在水面上放置少许干净的漂浮物，防止蜜蜂饮水时溺亡。早上 10：30 之前设施内温度宜控制在 18 ～ 30℃范围内，湿度宜控制在 50% ～ 80% 范围内，确保蜜蜂正常工作。禁止使用对蜜蜂有毒有害的农药。定植时禁止使用含有吡虫啉成分的缓释剂，在授粉前 1 周及授粉期间不用或谨慎选择使用各种农药。

4. 连作障碍防控技术 西瓜、甜瓜或草莓大棚夏季闲置季节，在棚内开沟，铺设碎的作物秸秆，每亩施用 30 ～ 40 千克石灰氮，起垄灌水，用地膜盖严，上面再盖严大棚薄膜，采用高温闷棚 15 ～ 20 天进行土壤消毒，之后整地施肥。南方有条件的地区采用水旱轮作，在春季大棚西瓜、甜瓜或草莓收获后，再种植一季水稻，或者棚内种植大蒜、葱等作物，西瓜、甜瓜推广采用嫁接换根栽培。设施葡萄栽培通过应用测土配方施肥、增施有机肥、适时补充中微肥、灌水洗盐等措施来克服土壤连作障碍。

5. 设施环境调控技术　西瓜、甜瓜早春栽培设施内采用小拱棚等多层薄膜覆盖保温，瓜苗定植后的缓苗期一般不通风，活棵后小拱棚视天气应早揭早盖，坐果前棚内温度白天保持在 25 ～ 30℃、夜间 10℃以上，在果实膨大阶段，棚内温度白天控制在 25 ～ 35℃、夜间 18 ～ 20℃，设施长季节栽培西瓜注意避免夏季高温危害。草莓设施栽培要求棚内温度白天维持在 15 ～ 27℃、夜温 5 ～ 8℃，棚内相对湿度尽量控制在 60% 以下，棚内夜间最低温度在 5℃以下时须覆盖内膜，出现 0℃以下温度时，应采取二层膜、加盖小拱棚等多层覆盖保温措施。

6. 葡萄避雨栽培技术　葡萄采用避雨栽培能显著减轻真菌侵染性病害的发生，有效减少化学农药的施用次数和施用量。可采用"简易避雨棚""钢骨架单行避雨棚""联栋式全封闭避雨大棚"等多种避雨栽培模式。采用单母蔓水平 Y 形整枝方式，推广应用适合北方埋土防寒地区的"高、宽、垂"树形，将结果部位由普通的 Y 形架的 1.0 ～ 1.2 米提高到 1.4 ～ 1.6 米，配套"一条龙 +20 天摘心"省力化修剪技术。在避雨栽培过程中，针对环境因子、栽培条件、架面微气候的改变，配套葡萄避雨栽培整形修剪、葡萄避雨栽培肥水管理、葡萄避雨栽培病虫害防治技术，显著提高葡萄果实的品质和商品性。

设施葡萄避雨栽培技术

（二）配套技术

1. 设施机械化耕作技术　耕整地作业是设施内生产的重要环节，也是劳动强度最大的环节。设施内可采用 25.7 ～ 44.1 千瓦大棚王拖拉机配套深松机、铧式犁、旋耕机等耕整地机械，进行深松、深翻、旋耕等作业，以使土壤平整、疏松、细碎，之后可根据栽培方式选用不同参数的开沟、起垄、覆膜机完成后续的整地作业，满足设施西瓜、甜瓜和草莓耕整地要求。对于空间狭小的单跨大棚或温室，则可采用多功能田园管理机进行旋耕、开沟、起垄、覆膜等作业。

2. 有机肥替代化肥技术　增施有机肥，西瓜、甜瓜每亩在整地时施入充分腐熟的优质农家肥如猪粪、鸡粪、牛粪等 7 ～ 10 米^3，或豆饼 100 ～ 150 千克，或每亩基施沼渣 6 ～ 8 米^3，或 800 ～ 1 000 千克商品有机肥，配合 20 ～ 30 千克三元复合肥作为底肥。草莓设施栽培每亩底肥施用商品有机肥 500 ～ 1 000 千克，菜籽饼肥 100 千克，不含氯复合肥 40 千克。

3. 病虫害绿色防控技术　选用抗病品种。采用高垄栽培、地膜覆盖和植株调整等农艺措施，改善根部和地上部微环境，加强排水，适时通风换气，降低棚内湿度，减少病害发生，严防有毒气体发生危害。害虫防控过程中优先使用防虫网、杀虫灯、昆虫性诱剂、黏虫板等物理防治措施。对于蚜虫、粉虱、叶螨等害虫，可采用释放异色瓢虫、捕食螨、丽蚜小蜂、智利小植绥螨等天敌昆虫进行生物防治。同时，可应用苏云金芽孢杆菌 Bt、昆虫病毒制剂等微生物农药和环境友好型化学农药进行调控及防治。严禁使用高毒高残留农药，严格遵守农药安全间隔期。

4. 采后贮运技术　西瓜采收后的适宜贮藏条件是 10 ～ 12℃，相对湿度为 50%。光皮和厚皮甜瓜的适宜贮藏条件是 8 ～ 10℃，相对湿度为 50%。网纹厚皮甜瓜的适宜贮藏条件是 6 ～ 8℃，相对湿度为 50%。草莓和葡萄适时采收，做到卫生采摘、分级、包装，运输时轻搬轻放。

三、适宜区域

全国设施西瓜和甜瓜主产区、草莓主产区、北方埋土防寒地区的葡萄避雨栽培主产区。

四、注意事项

（1）设施西瓜和甜瓜栽培的品种应根据当地市场选择，抗性砧木应根据当地主要土传病害的种类选取。

（2）蜜蜂授粉期间遭遇气温低、连续阴雨天气，蜜蜂不出巢工作，应辅助其他坐果技术。

（3）草莓是连续采收的浆果，在防治病虫害过程中要严格按照要求科学合理使用药剂，严禁使用高毒高残留农药，严格遵守农药安全间隔期。同时，草莓开花期尽量不要喷药，坐果后避免使用可湿性粉剂农药。

五、技术依托单位

1. 全国农业技术推广服务中心

联系地址：北京市朝阳区麦子店街 20 号楼 604 室

邮政编码：100125

联 系 人：王娟娟

联系电话：18500056088

电子邮箱：49704516@qq.com

2. 华中农业大学

联系地址：湖北省武汉市洪山区狮子山街 1 号

邮政编码：430070

联 系 人：别之龙，黄远

联系电话：13667263529，13277050480

电子邮箱：biezl@mail.hzau.edu.cn

3. 天津农学院

联系地址：天津市西青区津静路 22 号

邮政编码：300384

联 系 人：田淑芬

联系电话：13512050130

电子邮箱：tianshufen@263.net

4. 浙江省农业技术推广服务中心

联系地址：浙江省杭州市凤起东路 29 号

邮政编码：310020

联 系 人：胡美华

联系电话：13093737191

电子邮箱：178470657@qq.com

· 37 ·

苹果病虫害全程绿色防控减药增效技术

一、技术概述

1. 技术基本情况 西北黄土高原日照充足，昼夜温差大，雨热同季，具有发展苹果产业的得天独厚优势，是我国苹果最佳优生区和优势核心产区。但病虫害一直是制约果产量和品质的主要因素，针对生产中过分依赖、过度使用化学农药等实际情况，在系统研究明确苹果主要病虫种类、发生动态及演替规律的基础上，确定防控关键时期，开展免疫诱抗、理化诱控、天敌控害，药剂组合、高效药械等绿色防控技术研究，探明绿色防控技术路径，集成创新了苹果病虫绿色防控技术体系。

2. 技术示范推广情况 通过陕西省农业科技创新转化项目"苹果主要病虫害绿色防控技术集成与示范推广"的实施，在国家重点研发计划"苹果农药减施增效技术大面积示范推广"项目的支持下，2016—2018 年在陕西苹果基地县建立示范基地 100 多个，累计应用面积 600 多万亩。

3. 提质增效情况 示范区苹果病虫总体防效 92% 以上，减少化学农药使用量 25%，平均亩增加产量 180 千克，商品果率提高 3% 以上，为巩固发展脱贫主导产业、果业提质增效、果区农民增收和果园生态环境改善做出了积极贡献。

4. 技术获奖情况 "苹果主要病虫绿色防控关键技术研究与应用"获 2018 年陕西省科学技术奖一等奖。

二、技术要点

苹果全程绿色防控技术模式：果树健身栽培＋病虫基数控制＋生态调控生物防治＋害虫理化诱杀＋优化农药品种组合＋高效药械应用。

1. 健身栽培免疫诱抗 通过科学施肥，合理修剪，合理负载，应用免疫诱导技术，增强树势，提高果树自身抗逆能力。科学施肥：测土配肥，按需施肥，增施有机肥和生物菌肥，果树生长中后期增施钾肥、钙肥和微量元素；秋季全园施足基肥，条沟施或穴施充分腐熟的有机肥为 2 000～3 000 千克／亩。合理修剪：12 月至元月，按照平衡树势、主从分明、充分利用辅养枝；以轻为主，轻重结合的原则，培育结果枝组，规范树形，调整平衡树势；中等水平果园一般按花芽与叶芽比（1∶3）～（1∶4）的比例修剪；盛果期乔砧果园亩产量控制在 2 000～2 500 千克，矮砧果园控制在 3 000 千克左右。合理负载：根据树龄大小、树势强弱、品种特性、栽培管理条件等，因树定产，按枝定量，看台留果，合理负载，中等水平果园一般按叶果比（40∶1）～（60∶1）留果。应用免疫诱抗产品：全程使用 3 次，苹果树开花前（4 月上旬）、幼果期（6 月下旬～7 月上旬）、果实膨大期（8 月上中旬），选用氨基寡糖素、植物激活蛋白等叶面喷雾一次，激发果树自身抗病抗逆性；田间施用时可在药剂组合最后加入混合喷施。

2. 病虫基数控制 苹果采收后，及时落实"剪、刮、清、涂、翻"技术，减少腐烂病、褐斑病、叶螨、金纹细蛾等病虫越冬基数。剪：剪除病虫枝梢、虫果及尚未脱落的僵果。刮：刮除枝干粗老翘皮和病斑、病瘤、剪锯口、伤口等及时涂药保护。清：彻底清除果园内刮剪下的病虫枝、枯枝落叶、病僵落果、杂草等，集中烧毁。涂：果树主干、大枝涂刷涂白剂（生石灰 10 份、20 波美度的石硫合剂 2 份、清水 20 份等充分搅拌均匀）。翻：冬前、早春结合施肥，深翻树盘 20～30 厘米，将土壤中越冬的病虫暴露于地面冻死或被鸟禽啄食。

树干涂白

3. 生态调控生物防治 主要落实行间生草和释放捕食螨技术，创造果园良好生态小环境，充分利用天敌控害。①果树行间种植油菜和三叶草、毛苕子等豆科植物，单播或两种混种。于春季 4 月中旬～5 月中旬或秋季 8 月中旬～9 月中旬，条播或撒播。白三叶草单播亩用种量 0.50～0.75 千克，毛苕子单播每亩 2.0～2.5 千克。保留果园自然杂草，如杂草高度超过 30 厘米时及时刈割，留茬 10 厘米后平铺在地面，改善果园生态小环境，增加自然天敌数量。②有机果园人工释放天敌捕食螨或赤眼蜂。捕食螨主要有胡瓜钝绥螨、巴氏钝绥螨等，果实套袋前后（一般 6 月初）越冬代叶螨雌成螨还处于内膛为害时，平均单叶害螨（包括卵）量小于 2 只时释放。选择傍晚或阴天，将装有捕食螨的包装袋斜剪开口，用图钉钉在每棵果树的第一枝干交叉处背阴面，每株 1 袋，袋口和下沿应紧贴枝干。挂螨后 1 月内果园禁止使用杀螨剂，杀虫剂、杀菌剂使用对捕食螨影响最小的药剂。

果园行间生草

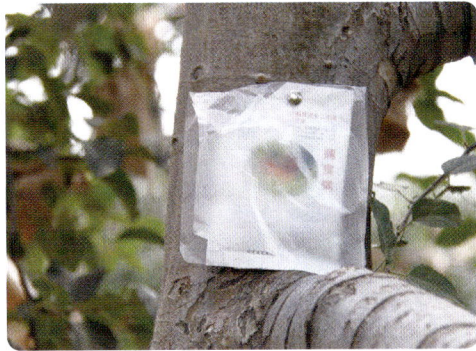

释放捕食螨

4. 理化诱杀害虫　应用性诱剂、灯光、糖醋液、诱虫带等理化措施诱杀害虫成虫。悬挂性诱捕器：果树开花前（4 月中旬），针对金纹细蛾、苹小卷叶蛾等选择相应性诱捕器，悬挂于树冠外中部，高度距地面 1 米，相邻间距 20 米，每亩 5 ～ 8 个。根据性诱芯有效期及时更换，黏板一旦黏满虫体也应及时更换，水盆式诱捕器诱盆中及时加注清水并清理死虫。灯光诱杀：主要诱杀金龟甲等趋光性害虫。果树开花前，按照 30 ～ 50 亩 / 台，间距 160 米，果园外围安装杀虫灯，杀虫灯悬挂高度应高出果树顶部 20 厘米。于食叶食花高峰期傍晚开灯诱杀，诱到的害虫及时清理并深埋。悬挂糖醋液诱盆：苹果开花期，按红糖：醋：水：酒 =1：3：10：1 的比例，自制糖醋液，并加少许敌百虫，每

亩 5 个，对角线 5 点布局，悬挂于距离地面 1.5 ～ 2.0 米高度的树杈上，诱杀金龟甲等趋化性害虫。及时添加糖醋液，捞取诱盆中的虫体集中深埋。捆绑诱虫带：害虫越冬前（9 月上旬），将诱虫带对接后，绑扎在每棵果树主干第一分枝下 5 ～ 10 厘米处，或其他大枝基部 5 ～ 10 厘米处，接口对接严密，诱集越冬害虫，翌年 2 月底害虫出蛰前解下

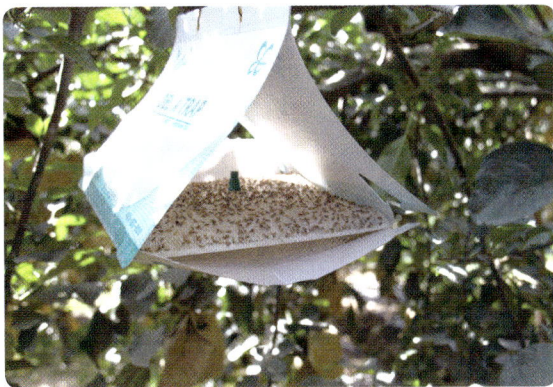

悬挂害虫性诱捕器

诱虫带，带出果园集中烧毁，降低越冬害虫出蛰基数。

5. 优化农药品种组合　抓住果树花芽露红期、落花后、套袋前、幼果期、果实膨大期、采果后休眠期等关键生育期，根据病虫害发生规律和为害特点，综合考虑药剂作用特性、气候条件、天敌数量、防治指标、蜜蜂安全性等因素，在准确做好病虫情监测预报的基础上，优先选用生物农药，对症选择高效、绿色化学药剂品种或剂型，科学药剂组合，确定具

体施药适期，最大程度减少化学农药使用。

①萌芽期，冬前未药剂清园的喷施一次石硫合剂。②花芽露红期针对越冬出蛰病虫，保护蜜蜂，优先选用生物药剂组合苦参碱 + 多抗霉素 + 氨基寡糖素，或对症选用对蜜蜂低毒、残效期较短的治疗性杀菌剂和触杀性、渗透性强的杀虫剂各一种，最后加入免疫诱抗剂，混合后叶面喷雾。禁止选用对蜜蜂剧毒或高毒的氟硅唑、阿维菌素、甲氨基阿维菌素苯甲酸盐、氯氟氢菊酯、甲氰菊酯、新烟碱类如吡虫啉和噻虫嗪等药剂。③落花后一周，白粉病随春梢生长进入发病盛期，斑点落叶病、褐斑病、锈病病菌等开始侵染新叶，蚜虫、叶螨、金纹细蛾等为害嫩叶，可采用代森锰锌 + 甲维盐 + 哒螨灵药剂组合，按推荐用量叶面喷雾。④套袋前，斑点落叶病、褐斑病等病害开始发生，叶螨繁殖加快，黄蚜、金纹细蛾等进入为害盛期，可选用新烟碱类 + 吡唑醚菌酯等甲氧丙烯酸类杀菌剂 + 噻螨酮等喷雾，尽量选用水分散粒剂、悬浮剂等水性化剂型。⑤套袋后幼果期与果实膨大期，重点防治早期落叶病、叶螨等。根据病虫发生和天气变化情况，对症选用丙森锌等 + 戊唑醇等唑类杀菌剂 + 唑螨酯，或代森锰锌 + 多抗霉素 + 高效氯氰菊酯 + 螺螨酯等季酮酸类杀螨剂组合，最后加入氨基寡糖素，混配后叶面喷雾。降雨多时单独喷施一次倍量式或等量式波尔多液，防治早期落叶病。注意不同作用机理的药剂交替或轮换使用。⑥果实采收后一周，选用长持效杀虫剂与广谱性杀菌剂农药品种组合全树喷雾，压低越冬病虫源基数。

6. 高效施药器械应用 以减施增效为目标，精准施药。矮化密植、间伐果园应用自走式风送喷雾机等新型高效施药器械，传统种植模式的果园选用节药、雾化好的高效喷

果园自走式风送喷雾机施药

枪提高农药利用率，避免造成药液浪费和环境污染。施药时遵守 NY/T 1276 农药安全使用规范总则。认真阅读药剂标签，按使用浓度要求，二次稀释配制好药液。科学把握施药液量，亩施药液量 100 ～ 150 千克；注重雾化效果，以叶面湿润欲滴为宜。禁止淋洗式施药，田间施药时要细致、均匀、周到，且不漏喷、不重喷，施药后 6 小时内遇雨要补喷。

7. 药剂涂干预防腐烂病 果树春梢停长期（6 月下旬），刮除主干和主枝粗老翘皮后，用 45% 代森铵水剂或 1.8% 辛菌胺醋酸盐水剂 50 倍液，或戊唑醇等杀菌剂按喷雾倍数提高 10 倍，涂刷 1 ～ 2 次，预防病菌侵染。果树落叶前后，对新发病斑刮除表面溃疡后，用 3% 甲基硫菌灵糊剂原膏或 1.6% 噻霉酮涂抹剂 50 倍液涂抹病斑，防止病害进一步扩展。

三、适宜区域

西北黄土高原苹果产区，其他苹果产区可根据当地病虫发生情况参考调整。

四、注意事项

本模式适宜土地平整连片栽植区，面积 100 亩以上，树龄 10 年以上，果园管理水平较好，果农对新技术接受较快的地区。

五、技术依托单位

1. 全国农业技术推广服务中心

联系地址：北京市朝阳区麦子店街 20 号楼

邮政编码：100125

联 系 人：赵中华，李萍，杨普云

联系电话：010-59194542

电子邮箱：zhaozh@agri.gov.cn

2. 陕西省植物保护工作总站

联系地址：陕西省西安市习武园 27 号

邮政编码：710003

联 系 人：王亚红，范东晟，陈宏

联系电话：029-87338789

电子邮箱：wyahong2002@163.com

·38·

梨绿色提质增效栽培技术

一、技术概述

1. 技术基本情况　我国梨产业主要存在以下问题：一是主栽品种老化，果品品质下降。二是栽培模式老旧，整形修剪繁难。三是盲目施用化肥，土壤生态失衡。四是过于依赖农药，果园生态失衡。梨绿色提质增效栽培技术着眼于从根本上解决上述产业问题，从新品种、新技术、新模式等方面开展技术集成，创新了以配套新品种为核心的梨高光效简约树形塑造技术、平衡施肥技术、病虫害绿色防控技术、高效高改技术等多个单项关键技术。该套技术能有效改良梨园土壤，改良树形，减少农药、化肥用量，减少用工，提高果实品质，提高果农收入，提高果业经济效益，提高果园生态效益，适合果园机械化操作、标准化生产、简单有效易于推广。

2. 技术示范推广情况　在上海、江苏、山东、河南、陕西、安徽、新疆等省份示范推广种植面积 18 000 余亩，辐射推广面积达 50 万亩。

3. 提质增效情况　示范区梨园化肥零施用，化学农药用量减少 70% 以上，优质果率提高至 80%，每亩效益多增 1 500 元及以上。

4. 技术获奖情况　该技术以优质梨品种为依托，获得河南省科技进步奖二等奖 2 项，即"红皮梨新品种——红香酥的培育及其配套技术研究"和"早熟梨'中梨 1 号'的培育及其自花结实性研究与应用"；河南省科技进步奖三等奖 1 项，即"梨'高效高改'及配套生产关键技术创新与应用"。

二、技术要点

1. 梨"细长圆柱树形"塑造技术

强化中心主干：新定植苗木 30 ～ 40 厘米定干、中心干立支柱扶直、分枝留 4 片叶连续摘心、加强土肥水管理、冬季修剪剃光杆等技术措施，确保苗木定植后第一年中心干生长高度达到 2 米以上，离地 1 米位置粗度达到 1.5 厘米以上。

"刻撑抹"技术：翌年春季萌芽前，对中心干上离地 50 厘米以上的芽进行刻芽，深达木质部 1 毫米左右，刻伤长度达到树干周长的 1/3 以上。侧枝新梢长到 50 厘米左右（半木质化时）进行撑枝或扭枝处理。

促花促果技术：对于生长势过旺或者成花较难的品种，如中梨 1 号、玉露香等可在 5 月至 6 月初进行控长促花处理。具体措施：叶面喷施生长抑制剂如多效唑（PP333）50 ～ 100 倍液或矮壮素（CCC）100 ～ 200 倍液 2 ～ 3 次，间隔 10 天左右。

控制中心主干与主枝的粗度比例：主枝小型化多量化、拉大主枝角度、疏除粗度大于主干粗度 1/3 的主枝、主枝上不留中长侧枝呈单轴延伸、主枝不短截也不要急于回缩、中心干高于 3.5 米时及时落头。

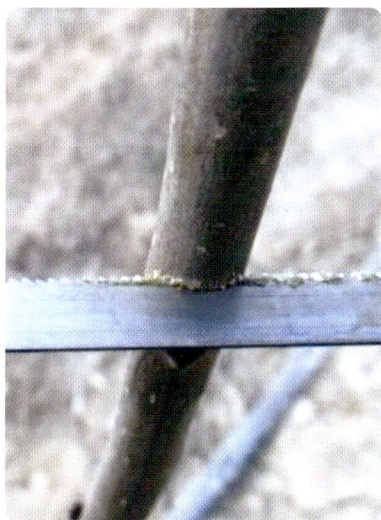

刻芽状　　　　　　　　　刻芽当年发枝状　　　　　　　　刻芽翌年成花状

刻芽翌年丰产状

2. 梨园平衡施肥技术

施足有机肥：有机肥营养全面，肥效长而稳定，可增加土壤有机质，促进微生物繁殖，改善土壤的理化性质，可于秋季 9 月中旬至 10 月底施厩肥（4～10 米³/亩）。

水肥耦合：100 亩以上的果园应铺设"水肥一体化"设施，小面积果园可采用施肥枪进行施肥。水肥耦合技术可有效提高肥料使用效率，降低劳动力成本。

平衡施肥：把氮、磷、钾、钙、镁、铁、锌、硼、锰、铜等矿质元素按照一定比例（20：10：10：2：2：1：1：1：1：1）进行配置，并根据实测叶片元素值对比例进行调整，过剩的元素减少施用量和次数，在正常范围内的可根据结果量按照比例进行补充。

3. 病虫害绿色防控技术

改善果园生态环境：避免使用广谱性杀虫剂，保护天敌。通过行间生草为天敌提供有利栖息条件。

"水肥一体化"首部枢纽

改化学防控为主为综合防控：针对食心虫类难以防治的害虫，采用物理防治、生物防治和化学防治相结合的综合治理办法，通过释放天敌赤眼蜂、糖醋液诱杀、迷向丝干扰正常交尾、防虫网隔离等进行防治，在梨小食心虫成虫第一次由桃转移到梨的产卵高峰期打一遍杀卵剂。

增加树体贮藏养分，提高树体抗性：秋季施足有机肥，生长季节追氮肥、磷肥、钾肥 2～3 次，增加树体贮藏营养，提高树体抗逆能力。

梨园生草构建和谐生态

黏胶板诱杀桔小实蝇

春季挂黄板诱杀梨茎蜂

秋季树干绑瓦棱纸诱杀越冬害虫

迷向丝防治梨小食心虫

草蛉　　　蚜茧蜂　　　小花蝽

食蚜蝇幼虫　　蚂蚁　　三突花蛛

七星瓢虫　　异色瓢虫　　龟纹瓢虫

常见害虫天敌

4. 梨高效高改技术

树形改造：根据树冠大小选留基部 4 ～ 6 个主枝和中心干作为嫁接的砧木，主枝长度保留 1.0 ～ 2.5 米、中心干保留 1.0 ～ 1.5 米截头，主枝和中心干上的各类枝全部去掉，使改造后的树成倒伞形或开心形。

刻槽嫁接

树形改造与嫁接

破膜露芽

第三年恢复产量

主枝（干）枝侧刻槽插皮接：在主干和主枝两侧每隔 20 厘米刮去老树皮后切一个"丁"字形嫁接口，并以横切口为边将上方树皮刻画掏出，形成边长 2 厘米左右的三角形嫁接槽。把接穗剪成 3 厘米左右带 1 个芽的接穗，将背芽一侧削成 2 厘米长的平滑斜面，芽侧一面最下端削成 0.4 厘米的伤面，然后芽朝外把接穗插入"丁"字形嫁接口，用 8 厘米左右宽度的薄膜缠紧。萌芽后，待新梢长到 1 厘米左右时，用锥子或牙签把薄膜挑破让其露出。

三、适宜区域

长江中下游、云贵川、渤海湾、华北平原、西北黄土高原和南疆干旱地区。

四、注意事项

（1）梨树适应 pH5.5 ～ 8.5 的土壤环境，超过该范围不能正常生长，以 pH6.0 ～ 7.5 为宜。

（2）红香酥梨适合在华北、西北及渤海湾地区种植，其他地区表现不佳。中梨 1 号初果期果实容易裂果，进入盛果期后，很少发生裂果现象，5 月灌透水可防止裂果。

五、技术依托单位

中国农业科学院郑州果树研究所
联系地址：河南省郑州市管城区未来路南端
邮政编码：450009
联 系 人：李秀根，薛华柏，王龙
联系电话：13803843874，13703821980，13526802980
电子邮箱：xuehuabai@caas.cn

· 39 ·

茶园化肥减施增效技术

一、技术概述

1. 技术基本情况 过量施用化肥，特别是氮肥，造成了全国茶园土壤严重酸化。此外，茶园施用有机肥替代率较低，而且常用复合肥的等养分比例与茶树养分需求规律并不契合。为解决上述问题，在新研制的茶树专用肥（N-P_2O_5-K_2O-MgO 18-8-12-2 或相近配方）的基础上，结合近几年的研究结果，提出了一套能够解决茶园化肥投入量过大、养分比例不合理等问题的茶园化肥减施增效技术模式。其中主要包括茶树专用肥＋酸化改良剂技术、茶树专用肥＋控释肥＋酸化改良剂技术、有机肥＋茶树专用肥技术、有机肥＋水肥一体化技术、有机肥＋茶树专用肥＋沼液肥技术等。该技术模式考虑到了山地、丘陵茶区劳动力不足、劳动力成本高，施肥烦琐、土壤保肥性差的问题，同时能够兼顾解决养殖业产生的废弃物的综合利用。应用茶园减肥增效技术模式，能够实现化肥用量减少25% 以上，同时改善茶园土壤 pH、增加土壤有机质、提高土壤供肥能力。

2. 技术示范推广情况 技术已在浙江、福建、云南、重庆等 13 个省份的茶区示范推广 40 多万亩。

3. 提质增效情况 在试验示范区、核心示范区内，与习惯施肥相比，上述技术模式可增产 5%～18%，实现化肥用量减少的同时，未发现鲜叶品质下降，其中绿茶品质基本持平，乌龙茶、红茶品质有一定提升。产出投入比上，实现每亩节约成本 220～350 元，综合经济效益增加 500 元以上。

二、技术要点

茶园化肥减施增效技术体系中所包含的各项技术均针对不同茶类的养分需求进行了优化，在"养分总量控制＋分期施用"的前提下，针对若干场景（酸化、土壤贫瘠、缺水、有机资源丰富等），选择了一些列有针对性的肥料产品与相应的施肥技术，涵盖施肥时间、用量、方式及配套的修剪方法。由于红茶茶区茶树修剪可参考乌龙茶（机采）或者名优绿茶（人工采摘）。

1. 茶树专用肥＋酸化改良剂技术 通过施用一定量的碱性物质，调节土壤 pH。

茶树专用肥＋酸化改良剂技术参数表

茶类	肥料	施肥时间及用量	施肥方式	树冠修剪
名优绿茶（只采春茶）	基肥	入冬前，亩施茶树专用肥 55~60 千克、酸化改良剂 100 千克（连续用 3~4 年）	肥料开沟 15~20 厘米施用后覆土或机械深施；酸化改良剂行间撒施，机械浅翻	无冻害区域深秋季进行轻修剪，剪去 3~5 厘米枝叶
	追肥	春茶开采前 40~50 天，亩施尿素 10~12 千克 春茶结束，重修剪前，亩施尿素 10~12 千克	机械翻耕 5~10 厘米施用 机械翻耕 5~10 厘米施用	春茶结束后，重修剪（离地 40~50 厘米或 60~70 厘米）
大宗绿茶、黑茶	基肥	入冬前，亩施茶树专用肥 60~70 千克、酸化改良剂 100 千克（连续用 3~4 年）	肥料开沟 15~20 厘米施用后覆土或机械深施；酸化改良剂行间撒施，机械浅翻	每次机采后掸剪，剪去采摘面上突出枝叶，连续机采 4~5 年后进行种修剪（离地 40~50 厘米）
	追肥	春茶开采前 30~40 天，亩施尿素 12~15 千克 春茶结束，亩施尿素 12~15 千克 夏茶结束，亩施尿素 12~15 千克	机械翻耕 5~10 厘米施用 机械翻耕 5~10 厘米施用 机械翻耕 5~10 厘米施用	
乌龙茶	基肥	入冬前，亩施茶树专用肥 60~70 千克、酸化改良剂 100 千克（连续用 3~4 年）	肥料开沟 15~20 厘米施用后覆土或机械深施；酸化改良剂行间撒施，机械浅翻	每次机采后掸剪，剪去采摘面上突出枝叶，连续机采 4~5 年后进行种修剪（离地 40~50 厘米）
	追肥	春茶开采前 20~30 天，亩施尿素 10~12 千克 春茶结束，亩施尿素 10~12 千克 夏茶结束，亩施尿素 10~12 千克	机械翻耕 5~10 厘米施用 机械翻耕 5~10 厘米施用 机械翻耕 5~10 厘米施用	
红茶	基肥	入冬前，亩施茶树专用肥 50~60 千克、酸化改良剂 100 千克（连续用 3~4 年）	肥料开沟 15~20 厘米施用后覆土或机械深施；酸化改良剂行间撒施，机械浅翻	
	追肥	春茶开采前 30~40 天，亩施尿素 10~12 千克 春茶结束，亩施尿素 10~12 千克 夏茶结束，亩施尿素 10~12 千克	机械翻耕 5~10 厘米施用 机械翻耕 5~10 厘米施用 机械翻耕 5~10 厘米施用	

2. 茶树专用肥＋控释肥＋酸化改良剂技术　通过在夏季多雨季节施用控释氮肥（增效氮肥、包膜尿素等），延长肥效，可减少追肥次数。

茶树专用肥＋控释肥＋酸化改良剂技术参数表

茶类	肥料	施肥时间及用量	施肥方式	树冠修剪
名优绿茶（只采春茶）	基肥	入冬前，亩施茶树专用肥 55~60 千克、100 千克酸化改良剂（连续用 3~4 年）	肥料开沟 15~20 厘米施用后覆土或机械深施；酸化改良剂行间撒施，机械浅翻	无冻害区域深秋季进行轻修剪，剪去 3~5 厘米枝叶
	追肥	春茶开采前 40~50 天，亩施尿素 10~12 千克 春茶结束，亩施控释氮肥 10~12 千克	机械翻耕 5~10 厘米施用 机械翻耕 5~10 厘米施用	春茶结束后，重修剪（离地 40~50 厘米或 60~70 厘米）
大宗绿茶、黑茶	基肥	入冬前，亩施茶树专用肥 60~70 千克、100 千克酸化改良剂（连续用 3~4 年）	肥料开沟 15~20 厘米施用后覆土或机械深施；酸化改良剂行间撒施，机械浅翻	每次机采后掸剪，剪去采摘面上突出枝叶，连续机采 4~5 年后进行种修剪（离地 40~50 厘米）
	追肥	春茶开采前 30~40 天，亩施尿素 12~15 千克 春茶结束，亩施控释氮肥 18~22 千克	机械翻耕 5~10 厘米施用 机械翻耕 5~10 厘米施用	
乌龙茶	基肥	入冬前，亩施茶树专用肥 60~70 千克、100 千克酸化改良剂（连续用 3~4 年）	肥料开沟 15~20 厘米施用后覆土或机械深施；酸化改良剂行间撒施，机械浅翻	每次机采后掸剪，剪去采摘面上突出枝叶，连续机采 4~5 年后进行种修剪（离地 40~50 厘米）
	追肥	春茶开采前 20~30 天，亩施尿素 10~12 千克 春茶结束，亩施控释氮肥 18~22 千克	机械翻耕 5~10 厘米施用 机械翻耕 5~10 厘米施用	
红茶	基肥	入冬前，亩施茶树专用肥 50~60 千克、100 千克酸化改良剂（连续用 3~4 年）	开沟 15~20 厘米施用后覆土，或机械深施；酸化改良剂行间撒施，机械浅翻	
	追肥	春茶开采前 30~40 天，亩施尿素 10~12 千克 春茶结束，亩施控释氮肥 12~15 千克	机械翻耕 5~10 厘米施用 机械翻耕 5~10 厘米施用	

3. 有机肥 + 茶树专用肥技术　秋冬基肥施用有机肥，替代部分化肥，改良土壤，但畜禽粪肥一定要是腐熟过的，且不能含有重金属等有害物质。

有机肥 + 茶树专用肥技术参数表

茶类	肥料	施肥时间及用量	施肥方式	树冠修剪
名优绿茶（只采春茶）	基肥	10 月底前，亩施菜籽饼 100~150 千克，或者安全处置过的畜禽粪肥 150~200 千克，并施用茶树专用肥 40~50 千克 / 亩	有机肥与专用肥拌匀后开沟 15~20 厘米施用后覆土，或机械深施	无冻害区域深秋季进行轻修剪，剪去 3~5 厘米枝叶
	追肥	春茶开采前 40~50 天，亩施尿素 8~10 千克	机械翻耕 5~10 厘米施用	春茶结束后，重修剪（离地 40~50 厘米或 60~70 厘米）
		春茶结束，重修剪前，亩施尿素 8~10 千克	机械翻耕 5~10 厘米施用	
大宗绿茶、黑茶	基肥	10 月底前，亩施菜籽饼 150~170 千克，或者安全处置过的畜禽粪肥 230~250 千克，并施用茶树专用肥 50~60 千克 / 亩	有机肥与专用肥拌匀后开沟 15~20 厘米施用后覆土，或机械深施	每次机采后掸剪，剪去采摘面上突出枝叶，连续机采 4~5 年后进行种修剪（离地 40~50 厘米）
	追肥	春茶开采前 30~40 天，亩施尿素 8~10 千克	机械翻耕 5~10 厘米施用	
		春茶结束，亩施尿素 8~10 千克	机械翻耕 5~10 厘米施用	
		夏茶结束，亩施尿素 8~10 千克	机械翻耕 5~10 厘米施用	
乌龙茶	基肥	10 月底前，亩施菜籽饼 100~200 千克，或者安全处置过的畜禽粪肥 150~300 千克，并施用茶树专用肥 40~50 千克 / 亩	有机肥与专用肥拌匀后开沟 15~20 厘米施用后覆土，或机械深施	每次机采后掸剪，剪去采摘面上突出枝叶，连续机采 4~5 年后进行种修剪（离地 40~50 厘米）
	追肥	春茶开采前 20~30 天，亩施尿素 8~10 千克	机械翻耕 5~10 厘米施用	
		春茶结束，亩施尿素 8~10 千克	机械翻耕 5~10 厘米施用	
		夏茶结束，亩施尿素 8~10 千克	机械翻耕 5~10 厘米施用	
红茶	基肥	10 月底前，亩施菜籽饼 100~150 千克，或者安全处置过的畜禽粪肥 150~200 千克，并施用茶树专用肥 30~35 千克 / 亩	有机肥与专用肥拌匀后开沟 15~20 厘米施用后覆土，或机械深施	
	追肥	春茶开采前 30~40 天，亩施尿素 6~8 千克	机械翻耕 5~10 厘米施用	
		春茶结束，亩施尿素 6~8 千克	机械翻耕 5~10 厘米施用	
		夏茶结束，亩施尿素 6~8 千克	机械翻耕 5~10 厘米施用	

4. 有机肥 + 水肥一体化技术　追肥期间采用滴灌施肥技术以水带肥、根区施肥，总量控制、分次施用，减少养分损失，提高利用率。

有机肥 + 水肥一体化技术参数表

茶类	肥料	施肥时间及用量	施肥方式	树冠修剪
名优绿茶（只采春茶）	基肥	10 月底前，亩施菜籽饼 100~150 千克，或者安全处置过的畜禽粪肥 150~200 千克	有机肥开沟 15~20 厘米施用后覆土，或机械深施	无冻害区域深秋季进行轻修剪，剪去 3~5 厘米枝叶
	追肥	全年滴灌施肥 6~7 次，分别在春茶前 40~50 天、春茶前 25~35 天、春茶前 10~20 天、春茶结束、7 月上旬、8 月上旬；每次水溶性 N、P_2O_5、K_2O 用量为每亩 1.3~1.5 千克、0.2~0.4 千克、0.3~0.5 千克		春茶结束后，重修剪（离地 40~50 厘米或 60~70 厘米）
大宗绿茶、黑茶	基肥	10 月底前，亩施菜籽饼 150~170 千克，或者安全处置过的畜禽粪肥 230~250 千克	有机肥开沟 15~20 厘米施用后覆土，或机械深施	每次机采后掸剪，剪去采摘面上突出枝叶，连续机采 4~5 年后进行种修剪（离地 40~50 厘米）
	追肥	全年滴灌施肥 6~7 次，分别在春茶前 30~40 天、春茶前 15~25 天、春茶结束、6 月上旬、7 月上旬、8 月上旬；每次水溶性 N、P_2O_5、K_2O 用量为 每亩 1.7~2.1 千克、0.4~0.6 千克、0.5~0.7 千克		
乌龙茶	基肥	10 月底前，亩施菜籽饼 100~200 千克，或者安全处置过的畜禽粪肥 150~300 千克	有机肥开沟 15~20 厘米施用后覆土，或机械深施	每次机采后掸剪，剪去采摘面上突出枝叶，连续机采 4~5 年后进行种修剪（离地 40~50 厘米）
	追肥	全年滴灌施肥 6~7 次，分别在春茶前 30 天、春茶前 10~15 天、春茶结束、7 月上旬、8 月上旬、9 月上旬；每次水溶性 N、P_2O_5、K_2O 用量为每亩 1.8~2 千克、0.4~0.5 千克、0.5~0.6 千克		
红茶	基肥	10 月底前，亩施菜籽饼 100~150 千克，或者安全处置过的畜禽粪肥 150~200 千克	有机肥开沟 15~20 厘米施用后覆土，或机械深施	
	追肥	全年滴灌施肥 6~7 次，分别在春茶前 30~40 天、春茶前 15~25 天、春茶结束、7 月上旬、8 月上旬、9 月上旬；每次水溶性 N、P_2O_5、K_2O 用量为 每亩 1.4~1.6 千克、0.2~0.4 千克、0.3~0.5 千克		

5. 有机肥 + 茶树专用肥 + 沼液肥技术 具有种养结合的茶叶生产基地可采用沼液灌溉措施，沼液一定要是发酵过后且经稀释施用。

有机肥 + 茶树专用肥 + 沼液肥技术参数表

茶类	肥料	施肥时间及用量	施肥方式	树冠修剪
名优绿茶（只采春茶）	基肥	10 月底前，亩施菜籽饼 50~60 千克，或者安全处置过的畜禽粪肥 80~90 千克，并施用茶树专用肥 20~25 千克 / 亩	有机肥与专用肥拌匀后开沟 15~20 厘米施用后覆土或机械深施	无冻害区域深秋季进行轻修剪，剪去 3~5 厘米枝叶
	追肥	春茶开采前 40~50 天，亩施尿素 5~6 千克 春茶结束后重修剪前浇灌沼液肥，每年浇灌 4 次，分别在春茶结束、6 月上旬、7 月上旬、8 月上旬；每次每亩用量为 500~1 000 千克（1∶1 稀释），掺入尿素 1~2 千克，浇入茶树根部	机械翻耕 5~10 厘米施用	春茶结束后，重修剪（离地 40~50 厘米或 60~70 厘米）
大宗绿茶、黑茶	基肥	10 月底前，亩施菜籽饼 80~90 千克，或者安全处置过的畜禽粪肥 120~140 千克，并施用茶树专用肥 30~35 千克 / 亩	有机肥与专用肥拌匀后开沟 15~20 厘米施用后覆土或机械深施	每次机采后掸剪，剪去采摘面上突出枝叶，连续机采 4~5 年后进行种修剪（离地 40~50 厘米）
	追肥	全年浇灌沼液 6 次，分别在春茶前 30~40 天、春茶前 5~10 天、春茶结束、6 月上旬、7 月上旬、8 月上旬；每次每亩用量为 500~1000 千克（1∶1 稀释），掺入尿素 3~4 千克，浇入茶树根部		
乌龙茶	基肥	10 月底前，亩施菜籽饼 80~100 千克，或者安全处置过的畜禽粪肥 120~150 千克，并施用茶树专用肥 25~30 千克 / 亩	有机肥与专用肥拌匀后开沟 15~20 厘米施用后覆土或机械深施	每次机采后掸剪，剪去采摘面上突出枝叶，连续机采 4~5 年后进行种修剪（离地 40~50 厘米）
	追肥	全年浇灌沼液 6 次，分别在春茶前 30~40 天、春茶前 5~10 天、春茶结束、7 月上旬、8 月上旬、9 月上旬；每次每亩用量为 500~1 000 千克（1∶1 稀释），掺入尿素 4~5 千克，浇入茶树根部		
红茶	基肥	10 月底前，亩施菜籽饼 80~90 千克，或者安全处置过的畜禽粪肥 120~140 千克，并施用茶树专用肥 30~35 千克 / 亩	有机肥与专用肥拌匀后开沟 15~20 厘米施用后覆土或机械深施	
	追肥	全年浇灌沼液 6 次，分别在春茶前 30~40 天、春茶前 5~10 天、春茶结束、7 月上旬、8 月上旬、9 月上旬；每次每亩用量为 500~1 000 千克（1∶1 稀释），掺入尿素 3~4 千克，浇入茶树根部		

三、适宜区域

本技术适用于除我国西藏、陕西、台湾以外的华南、西南、华中、华东等地的茶叶主产区。

四、注意事项

畜禽粪肥需要经过沤制发酵，去除有害微生物，此外还需要注意有机肥（重金属、抗生素等）安全性，以满足生产标准的要求。

五、技术依托单位

中国农业科学院茶叶研究所

联系地址：浙江省杭州市梅灵南路 9 号

邮政编码：310008

联 系 人：阮建云，马立锋，倪康

联系电话：0571-86653938，0571-85270665

电子邮箱：jruan@tricaas.com、malf@tricaas.com、nikang@tricaas.com

· 40 ·

向日葵蜜蜂授粉与病虫害全程绿色防控技术

一、技术概述

向日葵（食葵）是我国主要的经济作物，同时也是重要的虫媒授粉作物，种植面积、出口量均居世界第一。由于种植区播种面积大、轮作倒茬困难、种子调运频繁等因素，病虫害种类逐年增多。其中在内蒙古防治向日葵螟过程中使用高效氯氟氰菊酯等农药，导致蜜蜂数量明显减少，授粉蜂群不足 3 万箱，造成向日葵产量下降，如 2006—2007 年给农民造成的损失 2 亿元以上。为从根本上解决蜜蜂安全授粉，农作物提质增效的问题，通过农业部农业技术试验示范等项目支持，研究优化了向日葵蜜蜂授粉和多种病虫害全程绿色防控技术体系，集成推广了向日葵蜜蜂授粉与病虫害全程绿色防控集成技术模式，探索应用了"产学研用企农管服"的整建制推广机制。2014—2018 年推广应用总面积 1 000 万亩以上，示范区每亩节约成本 30 元左右，向日葵籽粒虫食率显著下降，亩平均增产 66.8 千克，亩新增效益 467.6 元，经济效益显著；做到了"有虫无害、有病无灾"，保护了蜜蜂安全授粉，生态效益显著；农民"积极招蜂"，蜂农"安心放蜂"，蜜蜂授粉和绿色防控融合观念发生了深刻的历史性变化，社会效益显著。促进了种植业和养蜂业健康可持续发展，并获 2017 年度内蒙古自治区农牧业丰收奖一等奖。

二、技术要点

向日葵蜜蜂授粉与病虫害全程绿色防控集成技术模式如图所示。

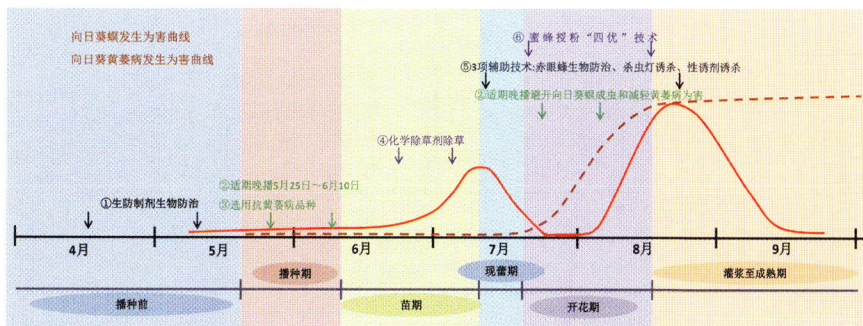

向日葵蜜蜂授粉与病虫害全程绿色防控集成技术模式图

注：如遇突发性病虫害达到防治指标后，优先选用高效、低毒、低残留且对蜜蜂安全的农药。

1. 播种期集成技术 选用抗性品种：根据当地主要病虫害控制对象，选用高抗或多抗的品种。在向日葵黄萎病危害严重的区域可选种 SH363、SH361、3638c 等，其中 SH363、JK601 等多数主栽品种对蜜蜂授粉高度或中度依赖，要根据各地选用品种对蜜蜂授粉依赖度，提前统一规划部署蜜蜂授粉，向养蜂协会提供科学合理的蜜蜂授粉密度。

调播避害技术：根据不同品种和当地气候特点，采取推迟播种期避害技术。在内蒙古西部区域将向日葵短日期杂交品种播种期安排在 5 月 25 日至 6 月 10 日，能够避开或缩短向日葵花期与向日葵螟成虫发生期的重叠时间，防治效果可达 90% 以上。

调整播期防控向日葵效果

注：左图 4 月 25 日播种，虫食率 72.9%；右图 6 月 5 日播种，虫食率 0.9%。

生物防治技术：选用生防制剂防控向日葵黄萎病、向日葵菌核病等土传病害，如葵花抗重茬菌剂 3 ～ 6 千克 / 亩。

2. 苗期集成技术 在向日葵 5 ～ 6 叶期利用机械膜间除草，也可选用对蜜蜂安全的化学除草剂除草。

3. 现蕾期和开花期集成技术

（1）蜜蜂授粉提质增效技术。优化蜂种：主要选用意大利蜜蜂、卡尔巴阡蜂、卡尼鄂拉蜂等西方蜜蜂品种及其杂交后代。优化密度：不集中连片种植情况下，每 5 亩 1 箱；集中连片种植超过 5 000 亩情况下，每 10 ～ 15 亩 1 箱，以 20 箱为 1 个授粉点。优化摆放：蜜蜂在授粉作物开花 10% 之前入场，蜂场与授粉田间距离小于 100 米，根据田间地形选择单箱排列、多箱排列、圆形或 U 形排列，巢门背风、向阳摆放。优化管护：通过调整巢脾，强群补弱群，保持蜂多于脾，维持箱内温度稳定，保证蜂群能够正常繁殖；同时检查蜂群的蜂蜜情况，及时采收蜂蜜和花粉，防止蜂蜜压子脾，提高蜜蜂访花的积极性，消除分蜂热；授粉期间，保证蜂群具有干净充足的水源；初花期适当奖励饲喂，提高蜜蜂授粉的积极性。

蜜蜂授粉

（2）理化诱控及生物防治技术。在未进行调整避害的地块，每亩放置 1～2 套向日葵螟诱捕器，可选干式诱捕器或三角式诱捕器，诱芯每月更换 1 次；每 30 亩挂置 1 盏杀虫灯诱杀成虫，杀虫灯底部距地面高度 1.5～1.8 米；释放赤眼蜂防控向日葵螟，放蜂量为 4.5 万头 / 亩，蜂卡放置在花盘下第 1～2 片叶子的背面，且均匀分布于田间。

性诱剂诱杀向日葵螟　　　　杀虫灯诱杀向日葵螟　　　　赤眼蜂防控向日葵螟

理化诱控及生物防治技术

4. 全生育期突发病虫害防控技术　从播种期到成熟期优先选用高效、低风险对蜜蜂安全的农药防控突发性病虫害。

三、适宜区域

该技术模式主要适用于北方向日葵绿色产品生产区。

四、注意事项

调播期避害是防治向日葵螟的主打技术，防效可达 90% 以上，但是在河套灌区部分向日葵种植区不适宜调整播期。主要原因有：一是由于土壤黏重不利于器械操作只能人工播种，个别农户播种向日葵面积大，播种时间过长；二是田间不能同一时间浇灌黄河水，部分地块土壤干后播种已错过最佳播期。因此，在上述个别地块推广释放赤眼蜂生物防控、性引诱剂诱杀、杀虫灯诱杀进行防控。

五、技术依托单位

1. 全国农业技术推广服务中心

联系地址：北京市朝阳区麦子店街 20 号楼

邮政编码：100125

联 系 人：赵中华

联系电话：010-59194531

电子邮箱：zhaozh@agri.gov.cn

2. 中国农业科学院蜜蜂研究所

联系地址：北京市海淀区香山北沟 1 号

联 系 人：黄家兴

联系电话：010-62591749

电子邮箱：huangjiaxing@caas.cn

3. 内蒙古自治区植保植检站

联系地址：内蒙古自治区呼和浩特市新城区呼伦北路 88 号

邮政编码：010010

联 系 人：杨立国

联系电话：0471-6946870

电子邮箱：nmfangzhi@126.com

4. 巴彦淖尔市植保植检站

联系地址：内蒙古自治区巴彦淖尔市临河区大学路利民东街

联 系 人：刘晨光，刘宝玉

联系电话：0478-8419081

电子邮箱：bmzbz@163.com

· 41 ·

茶园全程机械化管理技术

一、技术概述

1. 技术基本情况　针对我国平、缓、陡三类典型茶园的特点，系统地集成了"分形而治""动力平台 +"的机械化技术模式，仿生耕作、立式螺旋深施肥、仿生采摘、负压捕虫等原创技术，适宜三类茶园的通用底盘及全程作业机具，及差异化机具配备方案，形成了完备的茶园生产全程作业装备技术体系。

2. 技术示范推广情况　该技术已在云南、贵州、安徽、江苏、浙江等全国 18 个茶叶主产省份应用达到 210.13 万亩次，累计节本增效 8.97 亿元，经济、社会和生态效益显著。

3. 提质增效情况　该技术同人工作业相比：耕作、除草效率提高 8 ～ 10 倍；施肥效率提高 5 ～ 10 倍，肥料利用率提高 50%；修剪效率提高 10 ～ 20 倍，修剪成本降低30%；物理防控降低农药用量 50%；采摘效率提高 15 ～ 40 倍，适制率增加 14%。每亩新增纯收益高达 880.23 元 / 亩，推广投资年均纯收益率达 3.3%。

4. 技术获奖情况　"茶园全程机械化作业关键技术装备创制与应用"荣获 2017 年中华农业科技奖三等奖；"茶园生产机械化作业技术集成应用"荣获 2017 年江苏省农业推广奖二等奖；"茶叶机械化采摘技术装备创制与应用"荣获 2018 年中国农业科学院科技成果奖杰出科技奖；"茶园全程机械化关键技术装备及应用"荣获 2018 年江苏省科学技术奖三等奖。

二、技术要点

1. 机械化耕作　机械化耕作包括浅耕、中耕、深耕。

（1）浅耕。2 月中旬至月底，结合春茶催芽肥进行春茶前耕翻，深度 10 厘米左右，朝阳坡先耕作、阴坡后耕作。春茶结束后 5 月底前进行第二次浅耕，深度 10 厘米左右。

（2）中耕。一般在春季茶芽萌发前进行，早于施催芽肥的时间，深度 10 ～ 15 厘米。

（3）深耕。秋茶结束后进行深耕，深度 20 ～ 30 厘米，茶行中间深、两边浅。作业时应旋碎土块，平整地面，不能伤茶根和压伤茶树。

适用机械：小型茶园除草机、中耕机，乘用型茶园多功能管理机配套中耕除草、旋耕机等。

2. 机械化施肥 茶园施肥应根据测土结果实行配方施肥，以成品有机肥为主，配置相应的化肥。

（1）施基肥。秋茶结束后深施在茶行中间，深度 20 厘米左右。新开垦茶园可进行开沟施肥，沟深 20 ～ 25 厘米。

（2）追肥。追肥可与耕作联合作业，春、夏、秋三季施肥，比例为 5 : 3 : 2，施肥深度 10 ～ 15 厘米。

（3）叶面施肥。一般在茶叶开采前 30 天进行，宜避开烈日傍晚喷施，喷施后 24 小时无降水。

适用机械：开沟、施肥、覆土一体机，乘用型施肥机等。

3. 机械化修剪 机械化修剪包括定型修剪、整形修剪、重修剪和台刈。

（1）定型修剪。对幼龄茶树进行 3 次定型修剪，培养丰产树冠。

（2）整形修剪。整形修剪分为轻修剪和深修剪。对已经投产的茶园进行轻修剪，每年春茶或夏茶结束后进行；对投产多年树冠鸡爪枝多或因受严重冻寒的茶园进行深修剪，剪后骨架高度保持在 40 ～ 50 厘米。

（3）重修剪。重修剪是修剪除衰老茶树离地面 10 ～ 25 厘米以上树冠，在 5 月底前进行。

（4）台刈。台刈是将衰老茶树地上部分枝条在离地 5 ～ 10 厘米处全部割去，一般在春茶后或秋茶后进行。

适用机械：选用单人或双人修剪机、修边机、重修机、台刈机等。

4. 机械化虫害防控 机械化虫害防控主要包括灯光诱集、色板诱杀、负压捕捉等方式。

（1）灯光诱集。一般采用频振式诱虫灯，控制面积 30 ～ 50 亩 / 盏，呈棋盘状分布，灯距保持在 120 ～ 200 米，安装高度距离地面 1.3 ～ 1.5 米，每天开灯 6 ～ 8 小时为宜。

（2）色板诱杀。在茶园安装黄绿色板、黏虫板等进行诱杀，平均 20 ～ 25 张 / 亩，悬挂高度春季、秋季以色板底端低于茶梢顶端 30 厘米左右，夏季以接近或不高于茶梢顶端 50 厘米为宜。

（3）负压捕捉。采用背负式吸虫机、乘用式茶园吸虫机、光电气色复合捕虫机等，主要防治假眼小绿叶蝉等具有飞行能力的害虫。小型机械同时作业台数不少于 3 台，大型机械同时作业台数不少于 2 台。

5. 机械化采摘 要求平地或坡度在 15°以下的缓坡条栽茶园，茶树品种纯，发芽整齐，生长势较强，树高在 70 ～ 80 厘米，行间有 15 ～ 20 厘米的操作道。根据品种、茶类、茶季、采摘批次等多种因素确定机械采摘适期和采摘批次，如以一芽二三叶及其对夹叶为标准新梢，即标准新梢达到 60% ~ 80% 时进入机械采摘适期，一年采摘 4 ~ 6 批次。

适用机械：单、双人采茶机，乘用型采茶机，智能电动仿生采茶机等。

适宜于陡坡茶园的手扶式动力底盘

适宜于平缓坡茶园的低地隙动力底盘

适宜于平缓坡茶园的高地隙动力底盘

跨行乘驾型履带式采茶机

三、适宜区域

适用于横向坡度小于 5°，规划机耕道、机械掉头区域等机械化作业条件的茶园。

四、注意事项

（1）作业机手应认真阅读农机具说明书，掌握安全操作、维修与保养规程。

（2）按标准、适期机剪和机采。

（3）注意喷施农药安全间隔期，避免安全间隔期内采茶。

（4）机械修剪时可结合修边和除草同时进行，杜绝除草剂使用。

（5）施肥机作业不得后退，必须后退时，应将施肥机排肥器暂时关闭。

（6）茶园机械化生产技术在实施过程中需加强农机与农艺技术的相互结合，在茶园标准化建设、种植模式、茶园管理、统一修剪、采摘等方面一定做到农机与农艺技术的高度融合。

五、技术依托单位

农业农村部南京农业机械化研究所

联系地址：江苏省南京市玄武区中山门外柳营 100 号

邮政编码：210014

联 系 人：肖宏儒

联系电话：15366092968

电子邮箱：xhr2712@sina.com

. 42 .

茎叶类蔬菜全程机械化生产技术

一、技术概述

1. 技术基本情况　我国茎叶类蔬菜种植农艺粗放、种植标准不一致，生产机械化水平低，本技术从农机农艺融合、生产装备配置角度，提出露地和设施两种机械化生产栽培模式，及土壤碎度、作畦平度、畦面硬度和播种深度的"四度"耕种作业模式，指导蔬菜耕整地、种植和收获等关键装备统筹配置。以模式为引导选择相应的机械化作业技术，包括机械化精细耕整地、精量播种、精量施肥、虫害物理防控和有序收获环节技术，该技术具有完全自主知识产权，经济、社会和生态效益显著，为实现茎叶类蔬菜生产全程机械化提供了重要的技术支撑。

2. 技术示范推广情况　技术已在江苏省蔬菜生产主产区的基地和专业合作社进行应用推广，2016—2018 年累计示范推广面积 1 050 亩次，开展技术培训 360 人次，辐射带动面积 5 105 亩，节本增效达 227 万元。

3. 提质增效情况　同人工作业相比，机械化耕作、播种效率提高 8～10 倍，播种成本降低 30%；机械化施肥效率提高 5～10 倍，肥料利用率提高 50%；物理防虫害降低农药使用率超过 40%；机械化收获效率提高 20～30 倍，茎叶菜完整率 94%，每亩节约成本 270 元，提质增效显著。

4. 技术获奖情况　2018 年 11 月，农业农村部科技发展中心对"六种茎叶类蔬菜机械化生产关键技术与装备的研究开发"科技成果进行评价，总体达到同类研究国际先进水平，其中茎叶类蔬菜有序收获技术达到国际领先水平。

二、技术要点

茎叶类蔬菜全程机械化生产技术涵盖了蔬菜田间生产从耕作到收获的全过程，重点涉及 5 大环节 12 个核心关键技术，兼顾露地和设施两种机械栽培制定标准化农艺模式，具体技术要点如下：

1. 机械化耕整地

（1）耕地。根据茎叶类蔬菜种植的农艺要求、土壤条件、前茬作物留茬或地表覆盖情况等，选择犁耕、深松、旋耕等作业，根据需要在整地、作畦前施底肥，适宜耕地作业的土壤绝对含水率为 15%～25%；根据土壤条件合理选择旋耕刀轴的作业速度，机具保持匀速直线行驶作业，降低耕深不稳定性，整地后田角余量少，田间无明显漏耕、壅土、雍草现象。

（2）作畦。应在旋耕过的地块上进行，或采用旋耕作畦复式作业机具进行，复式作业功能还可以包含播种、施肥等。采用作宽矮畦，畦顶宽 1.2 米，畦底宽 1.3 米，畦高 10 厘米，沟宽 20～30 厘米，作畦机作业时需保证畦平直和畦距的一致性。

耕整地机具需达到"四度"作业规范，即土壤碎度≥ 90%、作畦平度≤ 2 厘米、播种深度 0.5 厘米且一致性好、具有一定的畦面硬度。作业后应确保畦形完整，畦沟回土、浮土少，畦面上层土壤细碎紧实，利于控制播种深度和出苗率、长势一致，下层土壤粗大松散、透气性好。

适用机械：犁、旋耕机、开沟机、作畦机、平地机、旋耕作畦复式作业机。

2. 机械化精量播种和施肥

（1）田块准备。播种田块地表要平整，上层土壤要细碎紧实，土壤湿度适中。

（2）种肥准备。选择适宜当地气候环境、土壤条件和机械化生产的茎叶类蔬菜优质品种种植，保证种子纯度及出苗率；根据种植需要选择适宜的肥料或调配相应的复合肥。

（3）设备选择。根据播种的株行距、播量、畦面宽度、种植规模等要求选择适用的播种机，在具有一定硬度的畦面上作业，播种深度一致 0.5 厘米，播种均匀性好。根据蔬菜生产需要进行深施肥、追肥等条施、撒施作业，根据施肥深度和肥料类型选择适用的施肥机。

适用机械：轻简型、乘驾型茎叶类蔬菜直播机、肥料条施机，撒肥机，播种施肥复式作业机。

茎叶类蔬菜整地播种复式作业技术与装备

3. 田间管理

（1）虫害物理防控。虫害物理防控主要包括灯光诱集、色板诱杀、负压捉捕等方式。灯光诱集一般采用频振式诱虫灯，诱光波长 380～420 纳米，控制面积 30～50 亩 / 盏，夜间诱集效果好；在菜园安装黄色诱虫板进行诱杀，平均 25～30 张 / 亩，适合日间诱杀；负压捉捕利用风扇吸力的原理主动吸入，捕虫效率高。积极发挥光电气色物理防治在病虫害防控中的作用，减少化学农药使用，保证蔬菜产品安全。

适用机械：背负式、乘驾型吸虫机，频振式杀虫灯，光电气色复合式捕虫机等。

物理捕虫技术与装备

（2）机械化除草。一般采用甩刀粉碎还田或一字耐磨刀水平旋转切割原理除草，实现种植作物残株粉碎还田、行间杂草去除等，粉碎除草质量应达到碎草率≤ 10%，漏割率≤ 5%；根据残株、杂草的厚度调节粉碎的次数，达到适合的效果；根据作业需要加装碎草收集装置，集草率≥ 85%。

适用机械：轻简型、乘驾型菜园除草机。

松土除草技术与装备

4. 机械化收获

（1）在茎叶类蔬菜出苗整齐、长势较一致的规范化菜地中进行机械化收获作业，田块坡度在 15°以下，茎叶高度 10 ～ 40 厘米。

（2）根据茎叶类蔬菜品种、设施结构或露地种植规模、收获要求等多种因素确定适合的采收机械，如收获草头、豌豆苗等蔬菜，选用跨行行走的无序收获机；收获鸡毛菜、芦蒿等蔬菜，选用有序收获机；收获设施大棚种植的蔬菜选用轻简型电动收获机，收获规模化露地种植的蔬菜选用乘驾型或多功能型收获机。

（3）机械收获质量应达到损失率≤ 5%，茎叶破损率≤ 10%，收获效率≥ 1 亩 / 小时。

适用机械：轻简型、乘驾型茎叶类蔬菜无序收获机，轻简型、乘驾型茎叶类蔬菜有序收获机，多功能型收获机。

茎叶类蔬菜收获技术与装备

三、适宜区域

适合我国露地和设施规模化种植的茎叶类蔬菜产区、蔬菜生产基地、专业合作社及农机专业社会化服务组织采用。

四、注意事项

（1）注意根据田间实际情况，合理安排茬口和生产作业农时，合理选择相应的生产作业装备。

（2）机具使用前必须认真检查技术状况，加注润滑油（按说明书指示），确保技术状态正常。

（3）正确悬挂、连接配套机具，连接、悬挂机具时和停机检查、维修时，必须切断动力。

（4）茎叶类蔬菜机械化生产技术在实施过程中需加强农机农艺结合，在栽培模式、整地种植、生长过程管理和采收等方面要做到规范化、标准化及农机农艺高度融合。

五、技术依托单位

农业农村部南京农业机械化研究所

联系地址：江苏省南京市玄武区中山门外柳营 100 号

邮政编码：210014

联 系 人：肖宏儒

联系电话：15366092968

电子邮箱：xhr2712@sina.com

· 43 ·

根茎类中药材机械化收获技术

一、技术概述

1. 技术背景 我国中药材种植面积约 6 000 万亩，其中甘肃省约 460 万亩。中药材是甘肃省特色优势产业之一，种植面积大、品种多、品质好，其中当归、党参、大黄、黄芪分别占全国产量的 90%、60%、60%、50%。推进中药材标准化和规模化生产也是发展县域经济、助力脱贫攻坚、调整优化种植结构的主要抓手。但是中药材生产尤其是收获环节耗工费时，严重限制了产业发展。同时，中药材如不能适时收获，将大大降低药材品质，严重影响药农经济效益。加之，目前农村劳动力匮乏，劳动力成本急剧上升，推广中药材机械化收获技术，显得非常迫切。

2. 技术情况 本技术采用根茎类中药材收获机，一次完成挖掘、土药分离、铺放、收集等工序，改变了传统人工作业耗工费时的不足，可有效解决根茎类中药材机械化收获水平低的现状，是甘肃等药材种植区近年来在中药材收获环节技术的重大突破，节本增效显著。

3. 推广情况 近年来，为实现农业机械化技术全程、全面、高质、高效的发展，甘肃省开始高度关注中药材、果业、蔬菜等关键环节机械化技术，并且在陇西、宕昌等县建立了示范点，主推机械化收获技术，据示范点统计数据，该技术每亩可节本增效 380 元以上，节本增效显著，很受当地药农、合作社负责人的欢迎，具有广阔和乐观的推广前景。

二、技术要点

1. 主要品种收获农艺要求

（1）当归。当归收获一般在 10 月上旬前后，在当归叶已发黄时割去地上部，使太阳晒到地面，促使根部成熟。10 月下旬收获。收获时，在田地的一侧挖出一个截面，再用二齿钩挨排刨出当归，挖刨时不能漏刨，也不能损伤根部。

（2）党参。党参一般于移栽 2 年后秋季白露前后半个月内收获，也有 3、4 年后收获的。收获时，先撤掉支架，清除田间枯枝落叶，挖取根部，挖出的党参，剪去藤蔓，抖去泥土，摊于晒场，晒至三、四成平呈柔软状，按粗细、大小，用手顺握成把，置木板上，用手揉搓后再晒，这样反复 3～4 次至晒干或者炕干，扎成小把。

（3）大黄。大黄一般移栽后 3～4 年便可收获，在中秋至深秋当叶子由绿色变黄色时可刨挖。采挖时选晴天先将地上茎割去，再将植株四周的土深刨 40～60 厘米，挖出地下根，抖去泥土，切去根茎部顶芽及芽穴，刮掉根茎部粗皮，直接晒干或慢火熏干，呈黄色时可供药用，根茎称大黄，根及侧根可作兽用大黄（称水根、水大黄）。

（4）黄芪。黄芪一般每年挖刨 1 次，也有 2 年挖刨 1 次的。在立冬前后收获，收刨时先将地上枯萎的茎叶都割掉，开沟将根刨出，拌去泥土，去掉芦茎，晾晒干后修去根毛，扎成小捆，也可切成饮片供药用。

（5）甘草。甘草收获一般在晚秋或早春，把地上干枯的茎枝割掉，进行挖刨收获，收回的甘草根晾晒几日后，剪去芦头和侧根打成捆，也可切成饮片供药用。

（6）柴胡。柴胡最佳收获期为 9 月下旬至 10 月上旬，当种子出现黄黑色，植株下部叶片开始枯黄时可将茎秆连同种子一并割掉，进行脱粒，将茎秆、种子分别晾晒干。其药根一般应在 2 年后进行采收，可用人工深挖，把所有的药根全部挖出，不能采取直接拔出，以防断根影响产量。药根应分类整理，大小一致整齐，扎成小把。

（7）板蓝根。板蓝根一般在 10 月地上部枯萎后刨根，采挖时先在畦旁开沟，然后顺序向前刨挖，去净泥土，晒至七、八成干时，扎成小捆再晒至干透。在北方 6 月或 8 月苗高 18～20 厘米时可收割 2 次叶子，晒干即为药用"大青叶"。

（8）半夏。半夏采收与加工块茎繁殖一般当年即可收获，9 月下旬叶片枯黄时采收，挖出块茎，按大、中、小分级，大号加工成商品，中、小号作种块继续种植。收获后需加工的鲜半夏要及时去皮，堆放过久不易去皮。因半夏有毒，应严格避免手、脚及皮肤与半夏接触，作种用的旱半夏可采用沙藏的办法越冬贮放。

2. 机械化收获技术要求

（1）适时收获。根茎类中药材一定要根据其特性及生长特点，进行适时收获，适时采收药材质量、产量与季节有密切关系。

（2）土壤湿度。现有大部分根茎类药材收获机是在原有的深松铲及振筛式块茎类收获机基础上，根据中药材的特性改制而成的。故在机械化收获时，为保证作业质量，一般在土壤绝对含水率不大于 18%，80% 茎叶枯黄萎蔫时收获为宜。

（3）挖掘深度。根茎类中药材生长深度一般在 5～60 厘米的范围内，不同的药材因其品种、生长环境等因素的影响，具有不同的生长长度、深度，故在机械化收获根茎类中药材时，挖掘深度应能达到不同药材品种生长长度、深度的要求。

（4）收获质量。根茎类中药材的机械化收获技术，虽然大幅度地提高了药材收获效率，降低了劳动强度，但是机械化收获技术所配套使用的相关收获机械，进行药材收获作业时在损伤率最低的情况下必须要保证较高的挖净率和收获后地表的平整性。现有根茎类中药材机械化收获技术其作业质量验收标准挖净率≥ 95%、伤损率≤ 5%。

3. 机械化收获技术要点

（1）作业前的准备。

机具的安装：机具安装按照使用说明书中有关要求进行，牵引式机具与拖拉机挂接要正，拖拉机的牵引中心线要求与机具的阻力中心线基本重合；机具挂接后，通过调整使机具达到水平位置。

地块的准备：填平沟渠、洼坑，铲平横向埂、垄，清除石块等，以便安全作业。

机组准备：收获机技术状态良好，根据农艺要求对各项作业参数进行调整；配套动力应达到要求、技术性能良好，挂接件齐全，液压悬挂机构性能良好，操作灵活；在运输的过程中拖拉机液压系统应处于升起状态，防止挖掘铲与地面碰撞。

人员准备：拖拉机驾驶员必须经过技术培训，证照齐全并有丰富的作业实践经验，并应配备相应的捡拾及收获整理人员。

（2）挖掘深度调整。机具的挖掘深度由拖拉机后悬挂系统和机具限深轮来控制调整。首先通过调节限深轮立柱上定位螺栓的位置进行大范围调整，使其挖掘深度基本达到要求；然后通过调节拖拉机与机具连接的中央拉杆的长短对机具挖掘铲的入土角和深度进行微量调整，从而调整到适合农艺要求的机具挖掘深度。

（3）安全要求。一是作业时挖掘机上严禁坐人；二是作业时禁止清理堵塞物；三是排除故障时，应使挖掘机降至最低位置。

（4）田间作业操作规程。①拖拉机起步前必须观察周围有无非作业人员或其他障碍物，鸣号起步。②正确选择合理的作业速度，应根据土壤类型、湿度、坚实度、生长深度等选择作业速度，作业时应匀速行驶。③作业中驾驶员应全神贯注，保证走直走正，随时观察机组的工作情况，发现异常情况，应立即停车检查，排除故障。④作业时，应在行进中逐渐入土、出土，以免造成机具损坏。⑤作业时禁止后退及转弯，需后退及转弯时必须将机具升起。⑥当松土刀、松土铲刃过度磨损后，及时更换，保证挖掘质量；应及时清理机具上的缠草和其他壅堵物。⑦转移地块或随主机短途运输时，机具应升至最高位置，或保持挖掘深松铲离地间隙大于 300 毫米以上，关闭液压悬挂系统锁紧机构。

⑧作业季节完毕后，清洁保养机具，切割松土刀和挖掘深松铲刷上防锈润滑油存放。

技术路线图：根茎类中药材机械化收获技术路线图为挖掘→分离→捡拾→收集→分级→清选。按照现有的机具和作业方式，根茎类中药材机械化收获又可分为分别收获、联合收获和分段联合收获三种作业方式，其中分别收获就是针对收获作业各个环节，配套功能单一的机具实现机械化作业；联合收获是应用联合收获机一次性完成收获作业的各个环节；分段联合收获是采用几个功能叠加在一起的复式作业机具，完成收获作业的各个环节。现在，在甘肃省推广较多的技术模式为分段联合收获技术模式。

作业实物图：河西地区甘草和定西地区黄芪的机械化收获，是全省比较常见的收获技术模式，一次性完成挖掘、土药分离和铺放，然后进行人工捡拾作业。根茎类中药材振动式挖掘机具有振动式挖掘功能的收获方式，根茎类中药材收获机为集挖掘、分离功能的收获方式，根茎类中药材联合收获机为集挖掘、分离、收集等功能的联合收获方式。

河西地区甘草机械化收获

定西地区黄芪机械化收获

根茎类中药材振动式挖掘机

根茎类中药材收获机

根茎类中药材联合收获机

三、适宜地区

随着近几年土地规模化经营的快速发展，该技术适宜推广的地区逐渐在扩大，目前除了个别立地条件较差的丘陵山区，其他中药材规模化和标准化种植区基本上均采用机械化收获技术。

四、注意事项

（1）由于各地的农机化发展水平和立地条件的限制，一定要根据当地的实际情况选配合适动力的拖拉机及配套机具。

（2）由于不同的根茎类中药材收获深度的差异性，一定要根据具体的作物选择合适挖掘深度的机具，避免动力消耗浪费或药材损失率提高。

五、技术依托单位

甘肃省农业机械化技术推广总站

联 系 人：石林雄，刘鹏霞

联系电话：13993139822，13919277528

· 44 ·

优质乳生产的奶牛营养调控与规范化饲养技术

一、技术概述

1. 技术基本情况 优质乳是十分清晰的概念，具有科学的内涵和定义，其核心指标是乳脂率、乳蛋白率、菌落总数和体细胞数，其中乳脂肪和乳蛋白是牛奶的营养品质指标，菌落总数是环境卫生指标，体细胞数是奶牛健康状况指标。其基本标准是在奶牛场采样测定时，牛奶中乳脂肪含量不低于 3.3%，乳蛋白含量不低于 3.0%，体细胞数不超过 75 万个 / 毫升，菌落总数不超过 10 万菌落形成单位 / 毫升，污染物或残留物含量符合食品安全标准。奶业发达国家都能够达到这个标准，新西兰则显著超过这个标准，营养品质优异和消费安全保障是新西兰乳品在全球市场上具有强大竞争力的重要原因，我国差距很大。

近 20 年来，针对我国牛奶质量普遍偏低，优质乳严重不足的状况，国内有关科研院所和大专院校的奶业科研人员组成优势团队，从饲料资源利用、奶牛泌乳营养代谢机理及调控、牛奶品质形成的营养分配和信号转导途径等方面开展了系统研究，并把取得的技术创新与健康养殖规范集成起来，不断在生产实践中验证完善，最终形成了"优质乳生产的奶牛营养调控与规范化饲养关键技术"成果，已经在优质乳生产中发挥了关键作用。

2. 技术示范推广情况 该成果的核心技术已经作为全国奶牛科技入户示范工程和中国奶业协会的主推技术得到应用，在全国 20 多个市（县）累计举办各类培训班 2 470 余期，培训奶农超过 27 万人次，提升了奶牛养殖水平和从业人员素质，提高了牛奶品质和饲料转化效率，增加了养殖户收益；开发的共轭亚油酸牛奶等系列乳制品丰富了市场特色乳制品供给。经济效益和社会效益显著，具有广阔的应用前景。

3. 提质增效情况 试验条件下，通过优化饲料组合，提高饲料蛋白质利用率 8% 以上；通过饲料营养调控和关键期饲养技术，提高乳蛋白率达到 3.1% 以上。

4. 技术获奖情况 2012 年，"优质乳生产的奶牛营养调控与规范化饲养技术"获得国家科技进步奖二等奖。

二、技术要点

一是调研和评价牧场的饲料资源和养殖实际情况，运用人工瘤胃、三位点瘘管和营养持续灌注等研究方法，基于研究揭示的奶牛生产实际中乳脂肪和乳蛋白偏低的内在机理，及开发的粗饲料利用优化组合、蛋白质饲料高效利用等奶牛营养调控关键技术，使得生鲜乳的乳脂肪

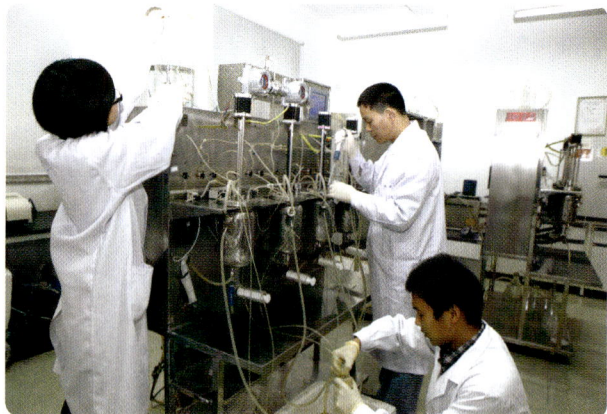

人工瘤胃系统

和乳蛋白含量显著提高，分别达到 3.5% 和 3.1%。

二是针对奶牛围产期、泌乳高峰期、热应激期这三个关键时期，基于研发的系列营养调控技术和专用饲料产品、建立的奶牛生产优质乳的规范化饲养技术，以及制定的优质乳生产全过程控制的《良好农业规范奶牛控制点与符合性规范》等国家、行业和地方标准，规范化奶牛养殖过程管理。

三是基于系统研究的奶牛合成共轭亚油酸和活性乳蛋白的调控机理，以及开发的提高生鲜乳中共轭亚油酸（CLA）、免疫球蛋白（IgG）和乳铁蛋白（Lf）含量的调控技术，使乳品企业实现 CLA 乳制品和活性蛋白乳制品的产业化生产。

三、适宜区域

适用于全国各地各类大中小型牧场及乳制品生产企业。

四、注意事项

牧场和乳制品企业需认同项目理念，按照项目要求进行。

五、技术依托单位

中国农业科学院北京畜牧兽医研究所

联系地址：北京市海淀区圆明园西路 2 号

邮政编码：100193

联 系 人：王加启

联系方式：010-62816069

电子邮箱：jiaqiwang@vip.163.com

· 45 ·

奶牛全混合日粮（TMR）应用与评价技术

一、技术概述

1. 技术基本情况 奶牛全混合日粮（TMR）在牧场已广泛应用，但目前由于奶牛日粮配制不合理、TMR制作工艺和质量水平不高等原因，易造成饲料转化率低、奶牛瘤胃酸中毒等代谢疾病发生率较高及饲养成本高等问题。通过采用 TMR 应用与评价技术能够解决以上问题。

TMR 车装青贮饲料

注：TMR 饲喂车在制作 TMR 饲料时，使用悬臂自动进料。取料面整齐利于青贮的保存，降低损耗。

2. 技术示范推广情况 TMR 应用与评价技术已经在北京、天津、河北、山东、黑龙江、宁夏示范推广应用，并逐渐推向全国。

3. 提质增效情况 提高 TMR 制作工艺和质量水平，提高饲料转化率，降低饲养成本；降低奶牛瘤胃酸中毒等代谢疾病发生率。

二、技术要点

1. TMR 搅拌车选择 根据奶牛场实际情况，选择 TMR 搅拌车类型和容积。

2. 饲料原料选择 饲料原料选择应符合《饲料原料目录》和 GB 13078 的要求，动物源性饲料原料的选择应符合《动物源性饲料产品安全卫生管理办法》的规定。

3. TMR 配制

TMR 配方：按 NY/T 34 的规定制作奶牛 TMR 配方。

饲料原料的准备：应按照配方中饲料原料的种类和数量准备；清除原料中的塑料袋、金属及草绳等杂物；不得使用变质、霉变等饲料原料。

饲料原料添加顺序：卧式 TMR 搅拌车添加顺序宜为精饲料、干草、青贮饲料、糟渣类和液体饲料；立式 TMR 搅拌车添加顺序宜为干草、精饲料、青贮饲料、糟渣类和液体饲料。

TMR 车制作预混料

注：TMR 饲喂车在制作 TMR 预混料时，采用 50 装载机进行装料。

搅拌时间：边加料边搅拌，添加完所有饲料原料后，继续搅拌 3～8 分钟，防止过度搅拌混合。

配制次数：TMR 每日配制次数为 1～3 次。在炎热的夏季，温度较高、含易霉变饲料原料时，宜适当增加配制次数。

4. TMR 的质量控制 使用滨州筛测定 TMR 饲料颗粒度的过程包括感官评价、干物质含量、颗粒度分析（滨州筛）、粗饲料长度、化学成分评价。

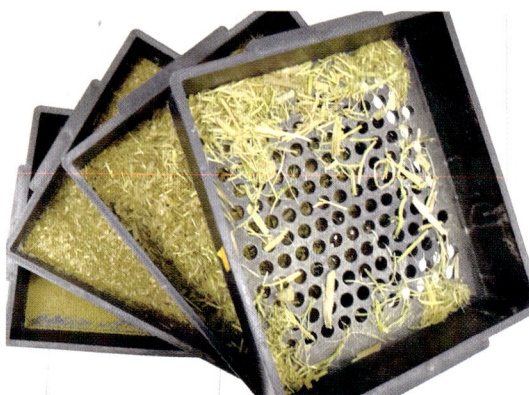

使用滨州筛测定 TMR 饲料颗粒度

5. TMR 饲喂管理 TMR 适用于奶牛分群饲养，经产牛与头胎牛分开饲养。宜固定饲喂顺序（如按高产—中产—低产次序投料）。奶牛宜采食新鲜的 TMR，不应将发热、霉变的 TMR 再饲喂奶牛。奶牛每天18～22 小时随时可以采食到 TMR 为宜，且 TMR 应投料均匀。观察牛只挑食情况。TMR 投喂后，为保证奶牛随时能够采食到日粮，要勤推料，每日推料 6 次以上为宜。注意料槽卫生，应定期清扫料槽。每 3 天测定高水分饲料原料（如玉米青贮）的含

拖拉机定时推料

注：图为拖拉机每隔一段时间对 TMR 饲料进行推料操作，方便牛只采食。

水量，且变异在 ±5 % 以内，以保证 TMR 的干物质含量。

6. 饲喂效果评价 包括奶牛泌乳性能、奶牛体况评分、奶牛采食量评价、奶牛采食和反刍行为评价、奶牛粪便评价、后备牛生长发育评价。

三、适宜区域

适用于全国奶牛场全混合日粮应用。

四、注意事项

（1）奶牛应分群饲养。

（2）每月应监测 TMR 颗粒度、奶牛粪便。

（3）根据 TMR 质量和饲喂效果，及时调整 TMR 配方、制作工艺。

拖拉机定时推料

注：图为牛舍 TMR 饲料投放及牛只采食 TMR 饲料过程。

五、技术依托单位

中国农业科学院北京畜牧兽医研究所

联系地址：北京市海淀区圆明园西路 2 号

邮政编码：100193

联 系 人：卜登攀

联系电话：010-62813901

电子邮箱：budengpan@126.com

.46.

绒山羊秸秆型 TMR 技术

一、技术概述

1. 技术基本情况 绒山羊秸秆型 TMR 是根据 TMR 技术原理，依据绒山羊的生理特点、营养需求和生产目的，以北方地区丰富的秸秆资源为主要粗饲料配制而成的全价日粮。绒山羊秸秆型 TMR 包括"秸秆型 BTMR 颗粒"和"秸秆型 TMR 散料"，二者的区别在于加工工艺不同。

（1）秸秆型 BTMR 颗粒是一种圆柱状颗粒，硬度适中，黄色或黄褐色，有秸秆的味道，对于育肥场全年适用，在北方寒冷季对其他类型羊场也适用。其主要特点是，营养均衡、适口性好、消化率高，抑制甲烷产生，防霉降毒素，储存和饲喂方便、减少饲料浪费，节约劳动力。

（2）秸秆型 TMR 散料是以秸秆为主要粗饲料加工调制成的全价日粮，其特点是适口性好、消化率高、加工工艺简单便捷。

2. 技术示范推广情况

（1）秸秆型 BTMR 颗粒自 2012 年开始在辽宁省中试推广，其中 2012—2013 年生产绒山羊专用 BTMR 颗粒饲料 630 吨，在辽东清原、新宾、宽甸、本溪、桓仁、岫岩、凤城、盖州、辽阳 9 县（市）的 27 个养殖场推广应用，印发宣传单页 1 000 份，举办技术培训 3 次。

（2）秸秆型 TMR 散料在 2016 年开始在辽宁地区养羊主产区 50 个养殖场示范试用，示范规模 9 万余只。

3. 提质增效情况 绒山羊 BTMR 颗粒技术应用了 2 项专利，即"一种绒、毛、肉用羊全混合颗粒饲料（CTMR）及加工方法"（专利号 ZL201210154285.5）和"一种制粒专用粗饲料复合防霉剂及制备方法"（专利号 ZL 201210154286.X），可降低饲料成本 10.1%，使绒山羊瘤胃甲烷产量降低 56.5%，经济效益和生态效益极显著。秸秆型 TMR散料技术，提高了玉米、花生等农作物秸秆的利用效率，促进了农牧平衡，有效解决了规模养羊场粗饲料平衡供应问题，社会效益和生态效益明显。

4. 技术获奖情况 "辽宁绒山羊营养调控技术研究"获得了辽宁省畜牧科技贡献奖一等奖。"常年长绒辽宁绒山羊新品系选育扩繁及产业化示范"获得了辽宁省科技进步奖二等奖。"种草养畜关键技术集成与产业化示范"获得了辽宁省科技进步奖一等奖。"优质高产绒山羊饲养管理技术推广"获得了辽宁省畜牧科技贡献奖一等奖。

二、技术要点

1. 加工

原料准备：原料要求干物质含量 90% 以上，无发霉变质、杂质，花生秸秆、玉米秸秆和大豆秸秆水分要求低于 20%，无发霉变质。

原料粉碎：用锤片式粉碎机进行粉碎，其中精料粉碎后要求能通过孔径为 1.0 ～ 2.5 毫米的筛板，而玉米秸秆和花生秸秆等粗饲料粉碎后通过孔径为 8 ～ 10 毫米的筛板。

称量混合：根据配方要求，按照各类原料的百分比例分别称量，先称量比例较小成分，然后再称量玉米和豆粕，在混合机内预混合 15 分钟。然后再称量玉米秸秆、花生秸秆等比例较大的粗饲料，加入混合机中再进行混合约 15 分钟，每次混合量为混合机容量的 60% ～ 80%。

制粒与烘干冷却：经绞龙提升到环模机内制粒，颗粒长度为 4 ～ 6 厘米，直径为 6 ～ 8 毫米。颗粒挤压后经输送带进入烘干机和冷却分级筛，此时颗粒温度冷却至 16 ～ 20℃。

颗粒饲料检测：颗粒饲料要求颗粒成形率 ≥ 96，颗粒密度 900 ～ 1 200 千克 / 米^3，颗粒分化率 ≤ 10%，含水量 ≤ 8%。

分装与贮存：用规格为 240 毫米 × 240 毫米 × 700 毫米的塑料编织袋分装，每袋 40 千克，放置在通风、干燥、无鼠虫害的阴凉处。

2. 饲喂

绒山羊分群：根据绒山羊年龄、生长或生理阶段、健康状况和生产性能，依次分为成年公羊、育成公羊、育成母羊、空怀母羊、怀孕母羊、泌乳母羊、羔羊、特殊状况羊（如病羊）等 8 个群。根据各群特点饲喂相应的 TMR 颗粒。

饲喂适应期：利用 1 ～ 2 周的诱导和适应后，逐渐过渡到正常使用。

饮水要点：在饲喂初期，必须控制饮水，少量多次饮水，待动物适应后会自觉调节采食量和饮水量。

饲喂量控制：要少喂勤添，最好添 2 ～ 3 次。

饲喂辅助手段：对体况瘦弱或有其他疾病的动物，需要进行特别照顾，其日粮应以略高的蛋白和能量水平，适当外加一点精料，放置矿物添砖。

三、适宜区域

本技术适用于东北地区、华北地区和西北地区，特别是玉米秸秆、花生秸秆、大豆秸秆产量较大地区。

四、注意事项

需结合当地秸秆资源特点和绒山羊生产状况合理研制配方，结合养殖企业情况合理购置加工设备。

五、技术依托单位

辽宁省现代农业生产基地建设工程中心

联系地址：辽宁省辽阳市太子河区南驻路 11 号

邮政编码：111000

联 系 人：张晓鹰

联系电话：0419-2313779

电子邮箱：lnrsy@sina.com

· 47 ·

云贵高原地区半细毛羊冻精人工授精技术

一、技术概述

1. 技术基本情况 云贵地区半细毛羊饲养环境不同于北方牧区，其主要分布于高山等海拔较高地区（通常在 3 000 米以上），气候多变，生存环境恶劣，相关高繁技术（如精液冷冻和人工授精等）的推广应用存在较大难度。此外，目前绵羊冻精制作主要以蛋黄作为主要的保护剂。但是，众所周知蛋黄成分复杂，难以实现冻精制作体系的标准化，造成不同批次精液冷冻效果之间差异大，人工授精效果不一致。因此，发明一种成分明确的冷冻稀释液刻不容缓。经过研究，申报单位发现，大豆卵磷脂可以代替蛋黄应用于绵羊精液冷冻，通过对这一方法进行优化和升级，最终建立了一套适合云贵高原地区绵羊人工授精的技术体系。该套技术解决了绵羊精液冷冻效果不一致、冻精活力低及受胎率低等问题；同时也提供了一套解冻活力高、化学成分明确的精液冷冻稀释液，便于绵羊精液稀释液的质量稳定和标准化制作。

2. 提质增效情况 节约了公羊饲养成本，提高了冻精品质、冻精质量的稳定性及人工授精效果的一致性，保证了受胎率，增加了山区绵羊养殖户和养殖企业的收益。

3. 技术获奖情况 该项技术获得云南省科技进步奖二等奖。

二、技术要点

1. 种公羊符合下列要求 系谱清楚、遗传稳定、生产性能好，符合半细毛羊特级或一级种羊要求。无遗传性或传染性疾病，体质健康，发育良好。每次射精量在 0.75 毫升以上，精子活力在 0.7 以上，密度在 2.5×10^9 个 / 毫升以上，畸形率低于 15%。

2. 假阴道采精

（1）检查假阴道是否漏气、橡皮内胎是否扭转、松紧是否适度，灌注 50 ～ 55℃热水，竖直假阴道使水至口处即可。

（2）装上气嘴和经消毒处理及生理盐水冲洗过的集精杯，吹气至内胎呈松紧适度的三角形。

（3）取凡士林由外向内涂擦假阴道前 1/3 处，检查内胎夹壁温度，为 40 ～ 42℃即可用于采精。

（4）采精人员站立于公羊右侧，右手握假阴道，食指、中指夹住集精杯，气嘴向内下侧，在公羊上跳发情母羊时采精人员迅速下蹲，将假阴道以斜上 45°角靠近发情母羊臀部，用左手轻轻引导公羊阴茎至假阴道内，如假阴道温度、压力、润滑度适宜，当公羊的后躯向前冲即完成射精。

公羊假阴道采精

（5）随着公羊从母羊身上滑下时，将假阴道顺从公羊向后移下，立即使集精杯的一端向下竖立，打开气卡活塞放气，取下集精杯加盖后送操作室。

3. 精液品质检测 正常的公羊精液呈乳白色、浓厚不透明，普通显微镜下观察精液边缘能见到速度很快的云雾状运动。精子活力采用 0 ～ 1.0 的 10 级评分标准。在显微镜视野里 100% 的精子做活跃的直线前进运动评为 1.0 分，80% 做直线前进运动评为 0.8 分，以此类推。精子密度评定分为"密""中""稀""无"。视野内精子密度很大，精子与精子间的距离小于一个精子的长度为"密"；精子间有明显的空隙，两精子间的距离相当于 1 ～ 2 个精子长度为"中"；在视野中只有少数精子，精子之间超过两个精子的长度为"稀"；若视野里没有精子则记为"无"。

4. 精液冷冻

（1）采集的新鲜精液和同温度的冷冻稀释液（1.0 克果糖、2.71 克三羟甲基氨基甲烷、1.4 克柠檬酸、5% ～ 7% 甘油和 1% ～ 2% 大豆卵磷脂，定容至 100 毫升）按一定比例稀释，最终精子浓度在 $2×10^8$ 个 / 毫升左右。将稀释后的精液分装于 0.25 毫升塑料细管，并用封口粉封口。

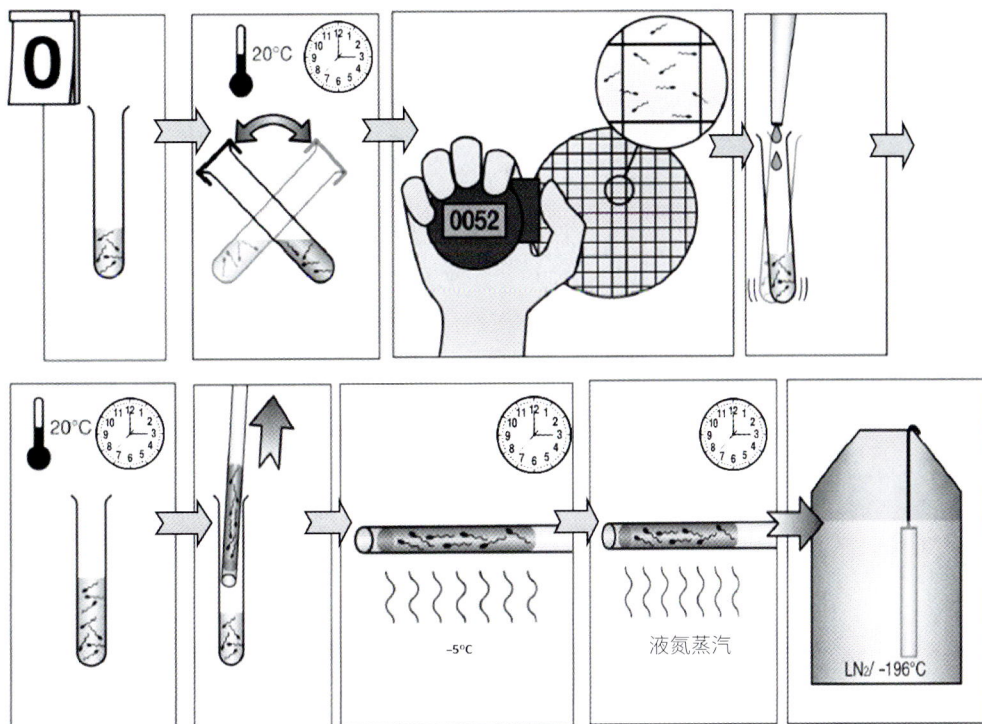

精液冷冻流程示意图（操作步骤从左至右）

（2）以 0.1 ～ 0.6℃ /min 速率缓慢降温至 5℃（冷室操作），并在此温度下平衡 3 ～ 4 小时。

（3）预冻时细管与液氮面的距离应该在 4 厘米左右，预冻温度为 -80 ～ -120℃，预冻时间为 10 分钟。预冻结束后将细管直接投入液氮进行长期保存。

5. 解冻与质评　将冻精细管从液氮中取出，快速空气浴后置于 37℃ 水浴解冻 30 秒。解冻后精子总活力（TM）不低于 60%，前向运动活力（PM）不低于 40%，顶体完整率不低于 50%。每头份冻精解冻后成直线运动的精子数不低于 1 000 万个。

6. 人工授精　输精前将母羊外阴部用 0.1% 新洁尔灭溶液擦洗消毒，再用生理盐水冲洗干净。然后，将用生理盐水温润过的内窥镜慢慢插入母羊阴道，打开电源开关，寻找子宫颈口。当使用开膣器时，应佩戴头灯或用手电筒照明。输精时，用 2 毫升注射器连接输精枪，先吸取 0.5 毫升空气后吸取 0.5 毫升精液。将输精枪慢慢插入子宫颈口内 0.5 ～ 1.0 厘米处，缓慢将精液注入。输精完毕使母羊继续倒立并轻拍母羊背部，防止精液倒流出。通常母羊发情后 8 ～ 12 小时第一次输精，间隔 10 ～ 12 小时第二次输精，若还持续发情的，可在第二次输精后 8 ～ 12 小时进行第三次输精。做好公羊、母羊记录。

人工授精示意图

三、适宜区域

本技术适宜在云贵高原绵羊饲养区推广。

四、注意事项

（1）冻精质量必须要保证，尤其是大豆卵磷脂比较难溶解，而甘油有利于其溶解。

（2）必须确保母羊发情症状明显，可以采用公羊试情、内窥镜观察子宫颈或连续测定血液黄体生成素浓度的方法确定最佳输精时间。

五、技术依托单位

云南省畜牧兽医科学院

联系地址：云南省昆明市盘龙区金殿青龙山

邮政编码：650224

联 系 人：权国波

联系电话：18987878647

邮政编码：waltq20020109@163.com

· 48 ·

牦牛低海拔农区健康高效养殖技术

一、技术概述

1. 技术基本情况 牦牛是青藏高原牧民主要的生活和生产资料，世界上约 95% 的牦牛在中国。但由于青藏高原冷季枯草期长，且牦牛终年放牧靠天养畜，牦牛长期处于"夏活、秋肥、冬瘦、春死"的恶性循环，导致牦牛饲养周期长（约 9 岁出栏），出栏率低于15%，养殖效益低，草场超载严重。低海拔农区饲草料资源丰富，但牛源紧缺，架子牛和育肥牛价格倒挂。实施牦牛低海拔农区健康高效养殖技术，既可有效降低高原牧区草场超载，解决牦牛出栏周期长、草料运到高原地区成本高等问题，也能够弥补低海拔农区牛源短缺，稳定牛肉市场，促进牦牛养殖增效，助推藏区和农区发展牦牛产业扶贫脱贫，保护生态环境。

2. 技术示范推广情况 该技术自 2015 年以来已在四川成都、雅安、广汉等地推广应用。

3. 提质增效情况 实施本技术后，牦牛和犏牛平均日增重分别为 0.53 千克 / 天和 0.72千克 / 天，经过冬春季 120 天的短期育肥，牦牛、犏牛分别增重 64 千克和 85 千克，有效地减少了传统放牧牦牛冷季掉膘损失，改善牛肉品质。按活牛 30 元 / 千克计，在农区短期育肥每头牦牛的净收入为 645 元，每头犏牛为 1 299 元，比在高原牧区传统放牧牦牛增加 1 113 元 / 头，冬季运牦牛到农区饲养比运草料到牧区养牛增效 30% 以上。

4. 技术获奖情况 牦牛低海拔农区健康高效养殖技术获 2016 年全国农牧渔业丰收奖一等奖。

二、技术要点

1. 牦牛的选择 该技术适合于每年 11 月青藏高原气温低，饲草料缺乏，牦牛集中出栏时价格低，但补偿生长效果最佳，此时农区秸秆和副产物等饲草料资源丰富，气温相对低，牦牛适应性好，选择发育正常、健康无病、体质良好、精神活泼的青年牦牛异地育肥。

2. 育肥地点、季节及时间 本技术可以在冬季饲草料丰富的大部分农区进行推广。育肥的季节主要在冬季的 10 月至翌年的 5 月，这段时间藏区大部分地区进入严寒冬季，

四川省雅安市低海拔农区牦牛育肥　　　　　四川省广汉市低海拔农区育肥牦牛

没有充足的饲草料资源、饮水受限，掉膘严重，此时农区具有大量可用于牛只育肥的饲草料资源等。而且当牦牛、犏牛进入农区时，不存在热应激的问题，可以很好地适应农区的冬季气温。根据牦牛、犏牛的体况，可以充分发挥牦牛的补偿生长效应，进行 3～6 月的短期快速育肥。

3. 圈舍环境控制　牛舍要求空气流通，光照充足，室温能维持在牦牛适宜的 0～20℃，采用全舍饲牦牛饲养育肥，投料饮水设施完善。购牛前须对牛舍进行消毒和清洁卫生处理。

4. 运输应激处理　牦牛从高海拔地区运输到低海拔地区后，应在牦牛充分休息后，或者到牛场 4 小时后喂少量温水，并在 100 千克水中加入 0.9 千克食盐和 3 千克葡萄糖，同时饲喂电解多维等抗应激营养物质有利于降低应激反应和恢复体能。第一次饮水每头牛不超过 4 升，再休息 4 小时后，第二次饮水，并可饲喂少量优质青干草。

5. 防病驱虫　牦牛在高原地区处于放牧状态，易感染上各种寄生虫病。牦牛感染上寄生虫，生长缓慢，饲料报酬率低。一般在牦牛购入的 7 天内进行驱虫，根据不同厂家的驱虫药如伊维菌素产品等的使用说明对牦牛进行驱虫，并无害化处理驱虫粪便，并根据本地区可能发生的高危传染病进行疫苗免疫接种。

6. 过渡期管理　牦牛预饲期 14 天左右，可用大黄苏打片健胃，以青干草或者秸秆类粗饲料为主，并开始由少到多添加精料补充料，到预饲期结束时，每天饲喂精料可达 2 千克。如果牦牛由于刚从放牧环境转到舍饲状态，导致其不吃精料，可与当地黄牛或已会吃饲料的牦牛混圈饲养，让牦牛适应舍饲饲养。同时牦牛有一定的野性，如果采用散栏饲养，每头牛的活动面积应大于 10 米^2，如果是拴系饲养，每头牛的饲喂宽度在 1.2 米以上。

7. 阶段化舍饲饲养育肥　育肥分为三个阶段，根据购买牦牛的个体大小可进行 3～6

月短期快速育肥。

第一阶段：育肥前期主要为改善牦牛体质，由于牦牛在高原地区主要是放牧为主，其摄入的能量、蛋白质和矿物元素不足，可发挥牦牛的补偿生长提高养殖效益。采用中能高蛋白日粮，并采用全混合日粮（TMR）饲喂技术。因地制宜选择原料，以玉米、麦麸、米糠、菜籽饼、棉籽粕、发酵

利用低海拔农区酒糟、秸秆和精补料育肥牦牛

酒糟蛋白等为精料，酒糟、青贮玉米、稻草、麦秸等秸秆类为粗料配制日粮，精粗比为 5∶5，综合净能为 5.8 兆焦耳 / 千克，粗蛋白为 14.5%。注意补充维生素、矿物元素、食盐、小苏打等，其中维生素采用包被维生素为宜，可提高其加工过程中的稳定性，食盐添加量为 1.5%。

第二阶段：育肥中期主要为增加牦牛体重，提供育肥牦牛所需营养物质从而达到育肥效果，保持较高的日增重，快速达到上市体重，采用高能中蛋白日粮，同样采用 TMR 饲喂技术，日粮原料选择同第一阶段，日粮精粗比为 6∶4，综合净能为 6.4 兆焦耳 / 千克，粗蛋白为 13%。

第三阶段：育肥后期则主要以改善肉质为主，采用高能低蛋白日粮，同样采用 TMR 饲喂技术，精粗比为 7∶3，综合净能为 6.60 兆焦耳 / 千克，粗蛋白为 11%。

8. 饲养管理 每日定时饲喂 2 次，自由采食，自由饮水，定期消毒、清洁水槽，保障饮水干净。更换饲粮时，应逐步把旧料更换为新料，第一、二天旧料 6/7，新料 1/7，此后逐天递增，过渡期为 1 周。换料期要保证饮水充足，并减少其他应激。

9. 疾病处理 密切关注饲养过程中牦牛精神状况和采食量，特别是在饲喂过程中发生轻微腹泻、瘤胃积食、胀气等疾病的牦牛，可减少精料，适当增加干草，同时可饲喂大黄苏打片增强瘤胃功能，发病牛需及时诊断治疗。

三、适宜区域

饲草料资源丰富的海拔 1 000 米以下的半农半牧区和农区。

四、注意事项

（1）饲养过程中严禁使用任何违禁违规产品。

（2）饲养过程中注意安全，由于牦牛、犏牛长期放牧有一定的野性，场地宽敞的地方可散栏饲养；牛场面积小的地方安装颈架；如果拴系饲养，控制好系绳的长短和栏位的高低，防止牛只伤人，必要的时候可以穿鼻环控制其运动范围。打扫卫生等需要注意牛踢伤人。

五、技术依托单位

1. 四川农业大学

联系地址：四川省雅安市雨城区新康路 46 号

邮政编码：625014

联 系 人：王之盛

联系电话：0835-2882096

电子邮箱：wangzs@sicau.edu.cn

2. 四川省草原科学研究院

联系地址：四川省成都市犀浦镇国宁西路 368 号

邮政编码：611731

联 系 人：罗晓林

联系电话：13730896890

电子邮箱：LuoxL2004@sina.com

3. 中国农业大学

联系地址：北京市圆明园西路 2 号

邮政编码：100094

联 系 人：曹兵海

联系电话：010-62814346

电子邮箱：caobhchina@163.com

4. 青海夏华清真肉食品有限公司

联系地址：青海省海北州海晏县红河湾工业园区

邮政编码：810299

联 系 人：张文华

联系电话：13739551666

电子邮箱：Nxxhxx@163.com

· 49 ·

肉鹅高效规模养殖关键技术

一、技术概述

该技术针对我国肉鹅生产中对提高鹅供种能力、实现全年均衡生产、降低饲料成本、收集利用粪污等技术需求，构建了以种鹅全年均衡高效繁育、肉鹅规模化节粮养殖、肉鹅规模化节水养殖为核心的肉鹅高效规模养殖关键技术体系。其中，种鹅均衡高效繁育主要从光照、温度、换羽、留种时间、饲养管理等多环节调控种鹅繁殖季节且保证种鹅高效生产；肉鹅规模化节粮养殖主要针对肉鹅营养需要和营养生理特点，通过利用非粮饲料原料，减少玉米等粮食原料的用量，节约饲料用粮消耗，减少饲料养分排泄，实现节本减排；肉鹅规模化节水养殖主要通过网上平养、林下养鹅、冬闲田种草养鹅等适度规模化养殖模式的应用，在降低肉鹅养殖成本的同时提高产品品质。

该技术已在鹅主产区的 10 余个省市广泛应用。应用四川白鹅等品种后，种鹅年均产蛋数提高约 11%，种蛋合格率提高至 94% 左右，受精率提高 6%，每只母鹅产雏鹅数提高了 20%；商品肉鹅出栏时间缩短近 10%，每千克增重耗料减少 0.5 ～ 0.7 千克，每只鹅饲料成本节约 3 ～ 4 元，增加效益 5 ～ 7 元，降低了养殖用水量 80% 以上。以该技术为核心的科技成果"肉鹅高效规模养殖关键技术研究与应用"获 2017 年度四川省科技进步奖二等奖。

二、技术要点

肉鹅高效规模养殖关键技术体系包括鹅全年均衡高效繁育技术、节粮养殖技术及节水养殖技术等配套技术。

1. 鹅全年均衡高效繁育

（1）鹅舍建设。种鹅舍按 4 只 / 米² 建设棚舍，舍内安装离地 60 厘米以上的网床和足够的产蛋窝；按 2 只 / 米² 的面积建造缓坡沥水的水泥硬化运动场及洗浴池和饮水槽，运动场上方离地 1.5 ～ 2.0 米处，夏季用双层或加强型遮阳网覆盖场面 3/4。商品鹅舍应包括棚舍、活动场，棚舍内采用可拆卸的网床；活动场应硬化，面积为舍内的 2 ～ 3 倍。

种鹅舍（舍内网床）

种鹅舍（运动场遮阳网）

（2）种鹅舍光照控制。种鹅舍分为自然季节鹅舍和反季节鹅舍。自然季节种鹅舍产蛋期每天注意控制光照时长为 16 小时且保持恒定；反季节种鹅舍在 1 月中旬将光照延长至每天 18 小时共 30 天左右，然后在 2 月下旬将每天光照缩短至每天 8 小时，共 40 天左右，接下来在 4 月中旬起将每天光照逐渐延长到 15 小时并延续下去，使鹅在 5 月开产。

（3）种鹅苗引进及育雏育成。鹅苗购进时间一般为 1～2 月；育雏期 1～7 日龄，采用 24 小时光照制度；7 日龄后，逐步过渡到自然光照；满 6 月龄后，全程补充光照到每天 15 小时。

（4）换羽调控。在翌年 1～2 月，用 1 周逐渐降低饲喂量，然后停料 2 天，再通过 2 周左右的限制饲养，待鹅羽毛的毛根干枯后用 1 周左右时间拔除主翼羽和副主翼羽。之后逐渐增加营养水平，使种鹅在 5 月开产。

（5）夏季产蛋鹅的管理。夏季注意做好舍内通风降温，运动场充分遮阴，提供充足、清凉的洗浴水和饮用水，提供充足的优质牧草和均衡的营养，保证夏季产蛋性能的发挥。

（6）提高种鹅繁殖效率。育成期种鹅应进行限制饲养，防止鹅超重或营养不足，开产前逐渐过渡到自由采食。产蛋前应做好种公鹅和种母鹅的选留。选留公母比例为（1：4）～（1：5）。产蛋末期应及时淘汰低产、伤残个体及多余公鹅。

（7）加强商品肉鹅的养殖与管理。以网上养殖与地面养殖相结合的模式为主。商品鹅 7 日龄内采用网上育雏，第 8 天起地面养殖或网上平养。生长阶段（29 天至上市）每只精料约 200 克 / 天，喂草量逐步添加，56 日龄时达每只 850～1 000 克 / 天，57 日龄后应增加精料供给。

2. 肉鹅节粮养殖

（1）根据肉鹅营养需要建议量确定饲粮配制。遵循"低养分低容重"的理念，20 天后的雏鹅日粮中可逐渐增加糠麸、糟渣、谷物类饲料的添加量，降低饲料成本；商品肉鹅 60 日龄后，饲料中提高能量饲料（玉米等）的添加量，以起到短期育肥的作用。

（2）非粮饲料原料的利用。因地制宜选择苜蓿、稻壳、蚕沙、木薯渣、干酒糟及其可溶物、啤酒糟、小麦麸、玉米淀粉渣等非量饲料原料，注意各饲料原料在鹅日粮中的最高添加量和适宜添加量。

（3）非粮饲料原料使用要点。分析或评定饲料成分和能量价值；适当加工处理，改善饲料原料的物理性状；选用酶制剂；使用某些添加剂或加工处理含有抗营养因子或毒物的饲料原料；确定日粮中的最大用量；注意各种原料的营养特性。

（4）选用典型饲料配方。针对当地饲料原料的实际及非粮饲料来源情况，分别选择适宜的种鹅、商品肉鹅不同生长阶段的节粮型日粮搭配方案。

（5）种草养鹅。根据养鹅数量确定种植牧草的面积；提高种草和用草技术；注意育肥前期和后期要进行补料。

3. 肉鹅节水养殖

（1）建设育雏舍。包括笼养育雏舍和地面育雏舍，要求保暖性好且通风方便，便于冲洗、清洁。笼养育雏室夏天供 1 ～ 7 天的雏鹅用、冬天供 7 ～ 10 天的雏鹅用，如采用 4 层育雏笼，12 米^2 的房间每批可育雏近 500 只。地面育雏室供 11 ～ 28 天的鹅用，分为舍内和舍外；舍内垫料或网上饲养，要有保温设施，地面育雏 500 只鹅需要 80 ～ 100 米^2 舍内面积；舍外为运动场。

（2）建设网上养殖舍。应包括舍内（用于鹅晚上休息）、活动场（用于喂水喂料）。舍内采用可拆卸的网床，便于每批养殖结束后的清洗消毒，养殖 500 只鹅需搭建棚舍 100 ～ 120 米^2；活动场应硬化，面积为舍

部分非粮饲料原料的适宜添加量

原料	适宜添加量
苜蓿	≤ 10%
稻壳	≤ 7%
蚕沙	≤ 5%
木薯渣	≤ 12%
干酒糟及其可溶物	≤ 20%
啤酒糟	≤ 22%
小麦麸	≤ 5%
玉米淀粉渣	≤ 10%

商品肉鹅全程网上平养

商品肉鹅林下养殖

内的 2 ～ 3 倍，应设置鹅群放牧的出入通道；亦可全程网上养殖。

（3）应用林下养鹅、冬闲田种草养鹅等种养结合模式。根据当地实际情况采用合理的种养结合模式，注意养鹅数量与种草量、林地面积、季节等协调配合。

三、适宜区域

全国养鹅产区均可应用。

四、注意事项

针对具体地区、养殖品种情况，因地制宜选择成套技术中的具体适宜技术进行推广应用。

五、技术依托单位

1. 四川农业大学

联系地址：四川省成都市温江区惠民路 211 号

邮政编码：611130

联 系 人：李亮

联系电话：13981604574

电子邮箱：wjw2886166@163.com

2. 扬州大学

联系地址：江苏省扬州市文汇东路 48 号

邮政编码：225009

联 系 人：王志跃

联系电话：13004328027

电子邮箱：dkwzy@263.net

3. 四川省畜牧总站

联系地址：四川省成都市武侯祠大街 17 号

邮政编码：610041

联 系 人：马敏，王万霞

联系电话：13980005720

电子邮箱：354740609@qq.com

· 50 ·

鹅反季节高效繁殖技术

一、技术概述

1. 技术基本情况　我国每年出栏肉鹅 6 亿多只，占世界鹅总产量的 90% 以上。养鹅业成为我国一些地区农民增收的重要方式。然而我国鹅产业发展受到鹅产蛋繁殖特性的严重制约，国内大多数鹅种全年产蛋仅几十个，加上养鹅环境恶化、生产粗放，进一步降低种鹅繁殖性能。加之国内全部鹅种固有的季节性产蛋习性，如我国大部分鹅种在春夏秋季终止产蛋，使商品肉鹅生产、屠宰加工和鹅肉消费都出现季节性断续，严重影响产业发展。而通过应用光照和相关环境控制技术，在春夏季传统非繁殖季节开展鹅的反季节繁殖生产，生产的反季节鹅苗不仅可以获得良好的市场售价，而且还可以大幅提高产蛋性能、种蛋受精率和孵化率，从而大大提高种鹅生产的经济效益。

2. 提质增效情况

（1）南方短日照繁殖鹅种的反季节繁殖技术应用推广情况。从 2000 年开始，就已经研发成功南方短日照鹅种的反季节繁殖技术。研发的光照程序，最高时可以将种鹅的产蛋性能提高 80% 左右，而生产的马岗鹅反季节鹅苗，最高市场售价可以达到 45 元 / 只，使饲养 1 只反季节繁殖种鹅的全年净利润达到 200 ～ 250 元。最近，在阐明和研发新技术克服水体有害菌和细菌内毒素脂多糖（LPS）污染的基础上，广东省又开展了大型鹅种狮头鹅的反季节繁殖生产，所生产的反季节鹅苗所获得的市场售价最高达到 75 元 / 只，饲养 1 只反季节繁殖狮头鹅种鹅的净利润达到 550 ～ 600 元 / 年。

（2）北方长日照繁殖扬州鹅的反季节繁殖技术应用推广情况。最近 3 年在江苏省内推广应用了长日照繁殖扬州鹅的反季节繁殖技术，可以使扬州鹅产蛋性能达到 70 ～ 75 个，种蛋受精率达到 92% 以上，在 6 ～ 10 月的夏秋季节所生产的鹅苗获得每只 15 ～ 20 元的市场售价，使饲养 1 只反季节繁殖扬州鹅种鹅的净利润达到 250 ～ 300 元。

（3）提高种鹅福利健康从而确保繁殖生产性能的环境控制技术。该技术主要解决生产中因管理不善所导致的养殖环境恶化、细菌病原污染严重所造成的种鹅健康福利和生产性能下降等问题。对于南方如广东等利用水面进行的种鹅生产，通过控制养殖密度、更换清水、使用益生菌降低有害菌和内毒素污染，从而将种蛋受精率和孵化率提高至 85% ～ 90%。对于江苏省地区夏季炎热高温问题，通过规划建造养鹅小区、采用通风降温的种鹅舍、控制鹅舍养殖密度、提供和更换活动用水、饲用益生菌等措施，降低鹅舍及周围有害菌病原毒素等污染，提高种鹅健康福利和生产性能，将种蛋受精率提高至 92% 以上，受精蛋孵化率提高至 90% 以上。

二、技术要点

1. 南方短日照繁殖鹅种的反季节繁殖技术要点　广东省的马岗鹅、狮头鹅属于短日照繁殖动物，其反季节繁殖所需要光照程序较为简单。在冬季（如 1 月 10 号左右时间）延长光照到每天 18 小时，经过 75 天后，将光照缩短至每天 11 小时，鹅一般将会于 1 个月左右（4 月中下旬）开产，并在 1 个月内（5 月中旬开始）达到产蛋高峰。所产蛋的受精率也很快上升，一般从开产后的 10 ～ 15 天就可以达到 85%。只要在春夏季继续将鹅维持在短光照制度下，鹅可以在 4 ～ 8 月的非繁殖季节表现出正常的产蛋性能和种蛋的受精率。

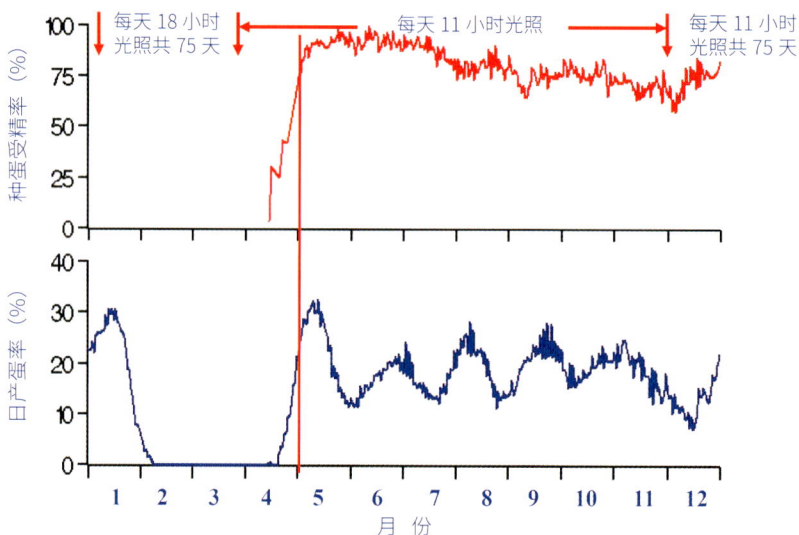

短日照鹅种马岗鹅的反季节繁殖人工光照程序及效果

目前在广东省内流行鹅反季节繁殖技术。种鹅在春季 3 ～ 4 月开产后，短光照可以把"人工繁殖季节"一直维持到 12 月，此时再把光照延长到每天 18 小时，就可以重新启动新一轮光照程序，再次诱导种鹅进入"非繁殖季节"，从而实施下一轮的反季节繁殖操作。

2. 北方长日照繁殖鹅种的反季节繁殖技术要点　北方鹅种属于长日照繁殖动物，一般也需要在冬季（1 月中旬）将光照延长至每天 18 小时共 30 天左右时间，然后在 2 月下旬将每天光照缩短至每天 8 小时共 60 天左右时间，接下来在 4 月下旬将每天光照延长到每天 11 小时并延续下去，即可以使鹅在 5 月开产，于 6 月达到产蛋高峰，并在整个夏秋季都维持很好的产蛋性能和种蛋受精率。

鹅于舍内接受人工光照处理的状况

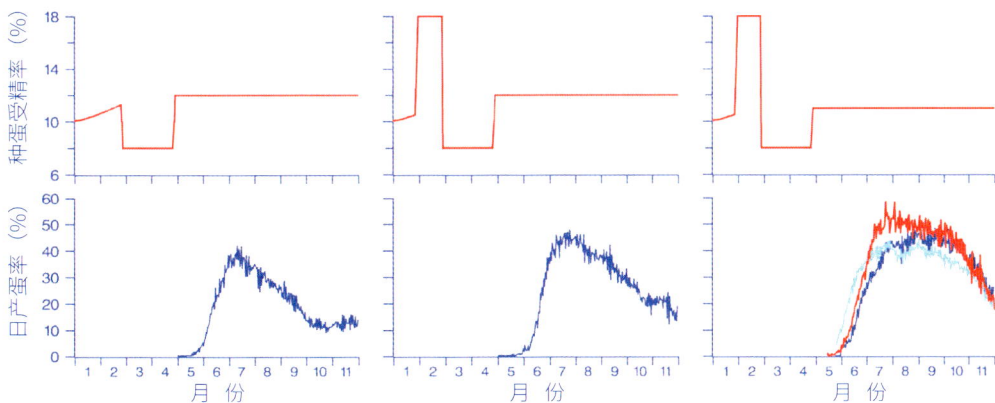

长日照鹅种扬州鹅的反季节繁殖光照处理程序及效果

到了 12 月或 1 月，则又可以将光照重新延长到每天 18 小时，重新启动新一轮光照程序，再次诱导种鹅进入"非繁殖季节"，从而实施下一轮的反季节繁殖操作。

3．提高种鹅福利健康从而确保繁殖生产性能的环境控制技术要点 针对南方利用水面的种鹅生产中，需要将水面载鹅密度控制在 1 只 / 米^2 的水平，然后通过在饲料中添加芽孢杆菌，并定期向水体应用光合细菌，以降低鹅粪便中有害肠道杆菌的排放及其在水体中的增殖，从而降低水体中有害菌和细菌内毒素 LPS 的污染，此技术措施能够将种蛋受精率和孵化率有效提高各 10 个百分点。

南方的"鹅—鱼"综合生产模式

三、适宜区域

鹅种的反季节繁殖技术和杂交技术适合在全国大部分养鹅区域推广应用。水体有害菌和内毒素污染控制技术，适用于南方利用水面进行的种鹅生产。种鹅舍的通风降温等环境控制技术，则适合于全部需要进行鹅舍环境控制的区域。

四、注意事项

（1）预防禽流感、副粘病毒病、坦布苏病毒病、大肠杆菌病等的预防。

（2）鹅场需要确保有足够和稳定的电力供应，以提供光照和进行环境控制。

（3）要及时清运鹅舍内、运动场上的积粪，及活动水池中的污水，保持鹅生活场所的清洁卫生。

五、技术依托单位

江苏省农业科学院

联系地址：江苏省南京市玄武区钟灵街 50 号

联 系 人：施振旦

联系电话：13913888894

电子邮箱：zdshi@jaas.ac.cn

· 51 ·

蛋鸭网床养殖技术

一、技术概述

1. 技术基本情况　蛋鸭养殖业是我国畜牧业中重要的传统产业之一，曾对推动当地农村经济的发展发挥了重要作用。随着对环保要求的不断提高，现行蛋鸭依河养殖方式的弊端日益显现，具体表现为：可供利用的养殖环境资源日益减少；由于单位面积载禽量过大，导致水质恶化而污染环境；密集饲养与相对开放的饲养环境增加了与病原微生物接触感染和疫病之间相互传播的机会，对蛋鸭养殖业构成严重威胁。蛋鸭网床养殖模式解决了现有养殖模式的环境污染问题，变污染源为再生利用资源。同时，提高了生物安全性，提高了综合经济效益，实现了蛋鸭产业与环境的协调发展。

2. 技术示范推广情况　已在浙江省蛋鸭养殖中进行示范推广，在全国部分地区试点示范。

3. 提质增效情况　经过 2 年的对比饲养试验，显示试验期网床上饲养只均产蛋 12.9 千克，全程料蛋比 2.98∶1，高峰期料蛋比 2.69∶1，传统养殖模式只均产蛋 10.9 千克，全程料蛋比 3.23∶1，高峰期料蛋比 2.94∶1，每只蛋鸭养殖效益增加 20 元。

4. 技术获奖情况　蛋鸭网床养殖技术作为成果的重要内容获 2016 浙江省科技进步奖一等奖、2018 年中国产学研促进会创新成果奖一等奖，并被列入浙江省 2017 年农业主推技术。

二、技术要点

（1）鸭舍为全封闭式，屋顶墙壁采用特殊材料处理，具有良好的保温隔热性能，鸭

蛋鸭网床养殖设施

蛋鸭网床养殖（拼版式网床）

舍两边墙体安装足够数量的大面积铝合金或者塑料窗户，保证鸭舍有良好的采光和通风。宜采用自动喂料系统、刮粪和饮水系统及通风降温系统等。

（2）舍内纵向分隔为活动区和产蛋区，两个区之间设有开闭通道；横向每隔 10～20 米设立隔断，每个养殖区 100～150 米^2。活动区架设养殖网床，塑料漏粪地板、塑料网或者金属网均可，高度为 60～80 厘米；采用硬质塑料漏粪地板，强度高，耐用，拆装方便。产蛋区高度比活动区低 15～20 厘米，宽度为 50～80 厘米，铺垫 10～15 厘米厚稻草或者稻壳，方便蛋鸭做窝。

（3）粪便收集和处理。安装自动刮粪设备，每天刮粪一次，并清理到粪便处理区进行堆肥或者制成有机肥。

蛋鸭网床养殖（带刮粪板）

（4）饲喂和温度控制。安装自动喂料系统和喷雾消毒系统，配备自动控制水位水槽。在鸭舍两端山墙安装足够数量的风机和湿帘，以满足高温季节降温通风的需要。

（5）后备蛋鸭饲养至 70～90 天，即可入舍饲养，密度为 4～5 只／米^2。每天 21:00～22:00 打开进入产蛋区通道，早晨 5～6 点关闭，目的是限制蛋鸭在产蛋区的停留时间，保证产蛋区的干燥和清洁卫生。饲养过程中，要注意减少应激，饲料中适当强化维生素 D 和钙。

三、适宜区域

全国蛋鸭饲养区，特别适合城市郊区及水资源缺乏地区。

蛋鸭网床育雏

四、注意事项

（1）由于蛋用型鸭种都具有胆子小、神经敏感的特点，易受外界不良环境的刺激产生应激反应，高产蛋鸭应激反应更为严重。因此，如何培育高产、胆子大、应激反应程度轻的适宜于网养的蛋鸭品种则是当前和今后着重需要解决的问题。

（2）蛋鸭在网养条件下，由于养殖环境发生改变，对某些营养物质的需要量发生了变化，且维持和生产所需要的全部营养成分均来自饲料和饮水，如何协调网养蛋鸭的营养素摄入和维持及生产所需营养素产出之间的平衡则是需要进一步研究解决的问题。

五、技术依托单位

浙江省农业科学院

联系地址：浙江省杭州市石桥路 145 号

邮政编码：310021

联 系 人：卢立志，沈军达

联系电话：13306813018，13957163868

电子邮箱：lulizhibox@163.com，shenjunda66@sina.com

· 52 ·

肉鸭多层立体养殖技术

一、技术概述

1. 技术基本情况 传统的肉鸭网上养殖模式，棚舍建造简陋，养殖规模小（5 000～6 000 只 / 栋），土地利用率低，机械化自动化程度低，养殖效益差，大量养殖废弃物污染周边环境。

针对上述问题，研发了樱桃谷肉鸭多层立体养殖技术，确定了：①标准化棚舍建造标准；②笼具的设计尺寸、用材；③养殖配套设备，包括自动喂料饮水系统、自动清粪系统、光照系统、通风系统等的安装和使用方案；④智能化舍内环境控制系统，包括传感器、环境控制器的调试使用，建立物联网大数据平台等。

肉鸭多层立体养殖舍内概貌

2. 技术示范推广情况 该技术目前已在河北清河，山东新泰、平邑、菏泽、济宁及安徽等多地推广应用。

3. 提质增效情况 该模式下，单栋养殖量为 2.5 万～ 3 万只，只需 1 名饲养员，大大提高了养殖效率。料肉比降低 0.05 个点，以出栏体重 3 千克计算，节省饲料成本 0.35～0.40

元 / 只。良好的养殖环境和严格的生物安全防控措施，肉鸭发病少，节省药费 0.3 ～ 0.5 元 / 只。鸭群健康，用药少，体内兽药残留少，提高了禽肉产品质量，从产品原料端保障了食品安全。

4. 技术获奖情况 2017 年 12 月，获得了新泰市科学技术进步奖三等奖；2018 年 1 月，获得了第八届江苏省农业技术推广奖一等奖；2018 年 11 月，获得了第二届山东省科技工作者创新大赛奖一等奖。

二、技术要点

1. 标准化棚舍建造 多层立体平养模式下的鸭舍建造尺寸不是固定不变的，可根据建造选址处的地形灵活调整，同时要考虑舍内环境控制的需求。棚舍可建造成宽 14 ～ 17 米，长 90 ～ 100 米，檐高 3.2 米。棚舍建造的土建可选择钢架结构，地圈梁，加强跺 6 米一个；棚顶，200*150 C 型钢梁，方钢支架；保温层选用彩钢瓦，聚氨酯喷顶保温隔热。

2. 笼具的尺寸设计、选材 根据棚舍宽度纵向排 5 ～ 7 列。单笼：1 米 ×2 米 ×65 厘米；前端：外挂料槽，前网高约 40 厘米；后端：用塑料网做栏网，高 40 厘米，用于出鸭；笼底：拉塑钢线，铺设塑料网。笼组：H 型，上、中、下三层笼子为一组，总高约 2.2 米。材质:275 克镀锌板热镀锌主体框架、热镀锌前网 / 底网 / 隔网、PE（聚乙烯）塑料垫网、原生料 PVC（聚氯乙烯）肉鸭专用食槽等。

3. 自动喂料饮水技术 安装自动喂料饮水系统。料槽外挂于笼具，使用自动加料行车。饮水使用乳头式自动饮水器，水线从笼具中间穿过。

4. 自动清粪技术 安装自动清粪系统，每层笼子下设置粪污传送带。传粪带由电机带动，可根据鸭子日龄大小、排粪量多少定期启动传送带，将粪尿传出舍外，集中及时处理。

5. 环境控制技术

（1）安装通风和温控系统。鸭舍后端山墙面安装风机，风机约 1.4 米宽；纵向墙体鸭舍前端安装湿帘。纵向墙体上安装通风小窗和通风管。风机、湿帘、通风管、通风小窗配套使用用于舍内通风和降温。舍内升温则需要配备 50 万大卡暖风炉 1 个，纵向墙体上隔 6 米安装一个暖气片。

（2）通过在肉鸭养殖场棚舍内安装 IBS-IOT 物联网平台的各类环境控制器和温度、湿度、氨气浓度、二氧化碳浓度传感器等智能设备。然后将自动地采集肉鸭每日的采食量、饮水量等生长指标数据，以及棚舍环境温度、湿度、光照、氨气浓度、通风量等传感器感应数据，将这些数据自动汇集和上传到云端的水禽养殖基础数据库中。最后，通过大数据实时分析处理平台，对数据进行分析和处理，并将数据分析的结果以图表形式展现在手机端 IBS 云禽通 App 和本地 PC 端上，供养殖户实时查看和控制。

三、适宜区域

该技术可在白羽肉鸭集中规模化养殖的区域推广应用，包括河北、山东、安徽、江苏等地。

四、注意事项

多层立体养殖模式下，单位面积养殖量大，舍内环境控制是一大技术要点。配套的通风及温度控制系统、自动清粪系统要根据实际情况进行设计安装。

五、技术依托单位

江苏益客食品集团股份有限公司
联系地址：江苏省宿迁市宿豫区富春江路 36 号
邮政编码：223800
联 系 人：王兆山
联系电话：13371316106
电子邮箱：jsykwzs@126.com

· 53 ·

优质肉兔规模高效养殖技术

一、技术概述

1. 技术基本情况 肉兔规模养殖是肉兔产业发展的必由之路，该技术重点描述了肉兔规模高效养殖的 9 个技术要点，包括规模兔场建设、良种肉兔推广、兔人工授精、兔舍环境调控、全价颗粒饲料应用、全进全出饲养模式、无抗养殖、程序化免疫、废弃物处理利用等，以提高肉兔规模场饲养管理水平和经济效益。

2. 技术示范推广情况 近几年，主要在重庆渝北、綦江、涪陵、忠县、铜梁等肉兔主产区进行推广应用优质肉兔规模高效养殖技术，成效十分显著。

3. 提质增效情况 规模兔场可以实现 49 天繁殖周期，最高可实现年产仔 7 窝，平均窝产 8～9 只，断奶成活率 96%，育成率 95%，一只母兔年活商品兔约 50 只以上。按照一栋兔舍 500 只母兔的规模计算，一栋兔舍年增加商品兔供应数量为 500×50=25 000 只，按照每出栏一只商品兔纯利润 10 元，一栋兔舍通过该模式可实现年增收 25 万元，增产增收效果显著。

二、技术要点

1. 规模兔场建设 按照生活管理区、生产区和粪污处理区三个功能区进行合理的规

年出栏 100 万只兔示范园区规划布局图

划布局。兔舍采用全封闭式设计建设。兔笼选用专业厂家生产的质量可靠的热镀锌笼、锌铝合金笼或不锈钢笼。喂料系统可选用自动加料或人工上料。饮水系统采用不易漏水的重垂式自动饮水系统。清粪系统采用传送带式清粪。环控设施采用湿帘、风机及智能环境控制器组成的环控设备。

2. 肉兔良种推广 选择良种肉兔，目前重庆地区主要有伊拉配套系兔、伊普吕配套系兔等，这些配套系有生产发育快、饲料报酬高、屠宰率高等特点，是规模化商品肉兔生产的理想品种。

法国伊拉配套系兔

3. 兔人工授精技术应用 推广肉兔人工授精技术，选择优秀种公兔，集中采精，高倍稀释，结合增加灯光照射和激素诱导发情，进行人工授精。人工授精技术是肉兔繁殖、品种改良最经济、最科学的一种方法，受胎率可达 80% 左右。

4. 兔舍环境调控 规模化兔场主要选用封闭式兔舍，其通风、光照、温度等全部为人工控制，主要通过湿帘负压通风、排风扇、灯光等措施调节兔舍温度、湿度、氨气浓度及光照等兔舍环境参数，创造适合肉兔生长、繁殖的良好环境，减少不必要的饲料消耗，增加养殖场效益。

兔舍配备降温设施：湿帘

5. 兔全价颗粒饲料应用 全价颗粒料是多种原料按一定比例搭配、混合均匀，可以用来直接饲喂、营养平衡的肉兔日粮，目前规模场一般都饲喂全价颗粒料，应用

兔舍配备降温设施：风机

全价颗粒料可以最大程度地满足家兔营养需要，提高肉兔生产能力。

6. 推广全进全出饲养模式 又称"全进全出循环繁育模式"或"肉兔工厂化生产"，按照同期发情、同期配种、同期产仔、同期出栏的"四同期"模式，一栋兔舍内饲养同一批同一日龄的兔子，全部兔子都在同一天开食断奶，同一天出售屠宰。该模式的核心技术是繁殖控制技术和人工授精技术，该模式便于兔舍、笼具彻底消毒，大幅度降低劳动强度，提高人均劳效。

7. 肉兔无抗养殖　在兔饲养过程中，应提高科学管理水平，消灭传染源，切断病源传播途径，提高兔体抗病力，合理规范用药。使用完全不含抗生素、激素、精神类药物、防腐剂、色素、瘦肉精等药物的无抗生物发酵饲料，用中草药、微生态制剂代替抗生素进行预防和治疗，保障兔健康生长，实现兔肉产品中抗生素残留量符合现行安全肉标准，肉质鲜嫩、营养丰富与天然食品相当。

8. 兔程序化免疫　规模兔场要根据本场实际情况制订适合本场的免疫程序。一般 35 日龄用兔瘟单苗或兔瘟、巴氏杆菌二联苗首免，每只颈部皮下注射 1 毫升；如留用种兔，60～65 日龄用兔瘟单苗或兔瘟、巴氏杆菌二联苗二免，每只颈部皮下注射 1 毫升。以后每隔 4～6 个月免疫注射一次，每只颈部皮下注射 1 毫升。

9. 废弃物处理利用　兔场废弃物处理坚持减量化、无害化、资源化的原则，推行雨污分流、干湿分离、沼气池发酵、沼液还田等粪污处理方式，减少废弃物排放、无害化处理废弃物、资源化利用。

三、适宜区域

全国规模化兔场。

四、注意事项

该技术在规模化兔场推广应用过程中，应特别注意强化环境控制、优化兔舍环境，防止高密度饲养条件下通风不良造成的高湿度环境，特别容易滋生病菌，导致家兔抗病力降低。

五、技术依托单位

重庆市畜牧技术推广总站

联系地址：重庆市两江新区黄山大道东段 186 号

邮政编码：401121

联 系 人：王永康

联系电话：02389133672

电子邮箱：309638405@qq.com

· 54 ·

高产优质苜蓿栽培集成技术

一、技术概述

宁夏通过实施奶牛—苜蓿行动计划项目，集成示范推广了品种良种化、激光仪土地平整、精量播种、水肥一体化、根瘤菌接种、杂草防除、病虫害安全防控及适时机械收获等集成技术，全面提高了苜蓿草的产量和品质。目前，已推广优质苜蓿高产栽培集成技术 45 万亩，亩产量平均提高 10% 以上，粗蛋白含量提高 2 个百分点，亩增收 150 元，达到了提质增效的目的。

二、技术要点

高产优质苜蓿生产、加工、收储流程图

1. 土地平整　通过激光平地、深耕、旋耕、耙耱镇压、播前播后镇压等方法，使得土壤上实下虚，便于精量播种，追肥、收割等机械化作业。

2. 精量播种　使用苜蓿专用精量播种机可提高播种质量。播种量净种子 1.0 ～ 1.2 千克 / 亩，包衣种子播种量 = 裸、净种子播种量 ÷（1—包衣材料占包衣种子质量百分比），播种深度 2 ～ 3 厘米。苜蓿种子质量要求：发芽率 85% 以上，净度 95% 以上。

3. 高效配方施肥　实施测土配方施肥制度，结合土壤养分盈缺程度和产量目标，确定施肥量。基肥在旋耕后播种前施用，追肥建议在春季返青前或末茬再生前开沟施肥或灌水前施肥。新建苜蓿地取 10～20 厘米土层土壤，老苜蓿地取 20～40 厘米、40～60 厘米土层土壤，根据田块大小对角线取 10～20 份土样混合，测定土壤有机质、碱解氮、有效磷、速效钾含量及 pH。根据测土结果，按需配肥。

4. 苜蓿根瘤菌接种　每千克种子使用"多萌"根瘤菌剂 8～12 克，播种前将根瘤菌剂直接倒入播种机的种子箱内，与苜蓿种子完全搅拌均匀后播种，已经拌种的种子当天应该播完。

5. 苜蓿杂草防除　一是播前封闭。在苜蓿播种前和杂草萌发前选用 48% 地乐胺乳油 150～200 毫升 / 亩，兑水 30～40 升喷洒，喷药后立即混土 3～5 厘米，镇压效果更好。二是多年生杂草防除。多年生冰草较多的地块，播种前用 41% 草甘膦水剂 300～500 毫升 / 亩；或选用 74.7% 农民乐水溶性粒剂 150～200 毫升 / 亩，茎叶喷雾。

6. 苜蓿病虫害安全防控　加强监测，灌区第二、三茬和山区第二茬需重点防治。在害虫达到防治指标（蚜虫：株高小于 25 厘米，1 000 头 / 百枝条；株高大于 25 厘米，2 000 头 / 百枝条。蓟马：株高小于 25 厘米，200 头 / 百枝条；株高大于 25 厘米，560 头 / 百枝条）时，采用吡虫啉、苦参碱等防治蚜虫，药液量 60～90 升 / 亩，安全间隔期 10 天；采用高效氯氰菊酯乳油、毒死蜱乳油防治蓟马，安全间隔期 15～20 天。灌区第四茬灌水前或山区第二茬株高 10 厘米左右，重点预防苜蓿褐斑病和叶斑病，选用 50% 多菌灵可湿性粉剂 500～800 倍液，或 70% 甲基托布津可湿性粉剂 600～1 000 倍液，或 75% 百菌清可湿性粉剂 600 倍液，药液量 60 升 / 亩。若距适宜收割期不足 2 周的，及时收割即可。

7. 苜蓿适时收获　每茬现蕾末期至初花期开始收割。灌区：采用具备压扁功能的割草机刈割，割茬高度 5～8 厘米，割后 2～24 小时进行散草摊晒；当苜蓿草含水量在 30% 左右时开始拢草；在打捆当天清晨使用拢草机进行单面翻草作业，当苜蓿草水分达到 20% 时在凌晨打捆。南部山区：采用小型自走式苜蓿压扁收割机或侧挂式 5 圆盘带压扁收割机、侧挂式 4 圆盘收割机，割茬高度 3～5 厘米，打捆机作业宽度 1.4～2.1 米中置式打捆机打捆。

三、适宜区域

北方苜蓿种植区均适宜此集成种植技术。

四、注意事项

各地应根据本地的气候、土壤、灌溉等条件，因地制宜地调整种植技术，使生产成效利益最大化，不能生搬硬套。

五、技术依托单位

宁夏回族自治区草原工作站

联系地址：宁夏回族自治区银川市金凤区北京中路 159 号

邮政编码：750002

联 系 人：杨发林

联系电话：13995303032

电子邮箱：nxcygzz@163.com

· 55 ·

石漠化治理与草畜配套技术

一、技术概述

1. 技术基本情况　通过石漠化治理与草畜配套技术推广，使贵州生态环境治理及草牧业生产技术由低水平向国内先进水平、综合配套技术的集成创新应用，形成贵州草牧业发展的技术体系，带动了全省石漠化综合治理与牛羊养殖技术水平大幅度提高。

2. 技术示范推广情况　该项集成新技术推广至贵州省 57 个县（市、区），在石漠化区域示范推广建植草地 325.73 万亩，其中冬季农田草地 137.05 万亩、高产草地 42.46 万亩、混播草地 60.7 万亩、改良草地 85.52 万亩，项目区技术成果推广应用率达 100%。

3. 提质增效情况　在石漠化区域示范推广建植草地与对照平均水平相比，项目冬闲田土草地亩新增产量 983.3 千克、纯收入 194.83 元，高产草地亩新增产量 3 000.2 千克、纯收入 519.05 元，混播草地亩新增产量 851.22 千克、纯收入 131.13 元，改良草地亩新增产量 519.05 千克、纯收入 91.6 元。项目单位规模新增效益 402.5 元 / 亩，总新增经济效益 82 022.98 万元，年新增效益 27 340.99/ 万元，推广投资年均纯收益率 9.53 元 / 只。养殖出栏肉羊 146.938 万只、肉牛 44.085 万头，惠及养殖农户 89 946 户（其中：带动 58 733 养殖户脱贫），养殖户年户均新增纯收入 3 039.71 元。

4. 技术获奖情况　"黔南百万只生态养羊集成技术推广"获 2013 年度贵州省农业丰收奖一等奖、"石漠化治理与草畜配套技术推广"获 2017 年全国农业渔业丰收奖一等奖。

二、技术要点

（一）优化石漠化治理草地建植分区草种组合

根据贵州的山地特征，结合暖季型牧草分布，以海拔为草地建植分区因子。

1. 高海拔地区（1 500 米以上） 主推冷季型牧草，如高羊茅、黑麦草、鸭茅、白三叶等。

（1）混播草地建设。混播草地建设主推的草种与品种搭配组合为"鸭茅 40%+ 高羊茅 30%+ 球茎草芦 20%+ 白三叶 10%"（亩播种量：鸭茅 1 千克 + 高羊茅 0.75 千克 + 球茎草芦 0.2 千克 + 白三叶 0.1 千克）、"鸭茅 50%+ 球茎草芦 30%+ 白三叶 10%+ 紫花苜蓿 10%"（亩播种量：鸭茅 1 千克 + 球茎草芦 0.3 千克 + 白三叶 0.1 千克 + 紫花苜蓿 0.1 千克）。

（2）天然草地改良。天然草地改良主推"水城"高羊茅、"海发"白三叶、"安巴和阿索丝"鸭茅等新品种。穴播或者带播的草种与品种搭配组合为"鸭茅 40%+ 高羊茅 20%+ 球茎草芦 20%+ 白三叶 20%"（亩播种量：鸭茅 1 千克 + 高羊茅 0.5 千克 + 球茎草芦 0.2 千克 + 白三叶 0.2 千克）、"鸭茅 40%+ 球茎草芦 40%+ 白三叶 10%+

天然草地改良鸭茅、白三叶点播

紫花苜蓿 10%"（亩播种量：鸭茅 1 千克 + 球茎草芦 0.4 千克 + 白三叶 0.1 千克 + 紫花苜蓿 0.1 千克）。中高海拔区（1 200 ～ 1 500 米）主推冷季型牧草，少数地方可考虑暖季型牧草。

（3）冬季农田种草。冬季农田种草主推"多花黑麦草 90%+ 箭筈豌豆 10%"（亩播种量：多花黑麦草 2.25 千克 + 箭筈豌豆 0.25 千克）；高产草地主推紫花苜蓿、甜高粱。

（4）混播人工草地建设。混播人工草地建设的草种与品种搭配组合为"鸭茅 40%+ 高羊茅 40%+ 白三叶 5%+ 紫花苜蓿 15%"（亩播种量：鸭茅 1 千克 + 高羊茅 1 千克 + 白三叶 0.05 千克 + 紫花苜蓿 0.15 千克）、"鸭茅 50%+ 高羊茅 30%+ 白三叶 20%"（亩播种量：鸭茅 1.25 千克 + 高羊茅 0.75 千克 + 白三叶 0.20 千克）、"高羊茅 50%+ 鸭茅 30%+ 紫花苜蓿 20%"（亩播种量：高羊茅 1.25 千克 + 鸭茅 0.75 千克 + 紫花苜蓿 0.20 千克）。

（5）天然草地改良。天然草地改良主推草种与品种搭配组合"鸭茅 50%+ 高羊茅 30%+ 白三叶 20%"（亩播种量：鸭茅 1.25 千克 + 高羊茅 0.75 千克 + 白三叶 0.20 千克）、"高羊茅 50%+ 鸭茅 30%+ 紫花苜蓿 20%"（亩播种量：高羊茅 1.25 千克 + 鸭茅 0.75 千克 + 紫花苜蓿 0.20 千克）。

中高海拔地区种植一年生多花黑麦草

2. 中高海拔地区（1 200 ～ 1 500 米） 主推冷季型牧草，少数地方可考虑暖季型牧草。

（1）冬季农田种草。冬季农田种草主推"多花黑麦草 90%+ 箭筈豌豆 10%"（亩播种量：多花黑麦草 2.25 千克 + 箭筈豌豆 0.25 千克）；高产草地主推紫花苜蓿、甜高粱。

（2）混播人工草地建设。混播人工草地建设的草种与品种搭配组合为"鸭茅 40%+ 高羊茅 40%+ 白三叶 5%+ 紫花苜蓿 15%"（亩播种量：鸭茅 1 千克 + 高羊茅 1 千克 + 白三叶 0.05 千克 + 紫花苜蓿 0.15 千克）、"鸭茅 50%+ 高羊茅 30%+ 白三叶 20%"（亩播种量：鸭茅 1.25 千克 + 高羊茅 0.75 千克 + 白三叶 0.20 千克）、"高羊茅 50%+ 鸭茅 30%+ 紫花苜蓿 20%"（亩播种量：高羊茅 1.25 千克 + 鸭茅 0.75 千克 + 紫花苜蓿 0.20 千克）。

（3）天然草地改良。天然草地改良主推草种与品种搭配组合"鸭茅 50%+ 高羊茅 30%+ 白三叶 20%"（亩播种量：鸭茅 1.25 千克 + 高羊茅 0.75 千克 + 白三叶 0.20 千克）、"高羊茅 50%+ 鸭茅 30%+ 紫花苜蓿 20%"（亩播种量：高羊茅 1.25 千克 + 鸭茅 0.75 千克 + 紫花苜蓿 0.20 千克）。

3. 中低海拔地区（800 ～ 1 200 米） 暖季型牧草与冷季型牧草相结合。

（1）冬闲田土种草。冬闲田土种草主推"贵草 2 号"多花黑麦草，多花黑麦草 2.0 千克 + 紫云英 0.5 千克。

（2）高产草地。高产草地主推甜高粱、皇草等，pH 大于 6.5 的土壤主推紫花苜蓿。混播人工草地建设主推草种与品种搭配组合为"鸭茅 40%+ 高羊茅 40%+ 白三叶 10%+ 紫花苜蓿 10%"（亩播种量：鸭茅 1 千克 + 高羊茅 1 千克 + 白三叶 0.1 千克 + 紫花苜蓿 0.1 千克）、"高羊茅 40%+ 鸭茅 20%+ 球茎草芦 20%+ 白三叶 20%"（亩播种量：高羊茅 1 千克 + 鸭茅 0.5 千克 + 球茎草芦 0.2 千克 + 白三叶 0.2 千克）、"鸭茅 50%+ 高羊茅 30%+ 白三叶 20%"（亩播种量：鸭茅 1.25 千克 + 高羊茅 0.75 千克 + 白三叶 0.20 千克）、"宽叶雀稗 50%+ 鸭茅 30%+ 白三叶 20%"（亩播种量：宽叶雀稗 1.25 千克 + 鸭茅 0.75 千克 + 白三叶 0.20 千克）。

（3）天然草地改良。天然草地改良的主推草种与品种搭配组合"鸭茅 40%+ 高羊茅 40%+ 白三叶 10%+ 紫花苜蓿 10%"（亩播种量：鸭茅 1 千克 + 高羊茅 1 千克 + 白三叶 0.1 千克 + 紫花苜蓿 0.1 千克）、"鸭茅 50%+ 高羊茅 30%+ 白三叶 20%"（亩播种量：鸭茅 1.25 千克 + 高羊茅 0.75 千克 + 白三叶 0.20 千克）、"高羊茅 50%+ 鸭

中低海拔地区混播鸭茅、高羊茅、白三叶草地

茅 30%+ 紫花苜蓿 20%"（亩播种量：高羊茅 1.25 千克 + 鸭茅 0.75 千克 + 紫花苜蓿 0.20 千克）。

4. 低海拔地区（800 米以下） 主推暖季型牧草，pH 大于 6.5 的土壤选择紫花苜蓿。冬闲田土种草主推多花黑麦草。高产草地主推皇草。混播草地白三叶 0.2 千克 + 鸭茅 1.2 千克 + 宽叶雀稗 0.4 千克。改良草地主推白三叶、鸭茅。

低海拔地区套种紫花苜蓿

（二）羔羊"圈中圈"保育技术

推广"圈中圈"保育技术，在母羊将羊羔产后 3～4 天，将母羊和羊羔一起从产羔房转移到制作的圈中圈中，圈中圈的数量、面积根据基础母羊的群体大小来定，一般按 5～8 只能繁母羊一个，每个圈 15 米^2。然后在圈中靠一侧面隔出 1/4～1/3 的面积作羔羊保育室，分隔栏中留一保羔羊自由出入的孔（小门），圈中内壁安放水槽和料槽（不能让母羊采食到），每个大圈养 5 只母羊，保育室（圈中圈）最多放 5～10 只羔羊，垫干燥软绵垫料便于保温。同时，在小圈中安装红外线加热灯泡，在羊羔处于 1 月龄之前，室内温度保持在 28℃左右，1 月龄至 2 月龄保持在 25℃左右，之后

羔羊"圈中圈"保育技术

不再采用人工增温。4 个月之后，转入育成羊群（与母羊群分开）。采取"圈中圈"保育技术结合"三早"（早喂初乳，母羊分娩后 1～3 日吃到初乳；早开饲，生长到 20～30 天开始补料，先草料后精料；早断奶，3～4 个月断奶）、"三查"（查食欲、查精神、查粪便）、"适时运动"（羔羊出生后 7～10 日，每日晒太阳 30～60 分钟，此后每日延长 30 分钟，至 20 日后随母羊放牧）等技术措施，羔羊断奶（120 天）成活率为 97.78%，比自然繁育户断奶成活率（68.89%）提高 28.89%，提高羔羊保育效果，同时获 2 项国家专利授权。

三、适宜区域

适宜在西南岩溶地区推广。

四、注意事项

牧草病虫害和牛羊引种疫病防控。

五、依托单位

贵州省黔南州农业农村局饲草饲料工作站

单位地址：贵州省都匀市经济开发区洛邦社区州农业农村局大楼 315 室

邮政编码：558000

联 系 人：高巍

联系电话：13379626987

电子邮箱：616370050@qq.com

· 56 ·

对虾工厂化循环水高效生态养殖技术

一、技术概述

随着我国经济和社会发展进入新时期，在市场需求量增加和土地资源紧缺等多重因素的影响下，近年来对虾工厂化养殖发展迅猛，面积和产量不断增加，但主要还是以较为粗放的换水养殖模式为主，普遍存在地下水资源浪费、病害频发、养殖成功率不稳定、排放水有机污染严重等问题。对虾工厂化循环水高效生态养殖技术以凡纳滨对虾为主要养殖对象，依托现代养殖工程和水处理设施，综合运用微孔增氧、免疫增强、水质调控、养殖尾水处理等技术，实现了全年的对虾高效、生态化养殖，具备水体循环利用、生态环境稳定、养殖过程人工调控、尾水达标排放等明显特点，是符合我国新时代渔业"高效、优质、生态、健康、安全"理念的对虾养殖新模式。近年来，该养殖技术在山东青岛、潍坊、烟台等地的对虾养殖企业进行推广应用，养殖产量达 4.3 千克 / 米^2，节约养殖用水 90%以上，养殖尾水符合《海水养殖水排放要求》（SC/T 9103—2007）二级标准，尤其在北方地区低温季节应用该养殖技术不仅可以节省部分升温环节的能源消耗，而且养殖水环境较换水养殖更加稳定，节能减排效果明显，产业化前景十分广阔。该技术是促进我国对虾养殖产业转方式调结构，实现"提质增效、绿色发展"的重要途径之一，对于高效利用和保护珍贵的水土资源也有重要意义。

二、技术要点

（一）设施设备及循环水处理工艺

1. 设施设备 主要包含蓄水池、养殖池、水循环处理设备和室外尾水处理池等四部分，蓄水池、养殖池和水循环处理设备可设置在封闭、保温性能好的养殖车间内，蓄水池和养殖池上方屋顶透光，而水循环处理设备安置区尤其是生物滤池上方需避光。

（1）蓄水池。蓄水池水容量应不低于养成总水体的 1/3 且能完全排干，主要用于盐度调配和消毒处理等，可使用紫外线、臭氧或漂白粉等进行消毒处理。

（2）养殖池。长方形圆角或圆形对虾池，材质多以水泥或玻璃钢为主，面积25 ～ 100 米^2，水深 0.8 ～ 1.2 米。池底平整光滑，中央设集污区和排水口，以 3% ～ 5%

坡度顺向排水口，并在池底靠近与池壁交接处设置条形纳米微孔增氧管，在保证养殖池充足供氧的同时，有利于水体集污和快速排污。排水口处设置独立的循环回水管道和排污管道，分别接入循环水处理系统和室外尾水处理池，平时较清的养殖水经回水管道进入循环水处理系统，需要排污操作时则打开排污管道排入尾水处理池。

对虾养殖车间及养殖池

（3）水循环处理设备。

悬浮颗粒的过滤：常用设备有微滤机和弧形筛等，以微滤机为宜，出水水质较好（可通过调节筛网网目、转速及反冲压力等改善水质）；弧形筛无须动力和清洗用水，造价相对较低，但出水水质一般。

细微和溶解颗粒的去除：蛋白质分离器可将水体中 70% 的有机物在未分解成氨／铵盐等有害物质前去除，主要由气体扩散装置、反应容器（通常为圆柱形）和泡沫收集装置等组成，并可根据水质和水循环量来人为调节蛋白质分离器的入水直径、出水直径和流量等。

生物净化：常用安装或放置生物滤料的生物滤池，主要是通过强化微生物的作用达到降解水体中氨氮、亚硝氮等有害物质的目的。生物滤料可选择 PVC 弹性立体填料或 PVC 多孔环，填充率 20% ～ 50%，数量宜根据循环水系统基本生物承载量确定。生物滤池有效水体与养殖池有效水体体积之比以（1∶3）～（1∶5）为宜，底部设曝气装置，采用小型鼓风机供气。

消毒灭菌：采用紫外线消毒装置或臭氧发生器进行灭菌处理。紫外线杀菌采用渠道式装置，一般选择波长 240 ～ 280 微米的灯管。臭氧发生器装置产量范围为 2.5 ～ 65.0 克 / 小时，添置臭氧流量计以保证臭氧投入浓度为 0.08 ～ 0.20 毫克 / 升，臭氧消毒后的水体应充分曝气后方可进入养殖水体。

水循环处理设备　　　　　　　　　　　　　　生物滤池及滤料

2. 工艺流程　对虾工厂化循环水高效生态养殖系统工艺流程示意图如下。

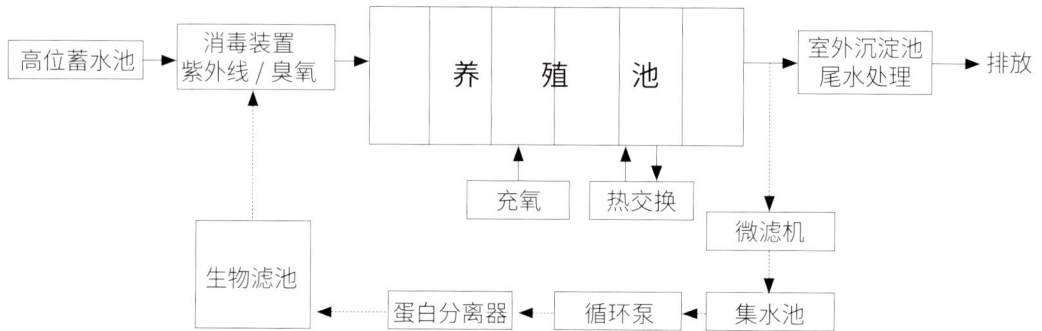

对虾工厂化循环水高效生态养殖系统工艺流程示意图

3. 水质指标及调控措施

（1）主要养殖水质指标参考值。化学需氧量（COD）≤ 10 毫克 / 升，颗粒悬浮物（SS）≤ 10 毫克 / 升，pH7.0 ～ 8.5，溶解氧（DO）≥ 6 毫克 / 升，总氨氮（TAN）≤ 0.5 毫克 / 升，NO_2-N ≤ 1.0 毫克 / 升，弧菌 ≤ 5 000 菌落形成单位 / 毫升。

（2）调控措施。

培养生物膜：循环水处理系统启动前 15 ～ 30 天，通过人工定向接种上一茬养殖尾水或硝化细菌的方式促使生物膜快速形成。养殖过程中需按时监测温度、盐度、pH、溶解氧、COD、氨氮、亚硝酸盐、硝酸盐等相关水质指标，并控制在适宜范围内。

调节循环量：系统的水循环次数控制在 4 ~ 7 次 / 日为宜。随着投饵量增加，系统负荷逐渐加大，需根据养殖水体的氨氮、亚硝酸盐、悬浮固体颗粒等指标变化增加循环量以保证良好水质。

抑制病原菌：适量添加微生态制剂和有益微藻来改善水质，促进水体中可溶性有机物的转化利用，抑制弧菌等病原微生物增殖，促进对虾生长。

增加供氧量：养殖后期对虾的溶氧消耗量逐步增加，叮米取加大纯氧供给量的措施来提高养殖水体氧饱和度，给对虾创造一个良好生长环境。

排污换水：每日排污换水量控制在 5% 以内。投喂饲料前进行人工排污，排出养殖池内的残饵粪便，定期清除微滤机等过滤的固体颗粒物。同时，及时补充因排污和蒸发损失的水分。

（二）养殖管理

1. 苗种及放养　选择健康无病、活力强的对虾苗种，来源和质量符合国家相关标准（SC/T 2068）。从异地购入苗种时应进行检疫，严防病原传播。放苗时注意苗种运输水温与暂养池的温度和盐度变化，要把温差和盐度差控制在 1℃ 和 2‰ 以内，24 小时温差控制在 3℃、盐度差控制在 3‰ 以内。

虾苗采用二阶段分级方法进行养殖，一阶段为暂养标粗，养殖 30 天左右苗种规格达到 2.5 ~ 3.0 厘米后分苗，进入养成阶段。根据预计收获对虾规格及水处理能力确定各阶段放养密度，一般标粗阶段放养密度 3 000 ~ 5 000 尾 / 米^2 为宜，养成阶段放养密度 300 ~ 800 尾 / 米^2 为宜。

2. 饲料及投喂　使用优质配合饲料，质量符合国家相关标准（GB/T 22919.5—2008），日投喂量以对虾总体重 3% ~ 10% 为宜，根据对虾大小、摄食情况和水温等情况适当调整投喂量。沿池边均匀泼洒投喂，每日 4 ~ 6 次，发现对虾摄食不良时，应查明原因同时减少或停止投喂。在养殖高温期或易发病阶段，选择天然免疫增强剂如维生素 C 和维生素 E、裂壶藻、虾青素、黄芪多糖等，拌在饲料中投喂，以增强对虾自身免疫功能，提高抗病力。此外，循环水养殖条件下的对虾在养殖后期易出现软壳现象，可在水体中适量泼洒钙制剂来解决。

3. 尾水处理　对虾循环水养殖系统排污量较少，上一茬对虾养成收获后整个养殖系统的水质比较稳定，可以直接投放新的虾苗继续下一茬养殖，水体重复利用率高。但养殖过程中有部分残饵、粪便等无法通过换水排污而吸附在池壁池底，则需要彻底排水清洗。

日常排污或偶尔洗池排水时，废水经排污管道进入室外尾水处理池，尾水处理池包括不同的功能区，主要是物理沉淀区和生物处理区。物理沉淀区通过大颗粒悬浮物质（≥ 100 微米）自然沉降作用将其分离，而生物处理区则主要通过投放滤食性贝类和大型藻类等来吸收、转化小型悬浮有机颗粒和溶解性无机营养盐等，达到净化水质的效果，净化处理后的排放水需检测达标后再排放。

三、适宜区域

我国沿海地区海水工厂化养殖区域。

四、注意事项

循环水处理系统生物膜形成后，水温、盐度、pH、溶解氧、水力停留时间、水体碳氮比、投入品等因素的急剧变化均可能导致生物膜脱落而影响净化效率，甚至系统崩溃，很难在短时间（20 ～ 30 天）内恢复正常。养殖生产中需要根据对虾密度、大小、健康状况，及水体温度和无机盐浓度变化等情况，适时调整循环水养殖系统实际运行参数。同时，必须慎重使用消毒剂和抗生素来防治病害，尽量避免药物进入循环水系统破坏功能微生物群落。

五、技术依托单位

中国水产科学研究院黄海水产研究所
联系地址：山东省青岛市南京路 106 号
邮政编码：266071
联 系 人：李健，常志强
联系电话：0532-85830183
电子邮箱：lijian@ysfri.ac.cn

· 57 ·

池塘"鱼—水生植物"生态循环技术

一、技术概述

池塘"鱼—水生植物"生态循环技术是基于共生原理，涉及鱼类与植物的营养生理、环境、理化等学科的绿色农业新技术，就是在养殖池塘立体栽培植物，将渔业和种植业有机结合，利用鱼类与植物的共生互补，进行池塘"鱼—水生植物"生态系统内物质循环，实现传统池塘养殖的生态、休闲和景观"三化"融合，互惠互利。

该技术以"鱼—水生植物"共生为基础，经历了 8 年试验研究和示范推广，形成了成熟的推广模式。近 5 年，在重庆累计推广 41.4 万亩，总产值 70.3 亿元，新增纯收益 11 亿元，带动 2.5 万养殖户实现增收。在四川、云南、新疆等 20 几个省份累计推广近百万亩。

以重庆为例，2016—2018 年使用该项技术亩产水产品 1 286 千克，亩产蔬菜（水稻等）907 千克，亩均产值 1.9 万元，同比增长 9.4%，亩纯收益 5 024 元；较技术推广前新增产值 7 560.5 元、新增纯收益 3 732 元，分别提高 92.5% 和 141.3%。亩均节约水电等支出 60% 以上，3 年通过植物消纳利用水体氮、磷约 1 442.8 吨，有效地缓解池塘水体富营养化，保障了渔业生态安全。通过池塘水体营养物质再利用，减少废水排放约 4.2 亿米^3，将治理与效益紧密结合起来，对保育水产养殖水域生态环境具有重要意义。

二、技术要点

1. 浮架制作工艺

（1）平面浮床。

PVC 管浮床制作方法：通过 PVC 管（50～90 管）制作浮床，上下两层各有疏、密两种聚乙烯网片分别隔断吃草性类鱼和控制茎叶生长方向，管径和长短依据浮床的大小而定，用 PVC 管弯头和粘胶将其首尾相连，形

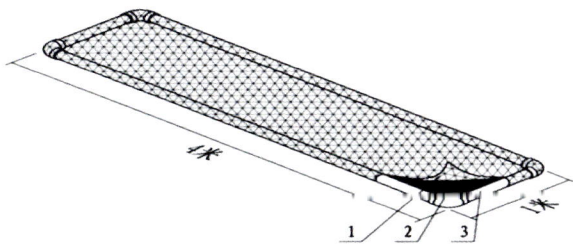

PVC 管浮床制作方法

1. 表层疏网：用 2～4 厘米聚乙烯网片制作
2. 底层密网：用 <0.5 厘米的聚乙烯网片制作
3. PVC 管框架：直径 50～90 毫米的 PVC 管

成密闭、具有一定浮力的框架。综合考虑浮力、成本和浮床牢固性的原则，以75 管为最好。此种制作方法成功解决了草食性、杂食性鱼类与蔬菜共生的问题，适合于任何养鱼池塘。

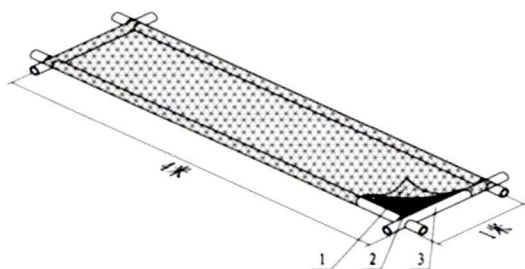

竹子浮床

1. 表层疏网：用 2～4 厘米聚乙烯网片制作
2. 底层密网：用＜0.5 厘米聚乙烯网片制作
3. 竹子框架：直径 50～70 毫米的竹子

竹子浮床制作方法：选用直径 5 厘米以上的竹子，管径和长短依据浮床的大小而定，将竹管两端锯成槽状，相互上下卡在一起，首尾相连，用聚乙烯绳或其他不易锈蚀材料的绳索固定。具体形状可根据池塘条件、材料大小、操作方便灵活而定。

其他材料浮床：凡是能浮在水面的、无毒的材料都可以用来制作浮床如废旧轮胎、挤塑聚苯乙烯泡沫塑料（XPS）挤塑板、泡沫板、塑料筐、高密度聚乙烯（HDPE）材质生态浮板及其他成品材料等，可根据经济、取材方便的原则选择合适浮床。

（2）立体式浮床。

拱形浮床：在 PVC 管浮床的基础上，在其长边和宽边的垂直方向分别留 2 个和 1 个以上中空接头，用三型聚丙烯（PP-R）管或竹子等具有一定韧性的材料搭建成拱形的立体框架。

三角形浮床：在 PVC 管浮床的基础上，在其长边和宽边的 45°方向分别留 2 个和 1 个以上中空接头，用 PVC 管或竹子等具有一定硬度的材料搭建成三角形立体框架。

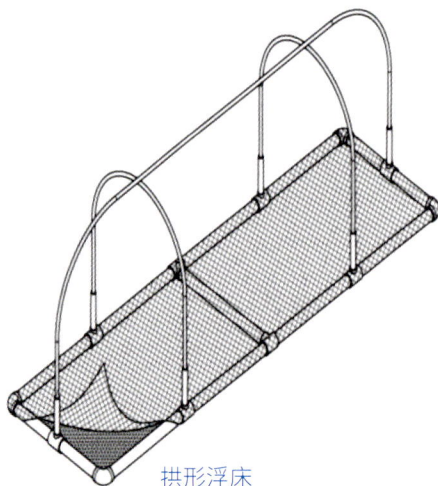

拱形浮床

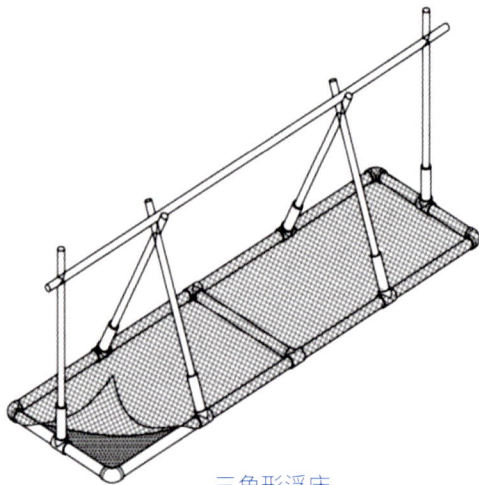

三角形浮床

2. 栽培植物种类选择 栽培植物种类应选择根系发达蔬菜瓜果花卉等，利用根系发达与庞大的吸收表面积，进行水质的净化处理，开展试验主要选择品种为空心菜。养殖户也可以根据生产和市场需要，选择其他植物，一般夏季种植绿叶菜类如空心菜等，藤蔓类蔬菜如丝瓜、苦瓜等；冬季种植蔬菜如西洋菜、生菜等。

池塘水上稻谷种植

3. 栽培时间 空心菜、丝瓜、苦瓜等夏季蔬菜，4 月下旬以后，水温高于 15℃时开始种植；西洋菜等秋季蔬菜，10 月下旬以后，温度 15℃以上时开始种植。其他种植品种根据生长季节和适宜生长温度栽种。重庆气候温暖，鱼池大都在海拔 500 米以下，冬季不结冰，可实现全年种植不同种类植物。其他地区应根据水温灵活确定种植时间。

4. 种植比例 根据池塘种植面积梯度对比试验结果，梯度试验在池塘溶氧、氨氮、透明度等水质指标均有明显的改善，溶氧基本上在 5.4 毫克 / 升以上，透明度由 15 厘米增加到 30 厘米以上，而两种梯度之间，10% 梯度试验塘在透明度、氨氮方面均较 5% 有明显改善，因此较肥池塘开展水上种植面积控制在 5% ～ 15% 较为适宜，能起到较好的净水和生长作用，根据池塘水体肥瘦程度可适当地增减种植比例，但应控制在池塘面积的 20% 以内。

5. 植物栽培技术方法 主要采用移植的方式栽种，如 PVC 标准浮床可采用扦插栽培、种苗泥团移植和营养钵移植等方法进行池塘蔬菜无土种植，后两种采用营养底泥作为肥料，成活率较高。扦插栽培指直接将空心菜种苗按 20 ～ 30 厘米株距插入下层较密网目，固定即可。营养钵移植主要是将蔬菜种苗植入花草培育钵，将钵内置入泥土（塘泥），按 20 ～ 30 厘米株距放入浮床。种苗泥团移植主要指将种苗植入做好的小泥团（塘泥即可），按 20 ～ 30 厘米株距放入浮床。营养钵和泥团移植方法成活率较扦插栽培方法高，而后者最省时省力。

6. 浮床清理及保存　在收获完蔬菜或者需要换季种植蔬菜时，应通过高压水枪或者刷子将架体上及上、下两层网片上的青苔等杂物清理掉，阴凉处晾干；若冬天未进行冬季蔬菜种植应将浮床置于水中或者将其清理加固处理后，堆放于阴凉处，切不可在室外日晒雨淋。

7. 捕捞　一般使用抬网捕捞，捕捞位置固定，而鱼菜共生浮床对捕捞没有影响。如拉网式捕捞可将浮床适当移动，对捕捞影响也不大。

三、适宜区域

全国所有精养池塘，尤其是老旧池塘。

四、注意事项

（1）上下两层网片要绷紧，形成一定间距，控制植物向上生长和避免倒伏。

（2）浮架应呈带状布局，可以整体移动，以便根据需要变换水域和采摘。

（3）加强对水质变化的观察和监测，了解实施效果。

（4）注重多模式融合，耦合集装箱循环水养殖模式、池塘工程化循环水养殖、底排污生态化技术改造等，可实现养殖尾水循环使用或达标排放。

池塘"水上稻谷＋工程化＋尾水治理"多技术融合模式

（5）结合休闲渔业基地建设，注重景观、休闲化工程打造，种植品种多样化，搭配多种植物造型，就地消化利用，提升景观、休闲化水平和经济效益。

池塘水上草莓

（6）注重产品打造和绿色健康养殖生产方式宣传，提升植物产出品经济价值，从而提高池塘综合生产效益。

池塘水上空心菜

五、技术依托单位

重庆市水产技术推广总站

联系地址：重庆市江北区建新东路 3 号百业兴大厦 13 楼

邮政编码：400020

联 系 人：翟旭亮

联系电话：023-86716361

电子邮箱：44409055@qq.com

·58·

淡水池塘养殖尾水生态化综合治理技术

一、技术概述

淡水池塘养殖是我国水产养殖重要的生产方式。2017 年全国淡水池塘养殖面积 252.78 万公顷，产量 212.2 亿吨，占淡水养殖总产量的 73%。新时期，我国淡水养殖池塘面临的环境污染和品质安全双重压力不断加大。因此，在划定的养殖区、限养区内建设尾水处理系统，实现尾水达标排放或者区域内循环使用，以尾水治理推动渔业转型升级势在必行。

浙江重视生态渔业的发展。自 2017 年以来，湖州市德清县率先探索开展以规模场自治和连片养殖集中治理相结合的养殖尾水全域治理，根据不同养殖品种，按养殖面积 6% ~ 10% 的比例设置尾水处理区，通过养殖区"新品种、新技术、新模式、新渔机"的原位处理和治理区"沉淀池、过滤坝、曝气池、生物净化池、洁水池"等异位处理，配套养殖场绿化和景观，实现养殖尾水的生态化处理，达到循环利用或达标排放。目前全县建成治理场点 1 783 个，完成治理面积 19.2 万亩，实现了县域全覆盖。该技术模式 2018 年在浙江普遍推广，建立省级治理示范点近 400 个。

通过推广该模式，将 1.0 版的传统鱼塘、2.0 版的标准鱼塘转型升级成 3.0 版的绿色生态鱼塘，对破解渔业发展瓶颈、解决渔业提质增效与水环境保护之间的矛盾、开启渔业绿色高质量发展新篇章具有重要作用，对助力乡村振兴战略实施具有积极意义。

二、技术要点

1. 选址布局

（1）示范场点建设地点应符合当地"养殖水域滩涂规划"布局要求。

（2）示范场点应位于重点交通道路两侧，交通便捷。

（3）规模治理场养殖区域面积原则上不低于 200 亩，集中治理点养殖区域面积原则上不低于 300 亩，养殖区域应集中连片。

（4）养殖尾水处理面积可根据不同养殖品种确定。大宗淡水鱼、淡水虾类养殖池塘：尾水治理设施总面积不小于养殖总面积的 6%；乌鳢、加州鲈、黄颡鱼、翘嘴红鲌及龟鳖类养殖池塘：尾水治理设施总面积不小于养殖总面积的 10%；其他品种：尾水治理设施总面积约养殖总面积的 8%。

（5）治理工艺流程。尾水设施总面积占养殖总面积较大的应建立"四池三坝"，处理工艺流程主要包括生态沟渠—沉淀池—过滤坝—曝气池—过滤坝—生物净化池—过滤坝—洁水池；养殖污染较少的品种，可采用"四池两坝"的治理模式，处理工艺流程主要包括生态沟渠—沉淀池—过滤坝—曝气池—生物净化池—过滤坝—洁水池。

（6）处理设施面积比例。为满足蓄水功能，沉淀池与洁水池面积应尽可能大，沉淀池、曝气池、生物净化池、洁水池的比例约为 45：5：10：40。

沉淀池　　　　　　　　　　　　　　沟渠

2. 设施设备

（1）生态沟渠建设标准。利用养殖区域内原有的排水渠道或周边河沟进行改造而成，并进行加宽和挖深，宽度不小于 3 米，深度不小于 1.5 米，沟渠坡岸原则上不硬化，种植绿化植物，在沟渠内设置浮床，种植水生植物，利用生态沟渠对养殖尾水进行初步处理，最终汇集至沉淀池（已硬化的沟渠只需设置浮床，种植水生植物；无可利用沟渠时，用排水管道将养殖尾水汇集至沉淀池）。

（2）沉淀池建设标准。沉淀池面积不小于尾水处理设施总面积的 45%，尽量挖深，在沉淀池内设置"之"字形挡水设施，增加水流流程，延长养殖尾水在沉淀池中停留时间，并在池中种植水生植物，以吸收利用水体中的营养盐。沉淀池四周坡岸不硬化，坡上以草皮绿化或种植低矮树木。

（3）曝气池建设标准。曝气池面积为尾水处理设施总面积的 5% 左右，曝气头设置密度不小于每 3 米^{2}1 个，曝气头安装时应距离池底 30 厘米以上，罗茨风机功率配备不小于每 100 个曝气头 3 千瓦，罗茨风机须用不锈钢罩保护或安装在生产管理用房内。曝气池底部与四周坡岸应硬化或水泥板护坡或土工膜铺设，以防止水体中悬浮物浓度过高

曝气池

生物净化池

堵塞曝气头。应在曝气池中定期添加芽孢杆菌、光合细菌等微生物制剂，用以加速分解水体中有机物。

（4）生物净化池建设标准。生物净化池面积占尾水处理设施总面积的 10% 左右，池内悬挂毛刷，密度不小于 6 000 根 / 亩，毛刷设置方向应与水流方向垂直，毛刷底部也须用聚乙烯绳或不锈钢丝固定，确保毛刷挺直，不随水流飘动。定期添加芽孢杆菌、光合细菌等微生物制剂，用以加速分解水体中有机物。池塘四周坡岸不硬化，坡上以草皮绿化或种植低矮树木。

（5）洁水池建设标准。洁水池面积应占尾水处理设施总面积的 40% 以上，池内种植伊乐藻、苦草、铜钱草、空心菜、狐尾藻、莲藕、荷花等水生植物，四周岸边种植美人蕉、菖蒲、鸢尾、再力花等植物，合理选择植物种类，分类搭配，保证四季均有植物生长。水生植物种植面积应占洁水池水面的 30% 左右，同时应在池内放养鲢鳙鱼、河蚌、螺蛳等滤食性水生动物，进一步改善水质。

（6）过滤坝建设标准。用空心砖或钢架结构搭建过滤坝外部墙体，在坝体中填充大

湿地洁水池

过滤坝

小不一的滤料, 滤料可选择陶粒、火山石、细沙、碎石、棕片和活性炭等, 坝宽不小于 2 米; 坝长不小于 6 米, 并以 200 亩养殖面积为起点, 原则上每增加 100 亩养殖面积, 坝长加 1 米; 坝高应基本与塘埂持平, 坝面中间应铺设板块或碎石, 两端种植低矮景观植物。坝前应设置一道细网材质的挡网, 高度与过滤坝持平, 用以拦截落叶等漂浮物。过滤坝建设还应注重汛期泄洪设施配套。

(7) 排水设施建设标准。所有排水设施应为渠道或硬管, 不得使用软管, 应尽可能做到水体自流, 因地势原因无法自流的, 应建设提升泵站。通过泵站合理控制各处理池水位, 确保各设施正常运行, 处理效果良好。

(8) 监控建设标准。在尾水处理设施的中央和排水口各安装一套可 360°旋转监控摄像头, 进行远程监控。

(9) 物联网技术应用。在曝气设备上安装智能曝气控制装置, 做到定时开关曝气设备。

3. 长效机制

(1) 主体责任机制。落实规模养殖场以养殖场为责任主体, 以村委会和镇 (街道)

为监管主体;集中治理点以村委会为责任主体,以镇(街道)为监管主体的长效监管机制。落实专人负责,对治理点进行日常管理,确保各项设施运行正常,设备损坏及时维修更换,水生植物适时补种,环境卫生定期打理整洁等。

(2)资金筹措机制。按照"谁污染、谁治理,谁受益、谁承担"的原则,通过村规民约的方式,治理场点内的养殖户自发筹集资金,保障治理场点尾水处理设施的长期有效运行。

(3)塘长巡查机制。建立塘长负责制,每个示范场点应明确 1 名塘长,对示范场点的日常管理进行巡查监督。积极推行将塘长制纳入河长制创新做法,进一步强化巡查监督。

(4)远程监管机制。利用现代物联网技术,通过在线监控、水质监测、智能曝气等技术,做到远程智能管控。

三、适宜区域

适宜全国各省份的淡水养殖池塘。

四、注意事项

(1)养殖池塘应具有一定规模且成连片布局,养殖场具有一定的水、电、通信条件。

(2)养殖区域内具有较好的组织管理结构,具有一定数量的技术人员。

(3)定期保持对水质的监测与检测,加强对尾水治理设施的运行与维护。

五、技术依托单位

1. 浙江省淡水水产研究所

联系地址:浙江省湖州市杭长桥南路 999 号

邮政编码:313001

联 系 人:张海琪

联系电话:13819493421

电子邮箱:zmk407@126.com

2. 浙江省水产技术推广总站

联系地址:浙江省杭州市余杭区五常街道荆长路 181 号

邮政编码:310023

联 系 人:马文君,周凡

联系电话:0571-87967376

· 59 ·

刺参池塘养殖高温灾害综合防御技术

一、技术概述

1. 技术基本情况　进入 21 世纪，刺参养殖发展迅猛，形成了养殖面积 300 万亩、养殖产量 20 余万吨、年直接产值达 300 多亿元的庞大产业。刺参养殖以山东、辽宁、河北沿海为主产区，并以北参南移、东参西养的形式逐步延伸到福建、浙江沿海和黄河口地区，为沿海经济结构调整和渔民就业增收开辟了一条新的途径。然而，自 2013 年以来，夏季持续高温的极端天气造成我国的刺参养殖产业大幅震荡，除了导致严重的经济损失外，更是沉重打击了从业者的信心。从养殖模式上看，池塘养殖是主要的养殖形式，并且受灾最为严重。据调查分析，2018 年夏季高温期辽宁、河北两省的养殖刺参损失超过 90%，山东省刺参养殖损失超过 70%，合计经济损失 150 亿元左右。由此看出，夏季高温灾害已成为制约刺参稳定可持续产出的关键因素。气象研究预测未来 5 年，"反常的高温"持续存在，夏季高温灾害将是刺参养殖病害的重中之重。针对高温威胁刺参生存的重要关键因素，本技术围绕刺参池塘养殖的各个环节，建立了"抗逆新品种 + 环境调控 + 工艺优化"一体化的高温灾害防控技术体系，为抵御高温灾害、提高养殖成活率、稳定养殖产量、保障产业可持续发展提供科技支撑，对海参产业二次振兴具有重要的现实意义。

2. 技术示范推广及提质增效情况　在山东省 3 个刺参主产区——青岛、威海、东营地区进行了池塘养殖刺参高温灾害防控技术的示范应用，示范总面积 2.6 万亩，在示范区域内采取了抗逆新品种推广、池塘工程化改造、环境调控、高温期技术防御等措施。示范效果表明，在底层水温 29 ～ 30℃时，仍可观察到大量体重范围 58 ～ 145 克 / 只的海参摄食及爬行行为；在池塘水温 33 ～ 34℃高温灾害背景下，养殖刺参成活率较未采用高温防控体系平均提高 23%，养殖收益提高 40% 以上，取得了良好的养殖效益。

3. 技术获奖情况　以该技术为核心形成的科技成果：刺参"参优 1 号"新品种（GS-01-016-2017）；刺参规模化繁育与养殖模式创建及其产业化推广，获 2014—2016 年度全国农牧渔业丰收合作奖；刺参几种新型养殖模式创建与产业化示范，获 2015 年中国产学研合作创新成果奖二等奖和中国水产科学研究院科技进步奖一等奖；抗逆耐高温"参优1号"刺参新品系选育与推广，获 2017 年中国国际现代渔业暨渔业科技博览会养殖增效绿色发展贡献奖。

二、技术要点

根据近年来高温灾害暴发特点，结合海参养殖管理工艺，需从苗种选择、池塘改造、环境调控、高温期管理等方面进行技术工艺优化升级，形成"抗逆新品种 + 环境调控 + 工艺优化"一体化的高温灾害防控技术体系。

1. 苗种选择 在种质选择上，投放具有抗逆耐高温性能的苗种进行养殖，如刺参"参优1号"等新品种，从种质上提高刺参的抗逆能力；在投苗规格上，采用分级养殖的方式，池塘养殖时秋季投放规格为 15～30 克 / 只的大规格苗种，并控制适宜的养殖密度（5 000～7 000 只 / 亩），缩短养成周期，力争在翌年高温期前达到上市规格出池销售，降低养殖风险。

抗逆刺参"参优1号"亲本及苗种

2. 池塘标准化改造 对养殖池塘进行标准化建设或工程化改造，池塘深度要求一般在 1.8～2.5 米；设置进水、排水闸门，保障进水、排水通畅；在池底增设充氧管等增氧

工程化养殖池塘

瓦礁及组合式附着基

设施；对坝体用水泥或土工布进行护坡改造；在池塘底部敷设瓦礁、复层组合式立体海参附着基等硬质参礁，既可有效达到遮挡阳光和降温效果，还可以形成立体空间，为刺参创造良好的栖息环境。

3. 池塘养殖环境调控　高温灾害背景下，刺参的成活率主要取决于水温高低和水质条件。因此，春、秋刺参摄食旺盛的季节，在池水中泼洒微生态制剂调控池塘水质，降低水体中的氨氮、亚硝酸盐、COD 等有害物质含量，预防高温期水质恶化对刺参造成毒害作用。在春季适时进行肥水，培养池塘中的基础饵料以控制水体的透明度维持在 40～60 厘米，防止强光对池底照射并减少池底大型藻类的爆发式生长。春季海参摄食旺盛期投喂发酵饲料，进入夏季水温升高且海参摄食量降低时，应适时停止饵料投喂，避免饵料过剩沉积腐败导致水质、底质败坏。采用"参虾混养"等多品种综合养殖或构建耐盐植物浮床等方式，有效利用池塘中的有机物和营养盐，并为池底遮阴降温，营造稳定、适宜的池塘生态环境。

4. 高温期养殖管理工艺　对于已经受灾的养殖池塘，需要及时清除池塘中漂浮性有机物和死亡的海参，防止其腐败后沉入池底造成池底败坏和病原的滋生。在涨潮期的夜

水色调节剂控制水色

间或凌晨对池塘进行换水操作，尽量提高池水水深并增加换水量，以降低池水水温。在小型池塘上方可增设遮阳网，避免阳光直射引起的池塘水温快速上升。在夜间或清晨利用充氧设施增加池塘充氧时间，同时尽快向池塘中投入固态氧（颗粒氧）、水质调节剂、微生态制剂等产品，防止高温作用下池底有机物腐败加剧海参的死亡；使用水色调节剂等产品进行全池泼洒，降低池水的透明度，达到遮挡阳光和降温的效果。

5. 高温过后的管理工艺　高温发生后，池塘生态系统受到严重威胁，为修复高温期被破坏的池塘养殖生态系统，抑制病原菌的繁殖，减少刺参高温热疹后的二次伤害，需进行适宜的处置措施：一是经过对刺参存塘数量、健康状况、池底和池水状况进行综合评估，损失严重的池塘，需进行清塘和消毒操作；二是损失较轻的池塘，应加强管理，及时使用水质调节剂、微生态制剂等产品对池塘水质、底质进行调控，使用过硫酸氢钾复合盐等产品抑制病原菌繁殖、改良底质；三是当秋季刺参摄食时，在饲料中添加适当中草药、免疫增强剂等产品，提高高温期过后刺参的抵抗力。

三、适宜区域

辽宁、山东、河北、天津、江苏等地区的刺参养殖区。

四、注意事项

（1）做好养殖生产规划：提前规划放苗、养殖、收获时间表，养殖池塘每隔 2~3 年清池消毒 1 次，防止池底有机质的过度积累与腐败造成细菌的大量滋生和亚硝酸盐、氨氮、硫化氢等有害物质的增加，避免加剧高温期养殖刺参的应激和死亡。

（2）高温期间，避免在白天进行换水，应在夜间或凌晨外海海水温度较低时对池塘进行换水操作。

（3）高温期间，对漂浮的刺参应及时清理并掩埋处置，禁止将死亡刺参直接堆放到养殖池坝上，以免造成病原的滋生和传播。

五、技术依托单位

中国水产科学研究院黄海水产研究所
联系地址：山东省青岛市市南区南京路 106 号
邮政编码：266071
联　系　人：王印庚，廖梅杰
联系电话：0532-85817991，0532-85841732

· 60 ·

稻田绿色种养技术

一、技术概述

1. 技术基本情况　稻田绿色种养是一种将水稻种植和水产养殖相结合的复合农业生产方式，具有产出高效、资源节约、环境友好的特点。目前已形成稻—鱼、稻—蟹、稻—虾、稻—鳖、稻—鳅五大类模式。

2. 技术示范推广情况　稻田绿色种养具有稳粮、促渔、提质、增效、生态、环保等作用，是实现经济、生态、社会效益协调发展的重要农业生产方式。目前已在黑龙江、吉林、辽宁、浙江、安徽、江西、福建、湖北、湖南、重庆、四川、贵州、宁夏等 13 个示范省份建立 100 多万亩核心示范区。

3. 提质增效情况　在稻田绿色种养生态系统中，物质就地良性循环，能量朝着稻、鱼（虾、蟹、鳖、鳅）双方都有利的方向流动，稻田中的杂草和害虫为鱼类提供了食物，而水稻的生长则净化了水质，从而形成了稻鱼互利共生生态系统，实现了"以渔促稻、提质增效、生态环保、保渔增收"的发展目标。水稻亩产量稳定在 500 千克以上，平均增产 5% ～ 15%；泥鳅亩产 50 千克以上，蟹亩产 25 千克以上，小龙虾亩产 100 千克以上，鳖亩产 300 千克以上，各种鱼类平均亩产 50 千克以上。而且化肥、农药使用量平均减少 50% 以上。整体来看，该模式的综合效益增长 50% 以上。

4. 技术获奖情况　1994 年获中国水产科学研究院科技进步奖二等奖。

二、技术要点

1. 稻田工程实施

（1）加固、加高田埂。放鱼前应修补、加固、务实田埂，不渗水、不漏水。丘陵地区的田埂应高出稻田平面 40 ～ 50 厘米，平原地区的田埂应高出稻田平面 50 ～ 60 厘米，冬闲水田和湖区低洼稻田应高出稻田平面 80 厘米以上。田埂截面呈梯形，埂

稻田养鱼的田埂

底宽 80～100 厘米,顶部宽 40～60 厘米。

（2）开挖鱼溜、鱼沟。

鱼溜：养鱼稻田鱼溜的数量视稻田的面积大小确定，位置紧靠进水口的田角处或中间，形状呈长方形、圆形或三角形。鱼溜的四壁用条石、砖石或其他硬质材料和水泥护坡，位置相对固定。溜埂高出稻田平面 20～30 厘米，并要沟沟相通、沟溜相通。培育鱼种的鱼溜面积占稻田面积的 5%～8%，深度为 80～100 厘米；饲养食用鱼的鱼溜面积占稻田面积不超过 10%，深度为 100～150 厘米。

鱼沟：主沟位于稻田中央，宽 30～60 厘米，深 30～40 厘米；稻田面积 0.3 公顷以下的呈"十"字形或"井"字形，面积 0.3 公顷以上呈"井"字形或"目""囲"字形。围沟开在稻田四周，距离田埂 50～100 厘米,宽 100～200 厘米，深 70～80 厘米。在插秧 3～4 天后，根

稻田养鱼的鱼沟

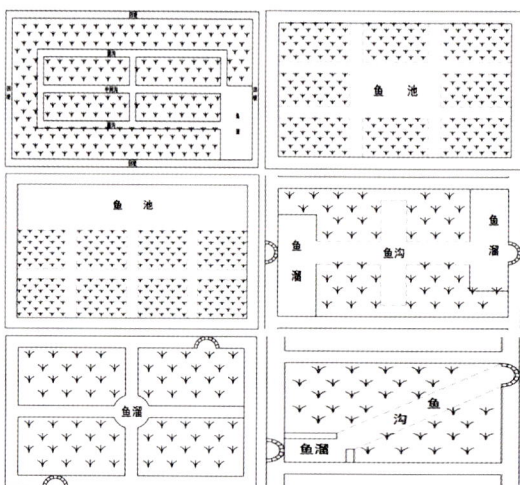

稻田养鱼的鱼沟开挖方式示意图

据稻田类型、土壤、作物茬口、水稻品种和鱼种放养规模的不同要求开好垄沟，一般垄宽 50～100 厘米，垄沟宽 70～80 厘米，垄沟深 25～30 厘米。开挖围沟的表层泥土用来加高垄面，底层泥土用来加高田埂。

（3）进、排水口。进、排水口设在稻田相对两角田埂上，用砖、石砌成或埋设涵管，宽度因田块大小而定，一般为 40～60 厘米，排水口一端田埂上开设 1～3 个溢洪口，以利控制水位。

（4）防逃设施。

稻—鱼共作防逃设施:拦鱼栅用塑料网、金属网、网片编织。其网目大小因鱼规格而异，全长为 1.5～2.5 厘米的鱼,网目为 0.2 厘米；全长为 3.3～16.5 厘米的鱼,网目为 0.4 厘米。其宽度为排水口宽度 1.6 倍，并高于田埂。拦鱼栅呈"⌒"或"∧"形安装，在进水口处，其凸面朝外；在出水口处，其凸面向内，入泥深度 20～35 厘米，并把栅桩夯打牢固。

稻—鳖共作防逃设施：鳖有用四肢掘穴和攀登的特性，因此防逃设施的建设是稻田养鳖的重要环节。应在选好的稻田周围用砖块、水泥板、木板等材料建造高出地面 50 厘米的围墙，顶部压沿，内伸 15 厘米，围墙和压沿内壁应涂抹光滑。并搞好进排水口的防逃设施。

稻—虾共作防逃设施：田埂四周用塑料网布建防逃墙，下部埋入土中 10～20 厘米，上部高出田埂 0.5～0.6 米，每隔 1.5 米用木桩或竹竿支撑固定，网布上部内侧缝上宽度为 30 厘米左右的钙塑板形成倒挂。在进排水口安装铁丝网或双层密网（20 目左右）。

稻—蟹共作防逃设施：河蟹放苗前，每个养殖单元在四周田埂上构筑防逃墙。防逃墙材料采用尼龙薄膜，将薄膜埋入土中 10～15 厘米，剩余部分高出地面 60 厘米，其上端用草绳或尼龙绳作内衬，将薄膜裹缚其上，然后每隔 40～50 厘米用竹竿作桩，将尼龙绳、防逃布拉紧，固定在竹竿上端，接头部位避开拐角处，拐角处做成弧形。进排水口设在对角处，进、排水管长出坝面 30 厘米，设置 60～80 目防逃网。

稻—鳅共作防逃设施：加固增高田坎，设置防逃板或防逃网，防逃板深入田泥 20 厘米以上，露出水面 40 厘米左右，或者用纱窗布沿到四周围栏，纱窗布下端埋至硬土中，纱窗布上端高出水面 15～20 厘米。在进、出水口安装 60 目以上的尼龙纱网两层，纱网夯入土中 10 厘米以上。

稻田养鱼的防逃网

2. 养殖生物放养

（1）放养品种。以草鱼、鲤鱼、罗非鱼、鲫鱼、革胡子鲇鱼、泥鳅、鳖、虾、蟹等草食性及杂食性鱼类为主，鲢鱼、鳙鱼等滤食性鱼类为辅。

（2）鱼类放养。鱼苗、鱼种的放养密度如下表所示。

（3）鳖类放养。一般水稻亲鳖种养模式，一般在 5 月初先种稻，5 月中下旬放养亲鳖；亩放养数在 200 只左右，放养规格为 0.4～0.5 千克/只。水稻商品鳖种养模式，一般在 5 月底至 6 月上旬种植水稻，7 月中上旬放养鳖；亩放养数在 600 只左右，放养规格为 0.2～0.4 千克/只。水稻稚鳖培育种养模式，一般在 6 月下旬种植水稻，7 月下旬放养当年培育的稚鳖，亩放养数 1 万只。放养前要用 15～20 毫克/升的高锰酸钾溶液浸浴 15～20 分钟，或用 1.5% 浓度食盐水浸浴 10 分钟。

（4）虾类放养。一般在每年 8～10 月或翌年的 3 月底。第一种方式是在水稻收获

鱼苗、鱼种的放养密度表

饲养类型	稻田类型		鱼苗鱼种放养数量			
			鱼苗数量	放养规格	鱼种数量	放养规格
培育鱼种	育秧田		$(22.5 \sim 30.0) \times 10^4$	鱼苗	/	/
	双季稻田		$(3.0 \sim 4.5) \times 10^4$	鱼苗	/	/
培育大规格鱼种	中稻或一季晚稻田		/	/	$(1.50 \sim 1.95) \times 10^4$	3.3 ~ 5.0 厘米
	起垄、开沟稻田		/	/	$(2.25 \sim 3.00) \times 10^4$	3.3 ~ 5.0 厘米
饲养食用鱼	一季稻冬闲田或湖区低洼田	北方	/	/	$(0.075 \sim 0.150) \times 10^4$	3.3 ~ 5.0 厘米
		南方	/	/	$(0.45 \sim 0.75) \times 10^4$	3.3 ~ 5.0 厘米
	起垄、开沟稻田		/	/	$(0.75 \sim 1.20) \times 10^4$	3.3 ~ 5.0 厘米

注：食用鱼中放养比例为草鱼 50% ~ 60%，鲤鱼、鲫鱼 20% ~ 30%；鲢鱼、鳙鱼 10% ~ 20%；或鲤鱼、鲫鱼 60% ~ 80%，草鱼、罗非鱼、鲢鱼、鳙鱼 20% ~ 40%。

后放养大规格虾种或抱卵亲虾，初次养殖的每亩投放 20 ~ 30 千克，已养稻田每亩投放 5 ~ 10 千克，雌雄比（2 ~ 3）∶1，主要是为第二年生产服务。第二种方式是放养虾苗，规格 3 厘米左右（250 ~ 600 只 / 千克），每亩投放 30 ~ 50 千克约 1.5 万尾。虾种放养前用 3% ~ 5% 食盐水浸浴 10 分钟，杀灭寄生虫和致病菌。

（5）蟹类放养。根据杂草在平耙地后 7 天萌发、12 ~ 15 天生长旺盛的规律，可在此期间投放蟹种，从而充分利用杂草这种天然饵料。稻田养殖成蟹放养密度以 400 ~ 600 只 / 亩为宜。在放养前用浓度为 20 ~ 40 毫克 / 升水体的高锰酸钾或 3% ~ 5% 的食盐水浸浴 5 ~ 10 分钟。

（6）鳅类放养。放养时间方面，一般在插秧后放养鳅种，单季稻放养时间宜在第一次除草后放养，双季稻放养时间宜在晚稻插秧后放养。放养密度方面，根据规格而定，规格为 3 ~ 4 厘米 / 尾的鳅苗，放养密度为 15 ~ 20 尾 / 米^2；规格为 5 ~ 6 厘米 / 尾的鳅苗，放养密度为 10 ~ 15 尾 / 米^2；规格为 6 ~ 8 厘米 / 尾的鳅苗，放养密度为 10 尾 / 米^2。

鳅苗在下池前要进行严格的鱼体消毒，杀灭鳅苗体表的病原生物，并使泥鳅苗处于应激状态，分泌大量黏液，下池后能防止池中病原生物的侵袭。鱼体消毒的方法是：先将鳅苗集中在一个大容器中，用 3% ~ 5% 的食盐水或者 8 ~ 10 毫克 / 升的漂白粉溶液浸洗鳅苗 10～15 分钟，捞起后再用清水浸泡 10 分钟左右，然后再放入养鳅池中，具体的消毒时间视鳅苗的反应情况灵活掌握。

3. 饲养管理

（1）水的管理。在水稻生长期间，稻田水深应保持 5～10 厘米；收割稻穗后，田水保持水质清新，水深在 50 厘米以上，定期疏通鱼沟，保证水流通。有条件的情况下可在鱼沟中安装增氧设备。

稻田养鱼的环沟布设微孔曝气装置

（2）防逃。经常检查防逃设施、田埂有无漏洞，加强雨期的巡察，及时排洪、捞渣。

（3）投饵。

稻—鱼共作：投喂定点，选在相对固定的鱼溜和鱼沟内，每天上午、下午各投喂一次。配合饲料应符合相关标准；青饲料应清洁、卫生、无毒、无害。配合饲料按鱼总体重的 2%～4% 投喂；青饲料按草食性鱼类总体重的 15%～40% 投喂。对不投喂的稻田养鱼，鱼类则直接利用稻田中的天然饵料。

稻—鳖共作：1～2 龄鳖个体较小，饵料以水生昆虫、蝌蚪、小鱼、小虾、水蚯蚓、鱼下脚料等制成的新鲜配合饲料为主。3 龄以上的鳖咬食能力较强，以螺蛳、河蚬、河蚌等带壳的鲜活贝类为主食，适当投喂大豆、玉米等植物性饲料，也可投喂人工配合饲料。投喂饲料要做到定时、定位、定量。每天投喂量为其体重的 8%～12%，分上午、下午两次投喂。

稻 虾共作：稻田养虾一般不要求投喂，在小龙虾的生长旺季可适当投喂一些动物性饲料，如锤碎的螺、蚌及屠宰厂的下脚料等。8～9月以投喂植物性饲料为主，10～12月多投喂一些动物性饲料。日投喂量按虾体重的6%～8%安排。冬季每3～5天投喂1次，日投喂量为田中虾体重的2%～3%。从翌年4月开始，逐步增加投喂量。

稻—蟹共作：饵料投喂要做到适时、适量，日投饵量占河蟹总重量的5%～10%，主要采用观察投喂的方法，注意观察天气、水温、水质状况、饵料品种灵活掌握。河蟹养殖前期，饵料品种一般以粗蛋白含量在30%的全价配合饲料为主。河蟹养殖中期的饵料应以植物性饵料为主如黄豆、豆粕、水草等，搭配全价颗粒饲料，适当补充动物性饵料，做到荤素搭配、青精结合。后期，饵料主要以粗蛋白含量在30%以上的配合饲料或杂鱼等为主，可以搭配一些高粱、玉米等谷物。

稻—鳅共作：一般以稻田施肥后的天然饵料为食，再适当投喂一些米糠、蚕蛹、畜禽内脏等。一天投2次，早、晚各一次。鳅苗在下田后5～7天不投喂饲料，之后每隔3～4天投喂米糠、麦麸、各种饼粕粉料的混合物、配合饲料。日投喂量为田中泥鳅总重量的3%～5%；具体投喂量应结合水温的高低和泥鳅的吃食情况灵活掌握。到11月中下旬水温降低，便可减投或停止投喂。在饲养期间，还应定期将小杂鱼、动物下脚料等动物性饲料磨成浆投喂。

（4）施肥。

肥料种类：有机肥如绿肥、厩肥，无机肥如尿素、钙磷镁肥等，有机肥应经发酵腐热，无机肥应符合相关标准。

基肥：一般每公顷施厩肥2 250～3 750千克、钙镁磷肥750千克、硝酸钾肥120～150千克。

追肥：施追肥量每次为尿素112.5～150.0千克/公顷。施化肥分两次进行，每次施半块田，间隔10～15天施肥一次。不得直接撒在鱼溜、鱼沟内。

（5）鱼病防治。采用"预防为主，防治结合"的原则，鱼种入稻田前须严格消毒，草鱼病采用免疫方法防治，在鱼病多发季节，每15天可投喂一次药饵。发现鱼病及时对症治疗。

4. 捕捞

（1）捕捞时间。稻谷将熟或晒田割稻前，当鱼长到商品规格时，就可以放水捕鱼；冬闲水田和低洼田养的食用鱼或大规格鱼种可养至第二年插秧前捕鱼。

（2）捕捞方式。捕鱼前应疏通渔沟、鱼溜，缓慢放水，使鱼集中在渔沟、鱼溜内，在出水口设置网具，将鱼顺沟赶至出水口一端，让鱼落网捕起，迅速转入清水网箱中暂养，分类统计，分类处理。

三、适宜区域

全国水稻种植区均适宜推广该模式，可根据各地区的水产养殖和消费特点选择适宜的水产养殖品种。

四、注意事项

（1）稻种宜选用抗病、防虫品种，减少使用农药。

（2）水稻病害防治贯彻"预防为主，综合防治"的植保方针，选用抗性品种，实施健身栽培、选择合理茬口、轮作倒茬、灾情期提升水位等措施做好防病工作。防治水稻病虫害，应选用高效、低毒、低残留农药，主要品种有扑虱灵、稻瘟灵、叶枯灵、多菌灵、井岗霉素。水稻施药前，先疏通鱼沟、鱼溜，加深田水至 10 厘米以上，粉剂趁早晨稻禾沾有露水时用喷料器喷，水剂宜在晴天露水干后喷雾器以雾状喷出，应把药喷洒在稻禾上。施药时间应掌握在阴天或 17：00 以后。

（3）鱼病防治采用"预防为主，防治结合"的原则。

（4）防敌害生物，及时清除水蛇、水老鼠等敌害生物，驱赶鸟类。如有条件，可设置诱虫灯和防天敌网。

（5）在鱼类生长季节要加强投喂，否则会严重影响鱼类的产量和规格。

（6）养殖期间尽量多换水，保证水质清新。

（7）发展稻田绿色种养适宜规模化发展，集中连片，方能充分发挥综合效益。

（8）做好进排水设施构建，提高防洪抗旱能力。

（9）对于泥鳅、小龙虾等品种，要增高加固田坎，防逃网要深挖，防止逃逸。

（10）注重鱼米品牌打造和价值开发，提高产品质量和效益。

五、技术依托单位

中国水产科学研究院淡水渔业研究中心

联系地址：江苏省无锡市滨湖区山水东路 9 号

邮政编码：214081

联 系 人：邴旭文

联系电话：0510-85558719

电子邮箱：bingxw@ffrc.cn

. 61 .

深水抗风浪网箱养殖技术

一、技术概述

网箱养殖是我国海水养殖的主要生产方式之一，年养殖产量约占全国海水鱼类养殖总产量的 40%。网箱养殖在提供优质动物蛋白质，满足水产品消费需求和增加渔民收入等方面发挥着重要的作用。然而，我国的海水网箱绝大多数为简陋的小型木结构网箱，由于抗风浪能力差，只能拥挤在风浪较小的浅海内湾水域，致使局部海域养殖容量超载，产业的可持续发展受到严峻挑战。同时，广袤的外海水域由于缺乏离岸养殖设施而难以得到有效利用。

为突破制约我国离岸深水海域网箱养殖技术瓶颈，实现海水网箱养殖业的健康可持续发展，自"九五"后期以来，我国在引进与借鉴的基础上，研制出适合我国海况条件的深水抗风浪网箱及配套养殖设施，研究并建立了各海区适宜养殖鱼类的深水网箱养殖技术与模式。相关研究成果先后获省部级科技奖励多项。成果的应用不仅取得了显著的经济、社会和生态效益，而且具有广阔的发展空间和应用前景。

"十三五"是加快渔业转方式调结构、促进渔业转型升级的关键时期，深水抗风浪网箱养殖契合了现代渔业绿色发展的新要求，是"转型升级水产养殖业，推进生态健康养殖"的重要推广模式。

目前我国已开发的深水网箱的周长可达 40 ~ 160 米，养殖水体 700 ~ 20 000 米^3，单网箱可产鱼 8 ~ 600 吨（依据不同的网箱规格和养殖种类），养殖水体和养殖产量是近海传统小型网箱的几十倍到几百倍。此外，深水网箱养殖不仅可有效减少病害、污染和台风等造成的损失，同时由于养出的鱼类品质好、售价高，而获得显著的经济效益。

二、技术要点

深水网箱养殖技术体系主要由深水网箱、配套养殖设施、养殖技术与工艺三部分构成。各部分的主要技术要点如下：

1. 深水网箱 目前，HDPE 圆形深水网箱、抗风浪金属网箱和钢制平台式网箱等 3 种类型网箱的国产化制作技术已相当成熟，用户在进行深水抗风浪网箱养殖时可根据下述参考条件选择适宜的网箱型式。

（1）HDPE 圆形深水网箱。该网箱是目前我国深水网箱养殖的主导类型。选择该网箱的养殖海区环境应达到如下要求：①受大风影响日期少，最好有避台风的掩蔽物，最大浪高小于 5 米；②海底地势平缓，坡度小，底质为沙泥或泥沙，便于固定、操作及污物吸收；③水体交换好，水质清新，有一定流速，一般以 0.3～0.8 米 / 秒为宜，如超过 1 米 / 秒，需有阻流措施；

HDPE 圆形深水网箱

④水深 15 米以上，最低潮位时网箱底部与海底能保持 5 米以上距离；⑤附近无大型码头、工厂，也不受污水排放、农田排水及山洪影响；⑥交通便捷、信息通畅，便于苗种、饵料、设施的供应及产品的销售。该网箱的适养品种主要为游泳性鱼类，如鲈鱼、大黄鱼、黑鲪、卵形鲳鲹、军曹鱼、六线鱼、河豚、石斑鱼和黄条鰤等。

（2）抗风浪金属网箱。该网箱主要有金属网衣、PET（聚对苯二甲酸）网衣和 PE（聚乙烯）、PA（聚酰胺，俗称尼龙）等合成材料网衣等。采用 PE 或 PA 网衣时，网箱的主要性能与 HDPE 网箱大致相同，因此在养殖海区和养殖鱼类品种选择上可参照 HDPE 圆形浮式网箱的条件要求。若选择的养殖海区流速较大（超过 0.8 米 / 秒）时，则推荐使用耐流性能好、不易造

抗风浪金属网箱

成擦伤鱼体的金属网衣或 PET 网衣。此外，在养殖具有"啃咬"习性的鱼类（如红鳍东方鲀、绿鳍马面鲀、斑石鲷等）时，金属或 PET 网可有效避免被鱼"咬破"而造成逃鱼的问题。

（3）钢制平台式网箱。该网箱框架的主浮管采用直径 0.5 米以上的优质钢管焊接而成，每组 4 个网箱（规格 15 米 ×15 米）呈"田"字形结构，中心设可供 4 个网箱使用的集中投饵系统。该网箱在北部湾海域使用，成功抵御了 13 级台风。

2. 配套养殖设施 深水网箱的主要配套养殖设施包括网箱投饵机（有单网箱固定式

钢制平台式网箱

和气力输送集中投饵式两种)、网箱清洗机、网箱起网设备、鱼类规格分选装置、渔获起捕设备（分为抄网起捕和吸鱼泵起捕)、网箱水下监视系统、养殖环境监测系统、养殖区夜间警示灯等。以上设施装备可根据养殖场自身条件和需要选配。

3. 养殖技术与工艺　主要包括适宜规格苗种培育、苗种转运与投放、饲料选择与投喂量、疾病防控及日常监测与管理等。需依据不同的养殖品种制订不同的养殖模式、技术工艺及养殖参数。

三、适宜区域

深水抗风浪网箱是一种集约化水产养殖设施，主要用于水深 15 米以上的深离岸半开阔或开阔海域的海水鱼类养殖，亦可用于水深适宜的湖泊、大型水库等内陆水域的淡水鱼类养殖。

四、注意事项

深水网箱养殖过程中应特别注意以下环节和要点：①根据海况条件和养殖种类选择适宜的网箱型式；②定期检查网箱设施的安全性，及时消除风险隐患，防止逃鱼；③在半开阔或开阔海域条件下，建议采用绳索框架缓冲式锚泊固定方式，切勿将深水网箱连片固定；④加强日常管理，包括监测水环境变化、注意天气变化、防止海上漂浮物、及时清除网衣附着物等；⑤严控病害发生，及时清除病死鱼；⑥注意人为破坏与偷盗，防护敌害破坏与鸟类捕食等。

五、技术依托单位

中国水产科学研究院黄海水产研究所
联系地址：山东省青岛市南京路 106 号
邮政编码：266071
联 系 人：关长涛，李娇
联系电话：0532-85821672，13964233159
电子邮箱：guanct@ysfri.ac.cn

. 62 .

淡水工厂化循环水健康养殖技术

一、技术概述

1. 技术基本情况 因成本制约因素，我国大部分工厂化水产养殖目前以流水式或半流水式养殖为主，全封闭循环水养殖模式仍较少。流水养殖和半封闭养殖方式产量低（每年10～15 千克／米 ^{2}）、耗能大、效率低，与先进国家技术密集型的循环水养殖系统相比，在设备、工艺、产量（最高每年可达 100 千克／米 ^{2} 以上）和效益等方面都存在着相当大的差距。

鉴于此，本技术在淡水工厂化循环水养殖领域具有较高的应用价值，尤其在水处理设备、系统循环率、系统辅助水体占比等关键性能方面接近国际水平。目前，借助本技术，已在广东、新疆、重庆、湖北、上海等地建立了多个工厂化循环水养殖示范基地，示范面积近 6 000 米 ^{2}，取得了良好收益。

2. 提质增效情况

（1）经济效益。按单套水处理系统服务 300 米 ^{3} 养殖水体计，年产可达 100 千克／米 ^{3} 以上，可年产 30 吨商品鱼，产值达 180 万元，毛利近 40 万元，经济效益十分可观。

（2）社会、环境、生态效益。本技术可使产出 1 千克鱼的能耗降低 20% 以上（小于 2.5 千瓦时／千克），大幅度降低系统的运行成本。同时，相同规模的工厂化循环水养殖设施系统与池塘养殖系统相比可以减少 10%～20% 的土地及 8～10 倍的用水，极大地减少生态环境的破坏，具备良好的环境生态效益。

二、技术要点

（一）转鼓式微滤机

传统的转鼓式微滤机存在筛网网目选择不合理的问题，颗粒物在接触细筛时，会长时间翻滚摩擦造成破碎，形成难去除的微小颗粒，同时存在传动效率低、反冲洗效果欠佳等问题。本技术根据养殖水的特点，在对循环水养殖水体中颗粒物粒径分布规律研究的基础上，对滤网网目与去除效率、反冲洗频率、耗水耗电等关系进行了实验研究。研究表明，200 目滤网处于目数与去除率、电耗关系曲线的拐点，是技术经济综合效果的最佳点。在结构优化方面，转鼓采用低阻力的中轴支撑结构，配置二级摆线针轮减速驱动；研究开发出能根据筛网阻塞程度智能判断的反冲去污装置，形成了 WL 型智能型转鼓式微滤机的系列产品；通过结构升级优化，显著提高了微滤机的节水节电性能，对 60 微米以上悬浮颗粒物的去除效率达 80% 以上，每处理 100 吨水耗电小于 0.3 千瓦时。设备不仅提高了水处理

转鼓式微滤机

能力，而且降低了运行能耗，与现有设备相比，去除率提高 20%，耗电节省 45% 以上。在生产应用中，该设备运行稳定、可靠，已达国内先进技术水平，并实现了出口。

（二）生物净化设备

1. 导流式移动床生物滤器　移动床生物滤器采用生物膜接触法，通过滤料表面附着生长的硝化细菌和亚硝化细菌群来降解水体中的氨氮、亚氮等有害有毒物质，净化水质。由于使用的浮性颗粒滤料，在剧烈鼓风曝气的作用下，能够与水呈完全混合状态，微生物生长的环境为气、液、固三相。养殖回水与载体上的生物膜广泛而频繁地接触，在提高系统传质效率的同时，加快生物膜微生物的更新，保持和提高生物膜的活性。与活性污泥法和固定填料生物膜法相比，移动床生物过滤器既具有活性污泥法的高效性和运转灵活性，又具有传统生物膜法耐冲击负荷、泥龄长、剩余污泥少的特点。

在结构优化方面，由于传统移动床生物滤器存在滤料运动不均匀、易出现较大运动死角等弊端，故在其腔体内引入导流板，将反应器分隔成 2 个区：提升区和回落区，在

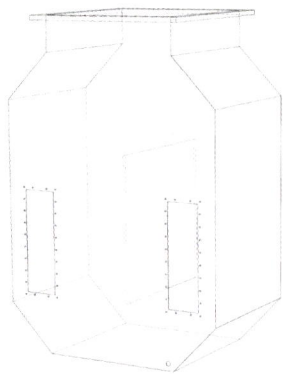

导流式移动床生物滤器

提升区底部安装有曝气装置，从而引导滤器中水体更好地循环流动，以提升过滤效率。该新型导流式移动床生物滤器的具体尺寸为：长度为 1 米，高度为 1.4 米，宽度为 0.5 米，有效水深为 1.2 米，升流区与降流区面积比为 3:4，导流板底隙高度为 0.25 米，导流板上方液面高度为 0.35 米，反应器四角倒成斜面

以方便水体循环。滤料选择带外脊的空心柱状 PE 材质生物滤料，比重为 0.95，在填充率为 40 %，进水氨氮浓度为 2 毫克 / 升，水力停留时间为 15 分钟，曝气速度为 0.6 米 / 秒的初始条件下，反应器运行 30 天后其滤料内表面的实际平均挂膜厚度为 80 微米，氨氮去除率达到了 25 %，水质净化效果良好。

2. 沸腾式移动床生物滤器　沸腾式移动床生物滤器根据移动床生物过滤技术基本原理而设计研发的另一种新型生物滤器。区别于导流式移动床生物滤器采用矩形反应器单侧曝气的结构形式，它创新地采用了圆形反应器。内部设计成为 2 个反应区，分别为沸腾区和降流区。沸腾区底部设置环形布气槽，在剧烈曝气条件下滤料上升移动，到达降流区后由于在水流的带动下逐步下沉到反应器底部，形成一种相对稳定的运动状态。此

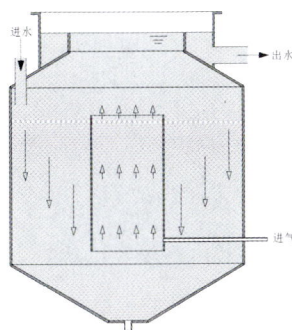

次选用的滤料为 PE 材质的空心柱状滤料，比重为 0.95，比表面积 500 米^2/ 米^3，滤料填充率为 40% ～ 50%。实验研究结果表明，在气水比（气体流量和水流量的比值）1 : 2 的条件下，沸腾式移动床生物滤器的氨氮处理效率能够达到 30% 以上。

沸腾式移动床生物滤器

3. 低压溶氧技术及设备　低压纯氧混合装置主要是根据气液传质的双膜理论，通过连续、多次吸收来提高氧气的吸收效率。该装置的工作流程为：水流经过孔板布水并形成一定厚度的布水层，以滴流形式进入吸收腔。吸收腔被分割成了数个相互串联的小腔体，提供了用以进行气液混合的接触空间。整个装置半埋于水下，使吸收腔密闭，水流从各个吸收腔底部流出。气路方面，纯氧从侧面注入，并从最后一个吸收腔通过尾气管排出吸收腔。

在基于上述理论研究的基础上，进行设备试制及性能

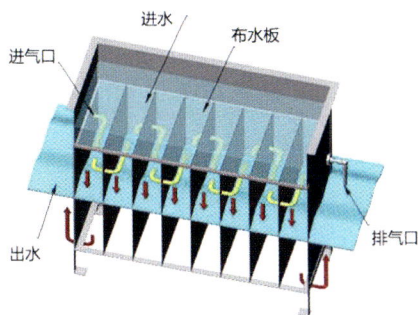

低压纯氧混合装置

研究。试验用的低压纯氧混合装置使用了 7 个小腔体作为吸收腔，装置尺寸为 0.20 米 ×0.35 米 ×1.00 米，截面积 0.07 米^2，布水板开孔率 10 %。试验采用单因子试验方法分别研究气液体积比、布水孔径、吸收腔高度等对溶解氧增量、氧吸收效率、装置动力效率的影响。结果显示，在水温 26 ～ 27 ℃、单位处理水流量 18 米^3/ 时，吸收腔高度 38 厘米条件下，当气液体积比从 0.006 7∶1 上升到 0.013 3∶1 后，平均氧吸收率从 72.62 % 下降到了 57.27 %，而平均出水溶解氧增量从 6.57 毫克 / 升上升到 10.37 毫克 / 升。低压纯氧混合装置的理想工作点在气液比 0.01∶1 左右。此时，出水溶解氧相对于源水增加 10 毫克 / 升左右，氧吸收效率大约为 70 %，在吸收腔高度 40 厘米时，出水溶解氧增量达到 10.9 毫克 / 升，低压纯氧混合装置的动力效率就能达到吸收氧气 6.63 千克 / 千瓦时。由此可见，该装置在节能效果上的表现是比较突出的，可以满足循环水繁育系统节能、节本和减低维护强度的要求。

4. XW 系列漩涡分离器 XW 系列漩涡分离器是一种分离非均相液体混合物的设备，主要由六大部分组成，分别为筒体、溢流堰、进水管、出水管、排污管和支架等。该设备采用水力旋流分离技术，在离心力的作用下根据两相或多相之间的密度差来实现两相或多相分离的。由于离心力场的强度较重力场大得多，因此漩涡分离器比重力分离设备（沉淀池）的分离效率要高得多。其工作原理为：养殖废水沿切向进入分离器时，在圆柱腔内产生高速旋转流场，混合物中密度大的组分（固体颗粒）在旋转流场的作用下沿轴向向下运动，形成外旋流流场，在到达锥体段后沿器壁向下运动，最终沉淀在锥体底部（定期排污），密度小的组分（水）沿中心轴向运动，并在轴线方向形成一向上运动的内旋流，越过溢流堰从出口流向下一水处理环节，从而实现固液分离集污排污的功能。

在养殖中，一般多与鱼池双排水系统相结合配套使用，作为底部污水的初级过滤处理设备，具有以下工作特点：占地面积少、结构紧凑，处理能力强；易安装、质量轻、操作管理方便；连续运行、无须动力，固体颗粒物去除率最高可达 50% 以上；效果好、投资少、不易堵塞等优点。

5. CO$_2$ 脱气塔 在高密度循环水养殖系统中，CO$_2$ 浓度很高，需采用装置及时将其从系统中去除。CO$_2$ 去除试验装置为一直立式圆筒，主要由筒体、出水口、进气口、液体分布器、填料支撑板和填料等组成。液体分布器的开孔率为 15.6%，填料高度为 1 米，填料种类选择为直径 25 毫米 ×25 毫米鲍尔环，由聚丙烯塑料制成。内有填料乱堆或整砌在靠近塔底部的支撑板上，气体从塔底部被风机送入，液体在塔顶经过分布器被淋洒到填料层表面上，在填料表面分散成薄膜，经填料间的缝隙流下，亦可能成液滴落下，填料层的表面就成为气、液两相接触的传质面。CO_2 在水中的溶解度符合亨利定律，即在一定的温度下，气体在水中的溶解度与液面上该气体的分压成正比，因此只要水面上气体中 CO_2 的分压很小，水中的 CO_2 就会从水中逸出，这一过程称为解吸。空气中 CO_2 的含量很少，其分压约为大气压的 0.03%。因此，常用空气作为 CO_2 去除装置的介质，其经鼓风机被送入 CO_2 去除装置的底部，在填料表面与水充分接触后，连同逸出的 CO_2 一起从塔顶排出，含有 CO_2 的水从塔体上部进入经液体分布器淋下，在填料表面与空气充分接触逸出 CO_2 后，从下部的出水口流出，从而实现 CO_2 的去除。

根据气体交换原理，设计了养殖水体的 CO_2 去除装置，采用试验设计（DOE）的方法，对 CO_2 去除效果进行研究。三因子二水平的正交试验结果表明：G/L 对 CO_2 去除率的影响最显著，水力负荷、进水 CO_2 浓度及因子间的交互作用对 CO_2 去除率影响不显著。G/L 变化对 CO_2 去除率影响的试验结果表明：当 G/L=1 ～ 5 时，随着 G/L 的增加，CO_2 去除率增加较快；当 G/L > 8 时，随着 G/L 的增加，去除率增加平缓。综合考虑系统节能和 CO_2 的去除效果，本装置在 G/L=5 ～ 8 时运行最佳，去除率为 80% ～ 92%。

6. 多参数水质在线自动监控系统　水质自动监测系统通过相关模块的功能，实时将水质参数如氨氮浓度、溶氧量、pH 等显示出来，便于工作人员及时了解水质情况，实现监测、调控一体化，提高设备的自动化程度，减轻工人劳动强度。

水质自动监测主要承担车间内养殖水质的全天候实时监测，由多参数传感器监测的水质参数通过计算机处理后供科学研究、养殖管理和控制水处理设备使用，系统所选用的传感器具备集成化、微型化、智能化、网络化特点，水质探头和监测仪表集合到中央控制系统，具有实时数据采集、存储、查询、统计、故障报警及记录、报表打印功能。

系统采用手动和自动两种控制方式进行调控，上位机采用 mcgsTpc 嵌入式一体化触摸屏，作为本监控系统的人机交互界面，实现监控工程显示，通信连接，参数设置，实时曲线显示和历史数据的保存、查询和导出、数据采集与处理等功能。以 CO_2 参数控制为例，下位机选用 PLC，用于控制 CO_2 去除装置和计量泵的启停，上位机与下位机采用 PPI（点对点接口）通信协议，CO_2 去除装置和计量泵的启停可通过在上位机监控工程窗口中触发。pH 传感器实时自动监测养殖水体中的 pH，因 pH 是模拟量，故采用 A/D 转换模块进行转换，然后通过 PPI 接口将数据送给上位机，并在上位机内显示、保存数据，由控制算法计算出控制结果，再通过 PPI 接口将数据送给 D/A 转换模块，驱动执行机构动作，自动加碱调节 pH，使其与期望值一致。pH 控制算法采用的是增量式 PID 控制算法，通过在上位机中编写脚本程序实现，执行机构采用能够无法调节流量的计量泵。

7. 导轨式自动投饲系统 导轨式自动投饲系统由工业微型计算机作为控制终端，同时接有触摸显示屏。其有外源电及自有电源模块供电两种方式，通过行走装置运行在鱼池上方的 H 型钢轨上。行走装置由电流驱动，采用射频识别技术实现自动定位、区别车间内各鱼池。养殖人员根据需求通过触摸屏调整运行模式和运行参数，控制终端根据制订的投饲方案、水质监测方案和视频监控方案控制整个投饲系统的运行，也可以在车间内的主控室实现对其控制。每次动作完成后，控制终端把投饲量、水质监测数据保存和传输给主控室。

在导轨式自动投饲系统方面，对轨道安装方式、自动补料设备及控制系统等进行了优化，并完成了一套试验系统的加工、安装和初步测试，进一步提高了系统可靠性和自动化水平。开发了一套基于柔性绞龙输送技术的自动补料系统，料仓容积 1.5 米^3，补料速度 20 千克 / 分钟。开发了基于 PLC、PC 和易控软件平台的远程无线控制系统，人机交互功能进一步增强。增加了视频监控模组，实现远程在线监控投饲动作执行情况和吃食情况。优化了轨道吊装夹具模块和支架，实现轨道在安装现场的三维度快速可调，提高了轨道现场安装的便利性和轨道整体的平整性和稳定性，可实现对多个循环水养殖池的自动精准投喂。

导轨式自动投饲系统

8. 淡水工厂化循环水养殖系统 淡水工厂化循环水养殖是通过综合集成现代生物学、建筑学、化学、电子学、流体力学和工程学等领域的技术，通过物理、生物等手段和设备把养殖水体中的有害固体物、悬浮物、可溶性物质和气体从水体中排出或转化为无害物质，并补充溶氧，使水质满足鱼类正常生长需要，并实现高密度养殖条件下水体的循环利用的一个适用性强、通用性好、节能高效的高密度工厂化循环水养殖系统。

具体来说是利用上述设备去除养殖水体中的残饵、粪便及 TAN、NO_2-N 等有害物质，再经消毒增氧、去除 CO_2、调温后输回养殖池实现养殖用水的循环利用，这样可大大节约水资源，使养殖水体持续保持高溶氧状态和稳定的水质环境，显著提高单位水体生产力，最终达到高产高效的目的。

淡水工厂化循环水养殖系统

三、适宜区域

工厂化循环水养殖是一种现代工业化生产方式，基本上不受自然条件的限制，可以根据需要在任何地点建立海水或淡水的养殖生产系统，达到生产过程程序化、机械化的要求。一般来说，此技术更适宜在水资源匮乏，气候条件恶劣的情况进行推广，因为在这种条件下传统养殖模式无法进行正式运作，构建循环水养殖系统进行生产必将带来巨大的经济效益，这也体现了此技术的优越性。

四、注意事项

此技术汇集了水产养殖学、微生物学、环境科学、信息与计算机学等学科知识于一体，本身科技含量较高，企业需配有掌握此方面技术的养殖人员，以便科学、高效地管理构建的循环水养殖系统。总体来说，最需注意的有以下几点：

（1）确保电力充足。此技术最怕停电，一旦突然停电，需进行及时处理。

（2）定期查看设备运行情况。如水泵是否正常运转、管路是有漏水地方，发现问题及时处理。

（3）确保 pH 稳定。由于生物滤器硝化反应耗碱及鱼类的呼吸作用，养殖水体中的 pH 会持续下降，pH 的下降会影响生物滤器的性能及鱼类的生长，因此需确保 pH 的稳定。

（4）定期检测水质。养殖水质的好坏直接影响鱼类的生长，需定期检测养殖水体的水质，如发现问题以便及时做出调整。

（5）定期排污。由于是高密度封闭养殖，投饲量较大，养殖对象排泄物较多，需及时排出系统。

五、技术依托单位

中国水产科学研究院渔业机械仪器研究所
联系地址：上海市杨浦区赤峰路 63 号
邮政编码：200092
联 系 人：吴凡
联系电话：021-65975955
电子邮箱：wufan@fmiri.ac.cn

· 63 ·

农田残膜机械化回收技术

一、技术概述

1. 技术基本情况 2017 年我国地膜使用量达到 143.7 万吨，覆盖面积达 2.8 亿亩。地膜覆盖栽培技术在有效促进农业生产水平的同时，带来的残膜污染问题日益突出。习近平总书记指出，要加强农业面源污染治理，提高农膜回收率。农业农村部认真贯彻落实党中央、国务院的决策部署，将农膜污染防治作为打好农业农村污染治理攻坚战的重要举措，着力解决农膜污染问题。本技术通过研制并应用示范农田残膜机械回收技术新产品，实现机械化清除残膜、净化土壤，提升我国农田残膜污染机械化治理整体水平。

2. 技术示范推广情况 在新疆兵团重大科技专项"农田残膜污染防治关键技术装备集成与示范"（2014—2016 年）的支持下，已研发了 13 种新机型，在兵团第一师单位进行了应用示范。2017 年，耐候性地膜全回收技术取得突破性进展，并进行了 300 亩地的试验，回收效果显著。2018 年，在农业农村部的支持下，完成近 2 万亩耐候地膜的回收示范，达到了预期效果，为更大范围的推广实施奠定了基础。

新疆棉花耐候性地膜应用试验

3. 提质增效情况 立秆搂膜技术有以下优势：机具成本低、效率高、操作简单，有效降低土壤地膜残留量，对保护耕地及实现农业的可持续发展有着巨大生态效益。耐候性地膜全回收技术，机具可同时实现起膜、上膜、清杂、脱膜、残膜打卷等全套作业程序，具有负荷轻、清杂效率高、回收的残膜完整、能自动打卷等特点，残膜回收率在 90% 以上，且膜杂较好分离，为残膜资源化利用提供条件。耕层残膜回收技术，针对耕层进行旋耕、提土、破碎、筛选、传送、回收，进而实现对 20 厘米耕层内的残膜进行回收，残膜回收率为 50% ～ 60%。

二、技术要点

1. 立秆搂膜技术 主要针对当前普遍使用的传统地膜。该机具成本低、效率高、操作简单，有效降低土壤地膜残留量，对保护耕地及实现农业的可持续发展有着巨大生态效益。本技术是使用残膜回收机械对农田当年地表残膜及历年存留在耕层的残膜进行回收，在作物收获后、耕整地前，将田间的残地膜收起。北方地区受气候影响，秋后收膜常与灭茬、耕地作业结合在一起形成复式作业。

立秆搂膜技术装备

2. 耐候性地膜全回收技术 主要针对新型耐候性地膜，该机具可同时实现起膜、上膜、清杂、脱膜、残膜打卷等全套作业程序。具有负荷轻、清杂效率高、回收的残膜完整、能自动打卷等特点，残膜回收率在 90% 以上，且膜杂较好分离，为残膜资源化利用提供条件。本技术指使用高强度、耐老化的耐候性地膜，采用具有起膜、卜膜、清杂、脱膜、卷收一体化回收设备进行回收。

耐候性地膜全回收技术装备

3. 耕层残膜回收技术　主要针对耕层内的残碎膜，结合春耕犁地作业（作物播前）进行残膜回收作业。通过对耕层进行旋耕、提土、破碎、筛选、传送、回收，可将地表及耕层 20 厘米内的残碎膜捡拾，残膜回收率应达 50% ～ 60%。

耕层残膜回收技术装备

三、适宜区域

　　立秆搂膜技术适宜于西北地区，以新疆和甘肃为重点，包括宁夏和内蒙古的部分地区。耐候地膜全回收技术适宜于田块地势平坦、集中连片的地区，尤其是西北、东北等大面积地膜覆盖栽培区域。耕层残膜回收技术适宜于播前、耕层地膜的回收，适宜于西北、东北等大面积地膜覆盖栽培区域。

四、注意事项

（1）立秆搂膜技术。一是选用机具应考虑残膜与茎秆、叶片、杂草混杂及裹土问题，如果能分离，干净的地膜可以回收再利用，从而提高经济效益，而且可减轻机具作业的负荷，提高集膜箱的有效容积。二是缠绕问题，应尽量使各工作部件表面光滑，同时应在易发生缠绕处放置刮刀和卸膜机构，以便及时刮断缠绕的残膜，将收起的残膜卸掉，送入集膜箱，这些措施都可以有效防止残膜的缠绕。

（2）耐候地膜全回收技术。一是选用符合性能要求的耐候性地膜。二是机具行进速度不要超过地膜拉伸强度极限。三是接行间压入土壤中的边膜要注意回收干净，以免进入耕层。

（3）耕层残膜回收技术。一是深度不易过深和过浅，过深机具负荷过大，过浅耕层地膜回收不彻底。二是合理控制机具前进速度，防止土壤拥堵，降低回收效果。

五、技术依托单位

1. 石河子大学

联系地址：新疆维吾尔自治区石河子市北四路 221 号

邮政编码：832000

联 系 人：陈学庚，张若宇

联系电话：18935701717

电子邮箱：chenxg130@sina.com

2. 农业农村部农业生态与资源保护总站

联系地址：北京市朝阳区麦子店街 24 号楼

邮政编码：100025

联 系 人：徐志宇，薛颖昊

联系电话：010-59196397

电子邮箱：nybstzzhbc@163.com

3. 中国农业科学院农业环境与可持续发展研究所

联系地址：北京市海淀区中关村南大街 12 号

邮政编码：100081

联 系 人：严昌荣，刘勤

联系电话：010-82106018

电子邮箱：yanchangrong@caas.cn

.64.

玉米大豆轮作条件下秸秆全量还田技术

一、技术概述

1. 技术基本情况 东北三省主要农作物秸秆资源总量达 1.7 亿吨左右，其中，玉米秸秆占秸秆总产量的 71.6%，而资源化利用率低于 60%。秸秆还田是增加土壤有机质、提高土壤肥力最直接、有效的途径，也是全面禁止秸秆焚烧、减少环境污染最有力的技术保障。玉米大豆轮作条件下秸秆全量还田技术是在 3 年玉米连作和 2 年玉米、1 年大豆轮作为种植结构的基础上，集成保护性耕作与深浅轮耕、化肥减施、化学除草与病虫害生态防控等单项技术的配套栽培技术体系。

2. 技术示范推广情况 自 2012 年起，在黑龙江省北部高寒黑土区上开展玉米大豆轮作下秸秆全量还田技术，消减大豆连作障碍问题，目前已进行了大面积的示范与推广。

3. 提质增效情况 与常规技术相比，玉米—大豆轮作深耕 / 免耕 / 免耕和玉米连作深耕 / 浅耕 / 免耕模式，玉米减肥 10% ～ 15%，大豆底肥减氮 30% ～ 50%，亩增收节支 100 ～ 150 元，实现了农业资源的生态化利用和农业生产的绿色、节本、增效。

4. 技术获奖情况 "黑土区连作大豆土壤障碍消减及最佳养分管理技术"2016 年度获黑龙江省科技进步奖一等奖。2017 年制定了"黑土区大豆玉米轮作减量施用化肥技术规范"和"黑土区大豆玉米轮作条件下秸秆还田技术规范"两项地方标准。

二、技术要点

1. 连作秸秆全量还田 采取深耕 / 浅耕 / 免耕模式。第一年深耕，即玉米秸秆全量深

秸秆粉碎灭茬

秸秆浅翻还田

秸秆深翻还田

玉米连作免耕播种

翻至 30 厘米以下土层；第二年浅耕，即玉米秸秆全量浅翻至 20 厘米以下土层；第三年免耕，即玉米秸秆灭茬后，直接覆盖地表。玉米收获时，联合收割机需将玉米秸秆自然抛撒于地表面，留茬高度低于 15 厘米，用灭茬机进行秸秆灭茬破碎后，再进行翻耕还田。

2. 轮作秸秆全量还田　采取深耕/免耕/免耕模式。第一年深耕，即玉米秸秆全量深翻至 30 厘米以下土层；第二年免耕，即玉米秸秆灭茬后，直接覆盖地表；第三年免耕，即大豆收获后，秸秆覆盖地表。大豆收获时秸秆粉碎长度低于 5 厘米，需均匀抛洒于地表。

玉米大豆轮作免耕

玉米大豆轮作

3. 耙地和起垄　秋季作物收获后，根据土壤墒情及时进行整地。土壤较湿地块，翻耕后需晾晒 5～7 天，用圆盘耙耙地 1～2 次，然后利用联合整地机起垄至待播状态。对于黏重的草甸土，可在翻耕后的第二年春季完成耙地、起垄作业。

4. 播种与施肥

选种：选用适于当地种植的高产、优质、抗性强的玉米和大豆品种。精选种子，保证发芽率，玉米保苗 6 万～7 万株/公顷、大豆保苗 28 万株/公顷左右。

适期播种：当地表温度稳定通过 8～10℃以上，根据土壤墒情适期播种。

施肥：底肥采取侧深施肥方式。肥距种子一侧 4～5 厘米，种下 8～10 厘米处。玉米总施肥量较当地常规施肥量降低 10%～15%，大豆底肥减施氮肥 30%～50%。

拌种：按照药种比 1∶70 进行种衣剂包衣，拌完后阴干备用。

5. 田间管理

除草技术：选用低毒、低残留除草剂。玉米封闭除草乙草胺 1 800 毫升／公顷 +75% 噻吩磺隆 40 克，苗后除草烟嘧莠去津 + 硝黄草酮（或 24% 烟嘧莠去津 2 000 毫升／公顷 +15% 硝磺草酮 1 500 毫升／公顷）。

大豆除草：35% 精广虎（精喹禾灵 + 广灭灵 + 氟磺胺安草醚）2 000～2 500 毫升／公顷，或者大豆、玉米通用封闭除草 60% 乙二噻 2 000 毫升／公顷。

病虫害防控：杀虫剂，5% 高效氯氰菊酯（功夫）500 毫升／公顷，或 46.5% 阿维菌素 + 毒死蜱。杀菌剂，70% 甲基托布津可湿性粉剂 800～1 200 倍液。

化学调控：高肥力地块可在玉米抽穗前、大豆初花期喷施多效唑等植物生长调节剂；低肥力地块可在玉米灌浆期、大豆鼓粒初期进行叶面喷施少量尿素、磷酸二氢钾和硫酸锌微肥等叶面肥料，以促进后期灌浆、鼓粒。

三、适宜区域

东北玉米和大豆主要种植区域。

四、注意事项

（1）玉米品种的选择。玉米秸秆生物量大，秋季还田时如果秸秆中水分过大，会造成严重拖堆，影响还田效果。因此，玉米品种的选择，以适于当地种植的中熟品种为主，适当早熟 3～5 天。

（2）秋季整地时间的选择。一般来说，玉米秸秆全量还田后整地效果以秋季土壤达到起垄待播状态为好。但是对于地势低洼、质地黏重的草甸土，完成秋季秸秆还田后，在翌年春季进行耙地、起垄作业更为适宜，可避免秋季整地，由于土壤水分过大造成的土壤板结。

（3）免耕机械作业的要求。由于地势不平和玉米秸秆量大等原因，免耕机械播种时，一是要保证播种深度一致，种子需播在土下 4～5 厘米湿土层；二是要带有秸秆分拨器，避免秸秆堵塞种子落在土层表面，降低出苗率；三是实施合理轮作，大豆茬口免耕播种玉米效果较好。

五、技术依托单位

黑龙江省农业科学院土壤肥料与环境资源研究所

联系地址：黑龙江省哈尔滨市南岗区学府路 368 号

邮政编码：150086

联 系 人：李玉梅

联系电话：0451-86676739

电子邮箱：liyumeiwxyl@126.com

.65.

南方水网区农田氮磷流失治理技术

一、技术概述

1. 技术基本情况 本技术主要针对南方水网区水系发达、区域农田氮磷施用量大、流失氮磷养分迅速排至河道水体、易造成水体富营养化等问题，集成高产环保的农田养分精投减投、流失氮磷的多重生态拦截、环境源氮磷养分的农田安全再利用及富营养化水体的生态修复四大关键技术，形成了可复制可推广的"源头减量—过程拦截—养分再利用—末端修复"集成技术模式，可有效实现减投减排、增产增效和区域水环境改善。

2. 技术示范推广情况 农业部从 2013 年起，在三峡库区兴山县等地开展农业面源综合防治示范区建设。2016 年农业部会同国家发展和改革委员会，在太湖、巢湖、洞庭湖等典型流域整县推进实施农业面源综合治理试点项目，总结了一批成功治理范例和适用模式。

3. 提质增效情况 农田氮磷投入源头减量技术，在保证水稻高产的基础上，减少氮肥投入 10%～20%，提高氮肥农学效率 10%～20%，减少氮排放 30% 以上。农田径流排放的过程拦截技术，在保障农田排水的同时，对排水中的氮磷进行高效去除，氮磷的拦截率在 40% 以上。养分循环利用技术，充分利用稻田人工湿地功能，在保证安全高产的同时通过氮素回用减少稻田氮肥投入 20%～40%，径流氮磷平均浓度下降 40% 以上。末端的生态修复技术，通过高效吸收氮磷植物群落的合理搭配（经济型、景观型）、生态浮床／岛的组合应用等，可使污染水体氨氮浓度下降 30% 以上，水质提升 1～2 个等级（地表水水质标准）。

4. 技术获奖情况 本技术被列入农业农村部 2018 年十项重大引领性农业技术之一。

二、技术要点

以减少农田氮磷投入为核心，拦截农田径流排放为抓手，实现排放氮磷回用为途径，水质改善和生态修复为目标。突破面源污染散乱难的瓶颈，可实现种植业面源污染的全过程防控与全空间覆盖、面源污染的近零排放及改善水体环境质量的目标。

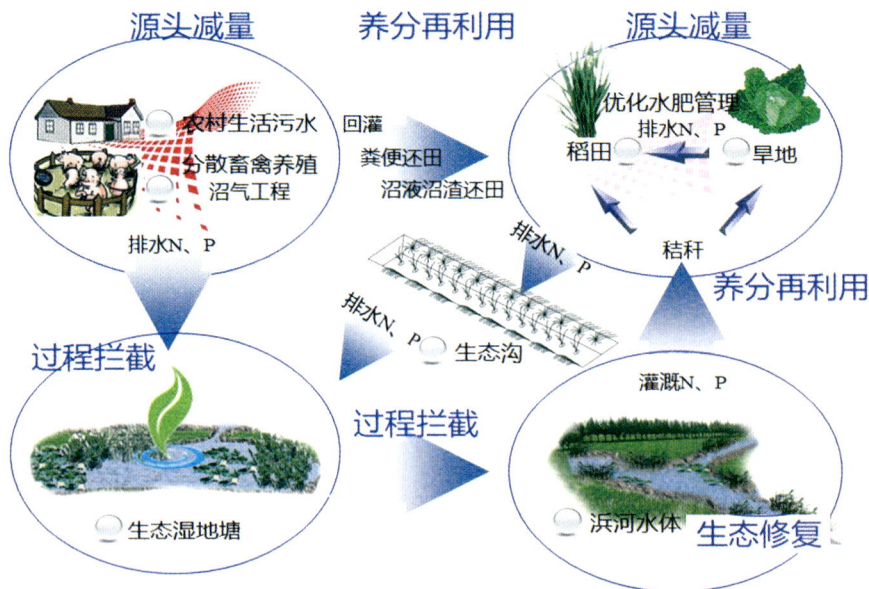

南方水网区氮磷流失治理集成技术示意图
（源头减量—过程拦截—养分再利用—生态修复）

1. 农田氮磷投入源头减量技术　针对高度集约化稻麦农田，根据作物高产养分需求规律及土壤供肥特征等进行测土配方施肥，在此基础上，采用新型缓控释肥替代减量、有机肥部分替代、追肥采用叶色或光谱诊断按需施肥技术等来提高肥料利用率。通过农田氮磷投入源头减量技术，在保证水稻高产的基础上，减少氮肥投入 10%～20%，提高氮肥农学效率 10%～20%，减少氮排放 30% 以上。

2. 农田径流排放的过程拦截技术　采用农田排水原位促沉技术与生态拦截沟渠技术。农田排水原位促沉技术是在农田排水口处建设促沉池（内填高效吸附氮磷材料），促使农田排水中泥沙等悬浮物沉降并对氮磷进行吸附拦截。生态拦截沟渠技术是将原有的土质

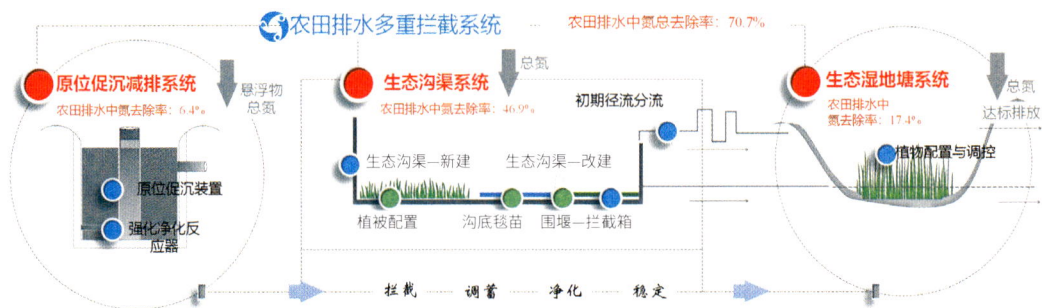

农田径流氮磷养分的多重拦截系统

沟渠塘进行生态强化或者对原有的水泥沟渠进行生态化改造,沟渠和沟壁种植高效吸收氮磷植物(可搭配经济植物),并间隔配置小拦截坝和拦截箱等延长水力停留时间(内装氮磷吸附材料,并可种植水生植物),不需额外占用耕地、资金投入少、易于推广应用。通过农田径流排放的过程拦截技术,在保障农田排水的同时,对排水中的氮磷进行高效去除,氮磷的拦截率在 40% 以上。

农田排水的促沉净化技术(农田排水促沉池)

农田排水生态拦截沟渠技术
(左:生态水泥沟渠 右:生态土质沟渠)

3. 养分循环利用技术 包括农田尾水、富营养化河水、生活污水尾水、沼液等低污染水体中氮磷养分的稻田回用技术、作物秸秆废弃物的炭化还田技术和水生植物有机肥还田技术等。作物秸秆利用沼气能热解成生物炭后还田,可实现农田消纳秸秆量增加 4～8 倍,还能有效增加土壤持肥能力。通过养分循环利用技术,可通过氮素回用减少稻田氮肥投入 20%～40%,径流氮磷平均浓度下降 40% 以上。

4. 富营养化水体的生态修复技术 采用生态湿地塘技术或者河道生态修复强化净化技术对水体进行生态修复,通过高效吸收氮磷植物群落的合理搭配(经济型、景观型)、生态浮床 / 岛的组合应用、水位落差的设计及高效脱氮除磷环境材料与微生物的应用等,形成了农田面源污染治理的最后一道屏障。同时,水生植物定期收获后进行资源化再利用,生产成有机肥回用农田。

三、适宜区域

主要针对南方水网区的农田氮磷流失治理。

四、注意事项

本技术为集成示范技术,应用时需要因地制宜统筹考虑,针对当地的农田养分流失特征及当地的地形水系状况等，采取适宜当地的技术组合，包括农田氮磷适宜减量比例、生态拦截技术、环境源养分回用技术和末端富营养化水体的生态修复技术。本技术主要针对农田氮磷流失治理，兼顾农村生活污水治理。

五、技术依托单位

1. 江苏省农业科学院

联系地址：江苏省南京市玄武区钟灵街 50 号

邮政编码：210014

联 系 人：杨林章，薛利红

联系电话：18625164491

电子邮箱：26706773@qq.com

2. 农业农村部农业生态与资源保护总站

联系地址：北京市朝阳区麦子店街 24 号楼

邮政编码：100025

联 系 人：徐志宇，薛颖昊

联系电话：010-59196397

电子邮箱：nybstzzhbc@163.com

.66.

空心莲子草生物防治技术

一、技术概述

1. 技术基本情况　空心莲子草（水花生）是世界性入侵杂草之一，对我国种植业、养殖业、航运及生物多样性保护造成了危害。20 世纪 80 年代以来，中国农业科学院采用生物防治措施防治水生型水花生取得了显著进展；从 2004 年开始对陆生型及中高纬度地区水花生的生物防治开展了深入研究，以越冬繁育和早春人工助增释放天敌技术为核心，构建了生物防治为主、化学防治为辅的防治水生型水花生和化学防治为主、生物防治为辅的防治陆生型水花生的技术模式。

2. 技术推广示范情况　2007 年起该技术先后在长江中下游及西南地区推广应用，在

莲草直胸跳甲成虫	天敌取食水花生叶片
池塘水花生生物防治效果	河道水花生生物防治效果

空心莲子草天敌昆虫生物防治效果

多地建立了水花生天敌工厂化繁育基地和防治示范区。2012 年以来，联合农业部农业生态与资源保护总站在湖北、四川等地建立天敌繁育基地 34 处，推广示范面积已超过 600 万亩。通过技术培训、现场观摩，以及报纸、杂志、网站等多媒体形式进行了广泛宣传，推动了成果的大面积推广应用。

3. 提质增效情况 本技术具有较高的经济价值和生态效益，平均每亩防治成本仅 6 ～ 8 元，比传统人工机械收割降低成本 420 元，比化学防治降低成本 110 元。该技术还可较好地保护水体及农田环境。据测算，示范区的水稻可增收 115.2 元 / 亩，蔬菜增收 126 元 / 亩，渔业增收 120 元 / 亩。

湖北宜昌天敌繁育基地外景　　　　　　湖北宜昌天敌繁育基地繁育池

空心莲子草天敌越冬繁育

二、技术要点

"空心莲子草生物防治技术"包括越冬繁育技术与田间释放技术等关键内容，采取以越冬繁育和早春人工助增释放天敌技术为核心，针对陆生型空心莲子草、水生型空心莲子草的生物学和生态学特点开发不同的防治模式。越冬繁育技术，通过实行双膜覆盖温棚保种，繁种量达 800 ～ 1 200 头 / 米^2。防治水生型水花生，在 4 月期间，日平均温度达 12℃以上时，释放 50 ～ 200 头 / 亩，天敌释放 3 ～ 4 个月后，对水生型生防效果达到 85% 以上。防治陆生型水花生，4 ～ 6 月，采取化学防治措施，应用"农达"等药效在 7 ～ 30 天内的除草剂，通过与水花生叶甲田间种群扩散时间、空间隔离，实现既能有效控制水花生为害又对水花生叶甲安全；7 ～ 10 月，利用田间自然扩增和扩散的水花生叶甲可有效控制陆生型水花生的危害。周年综合防治效果可达到 85% 以上。该技术特点操作简便，易学易懂，成本低廉。

三、适宜区域

本技术可在我国长江中下游地区及西南地区空心莲子草发生地区推广使用，包括四川省、重庆市、贵州省、湖北省、湖南省、安徽省、江苏省、江西省、浙江省等，可应用于河道、湖泊、滩涂、湿地、农田、果园等不同生境中对空心莲子草的防治。

四、注意事项

（1）空心莲子苎叶甲的最适生长繁殖温度为 25 ～ 28 ℃，成虫 6 ℃以下生命活动减缓，超过 32 ℃不产卵，超过 35 ℃生长发育受限。因此，天敌昆虫的最佳释放时间根据不同地点的气候条件有所差异，一般为每年 3 月底至 4 月初。

（2）天敌繁育工厂夏天可利用遮阳网和水幕墙等装置进行降温，冬季可利用温室进行增温，有利于空心莲子草叶甲的生长繁育，避免了环境因素对天敌繁育造成的影响。

五、技术依托单位

1. 中国农业科学院农业环境与可持续发展研究所

联系地址：北京市海淀区中关村南大街 12 号

邮政编码：100081

联 系 人：张国良，付卫东

联系电话：010-82109570

电子邮箱：zhangguoliang@caas.cn

2. 农业农村部农业生态与资源保护总站

联系地址：北京市朝阳区麦子店街 24 号楼

邮政编码：100025

联 系 人：陈宝雄，孙玉芳，黄宏坤，张宏斌

联系电话：010-59196378

电子邮箱：ziyuan6381@163.com

. 67 .

果园绿肥豆菜轮茬增肥技术

一、技术概述

1. 技术基本情况 随着国家农业供给侧结构性改革的不断推进，对农产品品质效益的要求日益突出。陕西是以苹果为主的水果产业大省。由于果园长期清耕及过度使用化肥，导致土壤有机质不足，果品品质下降。绿肥是我国传统有机肥，也是当前主要清洁有机肥源。本技术经延安市果业局与延安市农业科学研究所共同通过试验研发，利用苹果园生产特点及油菜与豆科作物的生育习性，总结出通过果园一年套种十字花科与豆科作物两茬绿肥，即"果园绿肥豆菜轮茬增肥技术"，有效提高土壤有机质、增加肥力、减少化肥施用量，改善和提升果品品质，实现水果产业绿色生态可持续发展。

2. 技术示范推广情况 2017—2018 年在延安果区推广种植豆菜轮茬面积 131.87 万亩。

3. 提质增效情况 2017—2018 年国家绿肥产业技术体系延安综合试验站沿用陕西北部果区常用果园绿肥栽培技术，与延安市果业管理局联合实施推广菜豆轮茬模式累计 131.87 万亩。采用果园绿肥轮茬种植模式，苹果平均增产 171 千克 / 亩，有效增产 136.8 千克 / 亩，果价按 4.0 元 / 千克（2017 年）计算，增产增收 547.2 元 / 亩，累计增收 7.22 亿元；示范推广绿肥轮茬成本每亩种子费 30 元、肥料费 20 元、人工费 200 元、机械费 100 元，累计种植成本 4.62 亿元。新增纯收益 2.60 亿元，果农增收 160 元 / 亩，经济效益可观。

4. 技术获奖情况 2015 年本技术获得陕西科技成果奖三等奖。

二、技术要点

1. 品种选择 选择抗旱抗寒能力较强的白菜型油菜品种，如延油 2 号。黄豆应选择有限结荚的中、早熟品种，不宜选用无限生长和亚有限结荚的晚熟品种，如中黄 13、郑长交 14、郑 9007、福豆 234 等。

果园套种十字花科绿肥

果园套种豆科绿肥

2. 园地整理 黄豆、油菜宜种植在果园行间或果园反坡梯田梯面上。播种前全园浅耕翻 1 次,耕翻深度 20～50 厘米,打细土块,耱平整匀。

3. 适时播种 油菜的播种时间,延安北部地区应在 8 月上中旬,南部地区应在 8 月中下旬。播种过早,上冻前容易抽薹,不利于越冬;播种过晚,根茎达不到一定粗度,不能安全越冬。翌年春季土壤解冻后镇压。黄豆播期以 4 月下旬至 5 月上旬为宜。

采用撒播和条播:亩播种量黄豆 8～10 千克、油菜 0.25～0.50 千克。油菜播种前用过筛沙子与种子以 5∶1 的比例混合均匀,以保证播种密度相对一致。撒播:将黄豆或混沙的油菜种子均匀撒于行间播种带内,然后用扫帚扫,用铁锨镇压。条播:行距 20～30 厘米,开 5 厘米深的沟,在沟内撒上黄豆或混沙的油菜种子后,覆 0.5 厘米厚的细土压实,使土壤与种子紧密接触。

果园绿肥撒播

4. 播后管理 黄豆分枝期亩施尿素 7～8 千克,油菜在翌年返青期遇雨及时亩施尿素 7～8 千克,促进产草,减少因种草对果树的营养竞争。

5. 适时翻压 黄豆以 8 月上旬翻压较好,一般在黄豆花夹期采用秸秆还田机翻

果园绿肥条播

压入土壤，待 2～3 天将油菜条播于果树行间。翌年 4 月下旬将油菜用秸秆还田机翻压入土壤，5 月上旬播种黄豆，利用当地物候条件一年种植两茬绿肥。

果园绿肥翻压

三、适宜区域

陕西渭北旱塬及延安、榆林，甘肃、宁夏、山西等同纬度条件种植。

四、注意事项

（1）果园绿肥豆菜轮茬栽培模式适应于果园幼园种植。

（2）油菜翻压在盛花期，采用玉米秸秆还田机粉碎后进行旋耕。

（3）豆菜轮茬利用旋耕机翻压，出现秸秆打不碎，影响下茬播种。

五、技术依托单位

1. 延安市农业科学研究所

联系地址：陕西省延安市宝塔区马家湾

邮政编码：716000

联 系 人：段志龙

联系电话：18391156093

电子邮箱：2969475317@qq.com

2. 延安市果业局

联系地址：陕西省延安市宝塔区马家湾

邮政编码：716000

联 系 人：刘光东

联系电话：18992139801

电子邮箱：yanguo2886149@163.com

.68.

稻田冬绿肥全程机械化生产技术

一、技术概述

1. 技术基本情况 针对绿肥生产的播种、开沟、翻压、种子收获等关键环节，研制出紫云英专用播种机、与联合收割机配套的开沟犁和与旋耕机配套的碎土抛散开沟装置、紫云英种籽机械收获装置等专有配套机械设备或装置，实现了稻田绿肥生产利用全过程机械化。

2. 技术示范推广情况 在湖南、湖北、安徽、江西、河南等省累计示范及推广面积上千万亩，社会效益及环境效益较大。

3. 提质增效情况

（1）极大地提升了绿肥生产效率。采用本系列技术，播种效率比人工播种提升 8～10 倍，开沟效率可达 200 亩 / 天，紫云英收种效率为人工的 150 倍以上。生产效率的提高，不仅解决了稻田绿肥生产的轻简化瓶颈限制，也能够为均匀播种、适时开沟、种子高产等绿肥高质量生产提供技术支撑。

（2）提高了稻草资源利用率。与本技术体系配套的稻草与绿肥联合还田，解决了中稻和晚稻稻草全量还田难、稻草腐解慢的技术难题和社会关切，同时也利用稻草为绿肥生长营造更加友好的生长发育环境，实现了绿肥生产与稻草还田双赢。

（3）为化肥减施提供了重要技术支撑。绿肥及其与稻草在下茬水稻种植前还田，可以为稻田提供大量养分和有机物质，下茬水稻能够减施化肥 20%～40%，实现了化肥较大幅度减施下的水稻提质增效。

4. 技术获奖情况 以本技术为核心，获得了 2018 年度湖南省科技进步奖二等奖、2017 年度大北农科技奖植物营养奖、2012—2013 年度中华农业科技奖一等奖等奖励。

二、技术要点

1. 电动化播种 采用专用电动播种机播种紫云英。该播种机可背负、结构简单、操作方便、播种均匀。采用本装备，不仅大大降低劳动强度，而且播种效率大幅度提升，一个劳动力每天可播种 150～200 亩，是人工播种紫云英的 8～10 倍。

稻田电动播种紫云英

2. 中稻和晚稻机械化收割留高茬、绿肥适当迟播 机械收割中稻和晚稻时，稻茬尽量留高（30 厘米左右或以上，刈割的稻草不在地表堆积）。在中稻和晚稻收获后 2 ～ 3 天播种紫云英，播种后择期开沟。水稻高留茬时，可推迟紫云英播种时期至晚稻收获后进行播种，在长江中下游地区可推迟到 10 月底至 11 月上旬，可减少机收时的碾压毁损。留高茬技术能够确保稻草全量还田，也能够促进绿肥出苗、越冬，改善还田有机物质的碳氮比例，在保证绿肥当季养分供应的同时提升土壤培肥效果。

水稻高留茬紫云英苗期

水稻高留茬紫云英盛花期

3. 机械开沟 在中稻和晚稻收获时，采用与联合收割机配套的开沟犁或者采用与旋耕机配套的碎土抛散开沟装置进行稻田开沟。其中，与水稻联合收割机配套的开沟犁装置能方便应用于各种联合收割机，实现中稻和晚稻收获与稻田开沟一次性同步完成，减少绿肥生产上普遍需要单独开沟的环节；与旋耕机配套的碎土抛散开沟装置，开沟宽深合理，碎土抛撒均匀，受土壤含水量的影响较小，适合南方水田推广应用。上述装置开沟效率高，每套装置开沟约 200 亩 / 天。

稻田绿肥机械开沟现场

4. 机械干耕水整　采用绿肥粉碎翻压复式作业机，在紫云英盛花期田间不灌水或灌浅水条件下进行翻耕。翻耕晒垡 2 ～ 3 天，灌浅水沤肥 3 ～ 5 天后施基肥整地进行早稻移栽或抛秧，尽量做到绿肥翻压至水稻移栽后的 20 天内保持田面浅水、不排水。这一技术可高效完成绿肥翻压还田，绿肥还田质量高；同时有效防止有机物腐解可能引发的早稻"僵苗"，也可防止绿肥腐解释放出来的养分流失。

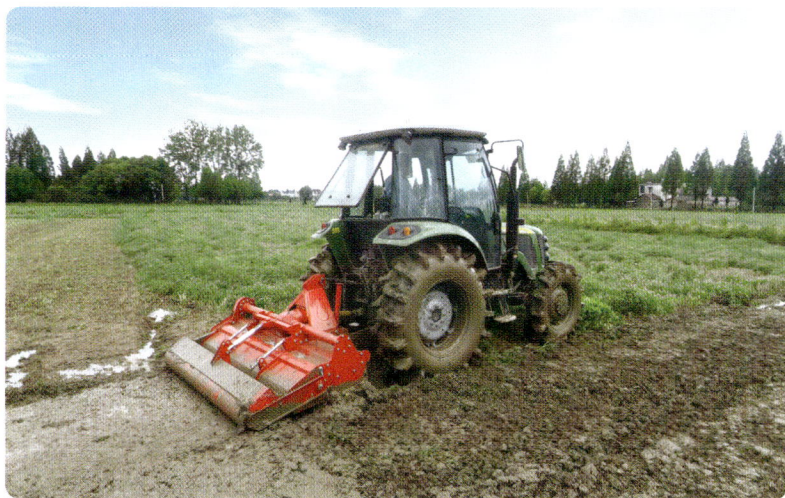

稻田绿肥机械干耕现场

5. 机械收种　适当改进现有水稻收割机的风机、双层振动筛、拨禾轮、切割器、搅龙和收割台，在紫云英黑荚率 90% 以上时运用改进后的联合收割机进行种子收获。该技术作业效率为每小时 6～10 亩，是人工收获效率的 150 倍以上；且机械收获的种子损失率仅为 10% 左右，低于人工收获方式。

稻田绿肥紫云英机械收种现场

三、适宜区域

南方单、双季稻区，包括河南、江苏、安徽、上海、浙江、江西、湖北、湖南、福建、广西等单、双季稻生产区。

四、注意事项

中稻和晚稻前 7～10 天开始晒田，尽可能做到稻草留高茬、避免刈割稻草明显堆积。架空在稻桩顶部的稻草可不清理。

五、技术依托单位

中国农业科学院农业资源与农业区划研究所

联系地址：北京市海淀区中关村南大街 12 号

邮政编码：100081

联 系 人：曹卫东

联系电话：010-82109622，13521817397

电子邮箱：caoweidong@caas.cn

. 69 .

基于产量反应和农学效率的玉米、水稻和小麦推荐施肥方法

一、技术概述

针对我国化肥利用率低、小农户测土条件不具备、作物种植茬口紧及测土施肥实现困难等问题，建立了基于产量反应和农学效率的玉米、水稻和小麦推荐施肥新方法。该方法以多年大量田间试验数据库为基础，研究提出了作物氮磷钾养分需求特征参数，建立土壤基础养分供应、肥料农学效率与作物产量反应的量化关系，构建了推荐施肥模型，并研发出玉米、水稻和小麦养分专家系统（简称 NE 系统）。

该方法克服了国际上土壤测试中氮素测定方法的烦琐，以及与作物产量反应相关性差等难题。除了考虑土壤养分供应，还考虑了土壤以外其他来源的养分，如有机肥、秸秆还田、大气沉降和降水等带入的养分，并考虑作物轮作体系和采用 4R 养分管理策略（适宜的肥料品种、适宜的肥料用量、适宜的施肥时间和适宜的施肥位置），时效性强，在有和没有土壤测试条件下均可使用，是一种方便使用和易于推广的作物推荐施肥新方法。

在我国玉米、水稻和小麦主产区应用该方法指导施肥，与农民习惯施肥相比，节约氮肥 10% ～ 30%，提高作物产量 1% ～ 6%，每亩增收 50 ～ 100 元，提高氮素回收率 10 ～ 15 个百分点。

二、技术要点

1.NE 系统核心技术要点　NE 系统是一个基于产量反应和农学效率的推荐施肥决策系统，技术原理是：通过收集汇总过去十几年在全国范围内开展的玉米、水稻和小麦肥料田间试验，包括 5 893 个玉米试验、5 556 个水稻试验、5 439 个小麦试验，建立养分吸收与产量数据库。将玉米数据分为春玉米和夏玉米，将水稻数据分为一季稻和早、中、晚稻，小麦数据以冬小麦为主。采用 QUEFTS 模型对数据库中各类作物的可获得产量、产量差、产量反应、农学效率、土壤基础养分供应等相关参数进行特征分析，其中施氮量＝产量反应／农学效率，施磷或施钾量＝作物产量反应施磷或施钾量＋维持土壤磷或

钾平衡部分。维持土壤平衡部分依据 QUEFTS 模型求算的最佳养分吸收量来确定。同时采用计算机软件技术，把复杂的推荐施肥模型简化成用户方便使用的养分专家系统，并通过大量田间试验验证，对 NE 系统参数进行校正和改进。在土壤测试条件不具备或测试结果不及时的情况下，NE 系统是一种先进轻简的指导施肥新方法。其主要核心技术包含：

（1）产量反应确定。产量反应是不施某种养分处理的产量与该养分施用充足下两处理的产量差。如果已知产量反应，则直接输入，系统根据产量反应进行推荐施肥；如果没有产量反应数值，则系统可根据土壤测试中有机质、速效氮、速效磷和速效钾的测定等级确定产量反应；若没有土壤测试结果，则系统可根据历年产量，以及已经输入的土壤质地、颜色、有机质含量等信息，确定土壤养分（基础）供应状况和产量反应。

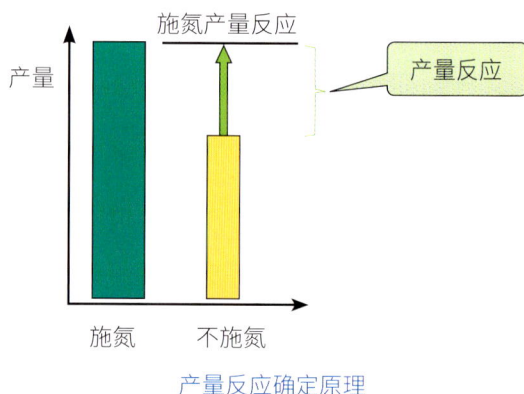

产量反应确定原理

（2）单位产量养分吸收量确定。以上述大量田间试验的数据库为基础，应用 QUEFTS 模型模拟不同潜在产量和目标产量下的养分吸收量，得出最佳的单位经济产量养分吸收量。该模型采用线性—抛物线—平台函数，不仅考虑了氮磷钾三种元素间的两两交互作用，同时也考虑了气候特征和种植类型。

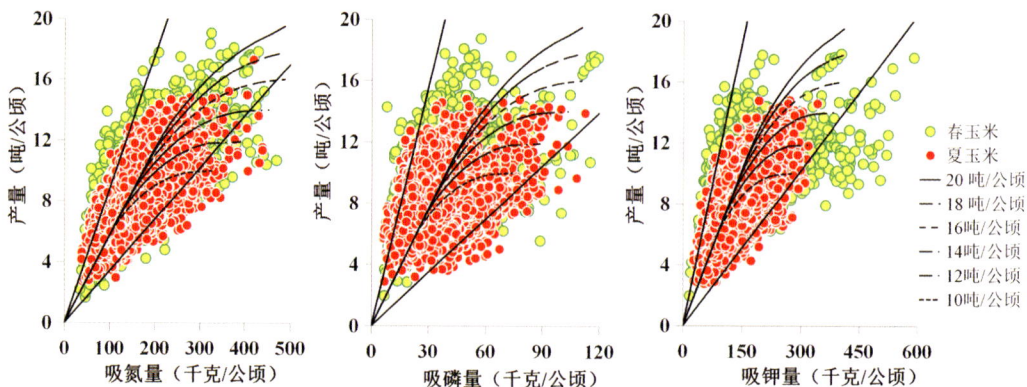

基于 QUEFTS 模型的养分吸收曲线

（3）施肥量确定。氮肥用量依据作物产量反应和农学效率的相关关系确定（施氮量＝产量反应／农学效率）。磷肥和钾肥用量除了考虑产量反应外，还考虑了土壤磷和钾养分的平衡，即要归还一定目标产量下作物的养分移走量（施磷或施钾量＝作物产量反应施磷或施钾量＋维持土壤磷或钾养分平衡部分）。作物秸秆还田所带入的养分，以及上季作物养分残效也在推荐用量中给予综合考虑，同时还考虑作物的轮作系统。

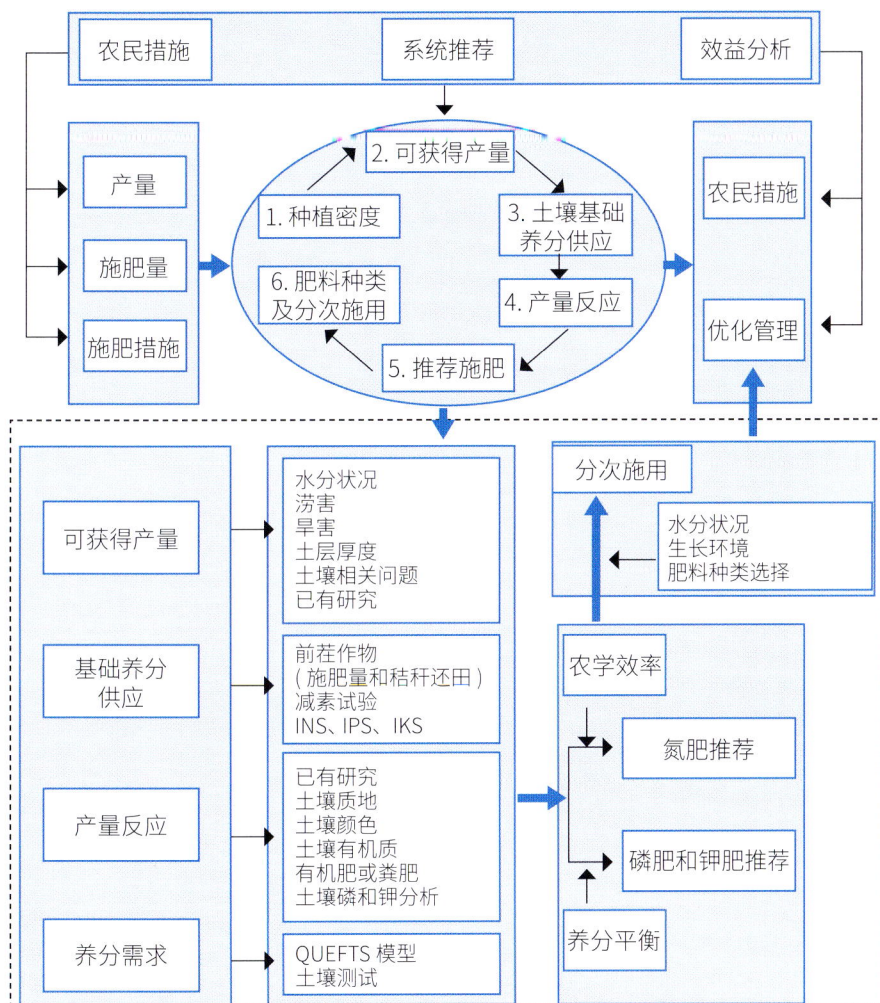

养分专家系统推荐施肥原理

2.NE 系统操作技术要点　使用 NE 系统推荐施肥时，用户可以在微信公众号搜索"养分专家"或扫描二维码，也可以登录 www.nutrientexpert.cn 后注册免费使用。主要操作部分包括：

养分专家系统微信公众号

（1）地块信息。输入所需推荐施肥的地块名称、面积、大小和位置，名称用于生成报告后便于查询，面积为所要推荐施肥地块的面积，单位可以选择公顷或亩；土壤质地（砂质、壤质和黏质）和土壤肥力（根据有机质含量或土壤颜色判定）信息用于在没有产量反应和土壤测试值情况下确定土壤养分供应等级，进而确定产量反应；谷物价格用于效益分析；上季作物类型用于考虑不同轮作系统。

（2）上季信息。上季作物产量、肥料用量和秸秆还田信息，用于计算上季养分残留带入当季的养分量，系统可根据所提供信息自行计算。

（3）本季信息。填写农民习惯施肥产量，即过去 3～5 年该作物的平均产量，系统会根据该产量水平，估算当季作物的目标产量；农民习惯施肥信息，用于效益比较；收获后秸秆处理方式，用于考虑施肥的养分平衡；产量反应部分，根据核心技术要点中"产量反应确定"方法进行确定。

（4）推荐施肥。根据上季作物养分残留，及当季作物的产量水平、产量反应等，给出基于一定目标产量的养分需求量，并可选择计划使用的肥料品种（复合肥和单质肥均可选择，也可自行添加肥料品种），系统会给出该地块的具体施肥方案，包括施肥次数、施肥时间、肥料类型、数量和施肥位置等。

（5）效益分析。根据农民习惯施肥措施、推荐施肥措施的产量和肥料成本投入，给出两种措施的经济效益对比分析。

三、适宜区域

我国玉米、小麦和水稻主产区。

四、注意事项

登录系统后按照系统提示说明或操作视频即可使用，或由技术人员进行简单培训后使用。

五、技术依托单位

中国农业科学院农业资源与农业区划研究所

联系地址：北京市海淀区中关村南大街 12 号

邮政编码：100081

联 系 人：周卫，何萍，徐新朋

联系方式：010-82108671，010-82105638，010-82105029

电子邮箱：zhouwei02@caas.cn，heping02@caas.cn，xuxinpeng@caas.cn

.70.

数字牧场技术

一、技术概述

牧区、牧业和牧民一直是党中央、国务院关心和关注的重点之一。位于北方干旱地区和青藏高寒地区的内蒙古、新疆、西藏、青海、四川、甘肃 6 省份，占有全国 75% 的草地、90% 的草原畜牧业，通称"六大牧区"，区内有牧业人口 837 万人，是少数民族主要聚居区，在构建绿色生态屏障和维护边疆社会稳定中发挥着重要作用。

牧场是牧区草原和家畜的统一体，具有多要素、跨尺度等复杂特性，导致草原和家畜生产信息获取精度低、时效差，牧场生产管理粗放、经营效率低，制约了牧区生态、牧业生产、牧民生活的协同发展。针对上述问题，"数字牧场技术"研发了牧场草畜监测、调控及决策的数字技术与产品，实现了草原生产信息及时获取、家畜饲养过程精准管控、牧场生产效益定量决策。

技术成果在六大牧区 90 余个县示范应用，有效地促进了草原生态恢复，草原植被覆盖度提高 10% ～ 30%；家畜死亡率减少 0.5% ～ 1.5%，牧民实现增收 317 ～ 350 元 /年，对于跨越西部数字鸿沟、推动牧区科技进步、实现牧区乡村振兴和维护边疆社会稳定提供了重要支撑。2017 年，"牧场监测管理数字技术研究与应用"获得中华农业科技奖一等奖。

二、技术要点

1. 技术体系框架 数字牧场技术是一套针对牧区草原放牧系统的实用信息技术与产品集成系统，包括草原监测与分发技术（软件与网络）、草原地面测量技术（硬件设备与App）、放牧家畜监测技术（硬件设备与 App）、牧场草畜生产决策系统（软件与 App），四类技术产品可以独立使用，也可任何两个以上技术产品结合使用。

2. 草原监测与分发技术 草原监测与分发技术通过草畜生产监测管理系统软件与草原监测信息发布网络等两个技术产品，向各级用户提供草原逐月生长信息，包括草原产草量、草原生物量、草原长势、区域旱情等监测信息。技术用户可登录草原监测信息发布网络，注册"我的牧场"，在线勾绘其牧场边界，定制"我的牧场"动态信息，通过网

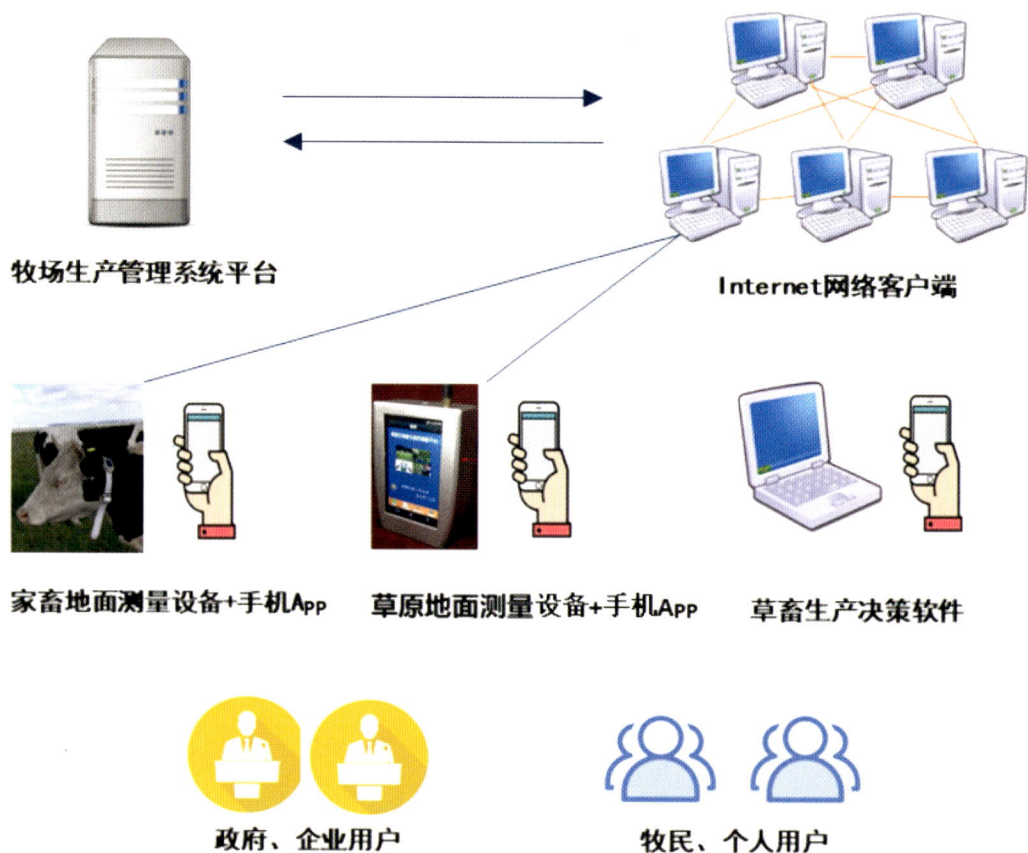

数字牧场技术体系框架

络或短信获取牧场产草量、长势、旱情信息。

草原地面测量技术通过草原无损伤测量装置和草原数据采集 App，帮助用户实地获取草原地面信息。草原无损伤测量装置是中国农业科学院农业资源与农业区划研究所与北京理工大学合作开发的一款便携式草原测量设备，也是国内外第一次结合固态面阵激光雷达与图像扫描技术，实现了草原群落高度、盖度、生物量的一次成像与同步测量，测量精度达到 98%。

草原数据采集 App（数据宝）是简化版的地基草原生物量测量技术，利用手机相机直接获取草原群落盖度，并估算草原生物量。App 自带的生物量模型是基于全国草原数据建立的，在不同区域测量精度不同。具体使用中可先采集 30 个样方进行参数校正、提高精度。

3. 放牧家畜监测技术 放牧家畜监测技术包括放牧家畜行为监测设备及配套智慧放牧 App，帮助用户获取放牧家畜的行走、卧息、采食、发情等行为信息。放牧家畜行为

主控板

面阵固态激光雷达

植被参数计算　刷新

覆盖度：	94.64%
高度：	0.060609996m
生物量：	143.39g/m²
GPS：	N39° 57.44′ E116° 18.24′

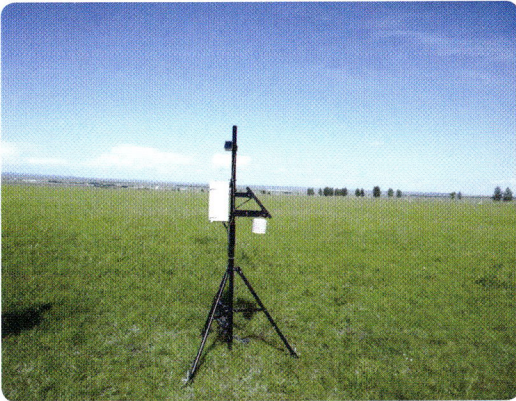

草原地面测量技术：地基测量设备

草地数据采集

样方基础信息采集

样地编号：　yd01_12
样方名称：yd01
取样地点：请输取样地点
取样时间：2018-06-09 09:23:01
经度：116.3232
纬度：39.9608
海拔：请输入海拔
群落盖度：请输入群落盖度
退化类型：未退化
样地生态类型：温性草甸草原

保存

样方基础信息采集

纬度：39.9608
海拔：300
群落盖度：50
退化类型：轻度退化
样地生态类型：温性草甸草原
估计盖度：91.38

保存

草原地面测量技术：地基测量设备与数据采集 App

监测设备包括基于 GPS 的定位模块、基于重力加速度原理的采食模块及信息传输模块；智慧放牧 App 实现放牧家畜行为信息的在线显示和监控，并可通过离线建模估算家畜采食量。

家畜地面测量技术：行为监测设备与 App

放牧家畜行为轨迹监测

4. 牧场草畜生产决策系统：软件与 App 牧场草畜生产决策系统包括单机版软件和草畜生产管理 App（牧场宝）。单机版软件以草原监测结果为输入值，主要针对县级以上用户，开展牧场草畜平衡诊断、进行牧场生产动态规划、提供家畜精细饲养决策方案，结果以报表、图表、专题图方式输出。牧场宝主要针对家庭牧场和牧民用户，通过草原监测信息发布网络、App 自带在线测量功能等途径获取草原产草量，实现牧场草畜关系诊断、牧场生产动态规划、家畜饲养定量决策、经济效益预测等功能，帮助牧民进行牧场生产调控和调度，增收节支，提高生产水平。

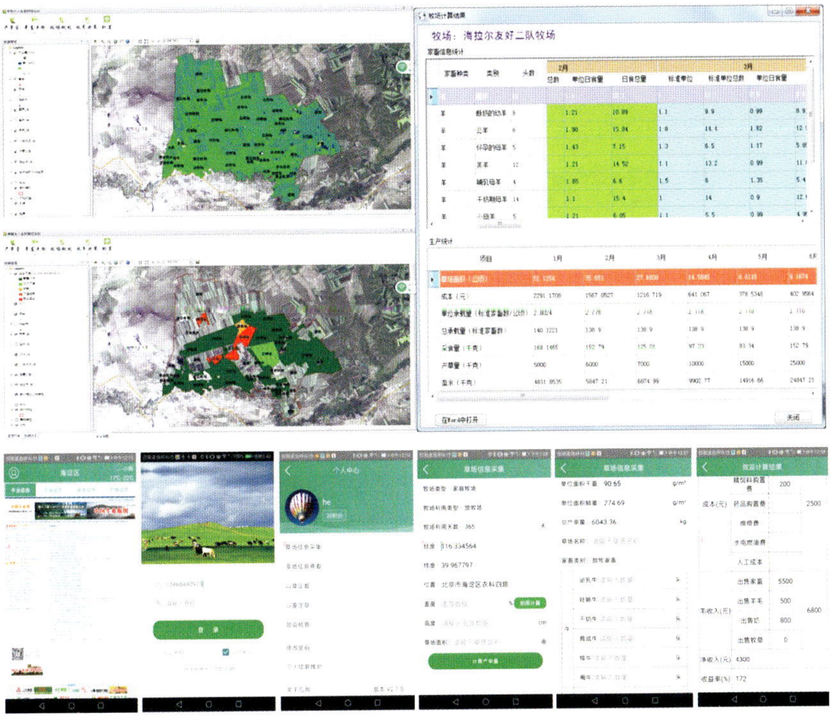

牧场草畜生产决策系统：软件（上图）与 App（下图）

三、适宜区域

数字牧场技术适宜在内蒙古、新疆、西藏、青海、四川、甘肃等六大牧区，以及云贵高原、黄土高原、东北平原的牧区推广应用。

四、注意事项

对于牧民用户，推荐使用数据宝和牧场宝两款 App；对于县级以上生产管理部门及大型企业用户，推荐使用草原无损伤测量仪、牧场草畜生产监测管理系统软件及 App。

五、技术依托单位

中国农业科学院农业资源与农业区划研究所
联系地址：北京市海淀区中关村南大街 12 号
邮政编码：100081
联 系 人：辛晓平
联系电话：010-82109615，13910803165，
电子邮箱：xinxiaoping@caas.cn

· 71 ·

"中国农技推广"信息化服务平台

一、技术概述

为贯彻中央推进"互联网＋现代农业"有关决策部署，解决农技推广信息化工作主体协同不够、信息孤岛严重、供需不匹配等问题，建设一个连通管理人员、农业专家、农技人员、农民的信息管理与服务载体，实现数据资源向上集中，服务向下延伸，给农技推广服务插上"信息化翅膀"，农业农村部组织国家农业信息化工程技术研究中心等单位，按照"农业科技资源一张网"和"全国产业服务一张图"的技术思路，研发了 App、Web 端、公众号"三位一体"的"中国农技推广"信息化服务平台。

平台在农业知识智能分享学习、农民难题快速反馈指导、生产现场全方位服务、农情立体化防控等技术方面实现集成创新，提供农技推广互联网数据汇聚引擎、农技互动式人工智能问答、农技服务供需精准匹配调度、体系成效评估星云图、农情立体化监测预警等专题功能，借助中国农技推广 App 面向用户提供服务，打造形成了主体、技术、服务相协同的智能化农技推广服务环境，汇聚全国农业科技资源，形成了全方位、立体化和多维度的农技信息服务体系，促进了农技推广知识分享传播、在线精准指导、农情精确预警、双向联动培训。

二、技术要点

1. 中国农技推广信息服务 Web 端

（1）访问网址。中国农技推广信息服务 Web 端访问网址 http://njtg.nercita.org.cn。

（2）技术功能要点。

首页：将平台核心模块连点成线，汇聚了最新工作动态与通知通告，各类用户上报的农情、日志、农技问答等信息；利用星云图展示农技人员服务动态，可查看农技人员积分排行。

补助项目：补助项目模块从组织管理、改革创新、能力提升、示范基地、主推技术、主体培育、信息化建设、特聘计划、协同推广 9 个板块实现分类信息展示。

科技服务：科技服务模块汇聚了专家资源、电子图书、农技视频、专家成果、实用技术、市场价格等资源，可在线阅读电子图书、学习最新农业生产技术视频、了解专家发布的最新成果。

农技问答：农技问答模块汇聚全国各地的农业技术问答，并提供按照问题所属品种和问题类型进行分类统计；面向各类用户提供按照区域范围、时间范围实现检索查询；提供了本地、热门等快捷服务，"本地"板块显示的是用户所在地域的技术问题与答复，"热门"板块显示参与人数较多的技术问题。

智慧农技：智慧农技模块利用直观形象方式展示全国各地利用物联网、智能装备进行农技推广示范基地建设情况，包括基地全景交互、基地详情展示和农事现场直播。基地全景交互可利用三维场景模式浏览不同区域基地概况；基地详情展示模块展示了全国基地的分布情况及基地详情；农事现场直播展示基地实时农事作业和服务情况。

农技员空间：农技员空间以农技人员个人服务情况为主轴，全面显示农技人员日志发布、农情上报、农技问答等服务详情，利用多尺度地图分区域分级实时分析农技人员在线情况。

社会化服务：社会化服务模块提供了第三方平台、地方平台接入接口，目前已经接入广东、山东等地方平台，农保姆等第三方平台 90 多套，实现了用户、资源、服务的共建共享。

后台管理：后台管理模块面向各级管理员提供了新闻、体系工作等资讯更新维护，体系成效、典型人员等专题专栏的动态配置和信息内容更新维护，推广机构、科研院所、农技人员、农业专家等体系队伍与账号管理，日志、农情、问题、回复、评论、采纳、热门等信息的更新维护和无效数据清洗，各级农技人员使用 App 情况统计分析，实用技术、新品种等知识资源的更新维护，补助项目 9 类专题信息的审核、统计分析和更新维护。

2. 中国农技推广 App App 功能包括农技问答、补助项目、农情快报、服务日志、体系成效、专题专栏、社区、知识发现、典型人物、通知公告、农业新闻、科技动态等板块，面向农业管理部门人员、农业专家、农技人员和农业生产经营主体提供综合性交流服务。

（1）安装方式。通过扫描二维码或从应用库中下载进行安装。

（2）技术功能要点。

农技问答：农技问答模块面向农技人员和农民提供交流通道，可实现农技问题的提问和反馈；农技问答模块设置了本地、热门、相关等专栏，本地专栏显示本区域问题，热门专栏显示关注度较高

中国农技推广
App 二维码

问题，相关专栏显示用户关注的品种相关问题。

补助项目：从组织管理、改革创新、能力提升、示范基地、主推技术、主体培育、信息化建设、特聘计划、协同推广 9 个板块展示宣传各地补助项目实施情况，为任务部署网络化、指导服务智能化、绩效考核精准化的实现提供支撑。目前覆盖 3 181 个项目县，实现了补助项目工作动态、文件资料、培训班、主推技术、优质绿色高效技术、示范基地、科技示范主体、特聘农技员等信息的及时报送。

农情快报：农情快报为用户提供全国各地病虫草害、苗情、自然灾害、墒情、疫情等信息快速上报服务，为各地农业管理部门发现热点异常农情提供了可靠实时的数据源。截至目前，总共上报 65 万条。

服务日志：提供了农技人员服务日志汇总与上报的功能，可以浏览全国各地农

中国农技推广 App 农技问答及与主要功能服务板块

技人员上报的服务日志，查看周边省份农技人员工作内容，从中获取对自己工作有指导建议的内容。

体系成效：利用试验示范、指导服务、疫病防控、安全监测、信息采集、环境保护、培训教育、科技扶贫八大板块分类展示体系服务成效，数据主要来源于服务日志、农情等。

专题专栏：展示平台中动态设置的专题专栏信息，专题专栏一般依据农业领域最新的舆论热点和政府关注的重点等原则设置。目前已经汇集了 2019 年农业在"两会"、农技人员服务春耕生产、2019 年中央 1 号文件、2019 年农业农村重点工作、非洲猪瘟防控等 18 个专题，目前重点专题专栏是农技人员服务春耕生产和 2019 年农业农村的重点工作。

社区：为专家提供技术问题专题讨论、专家线上讲堂等服务；为农技人员提供门诊式专业咨询、专业知识文章学习、在线培训直播、专题问题群交流等服务。目前已经设

置 50 个社区。

知识发现：汇集主推技术、培训视频、新品种、新技术等多形式知识库，面向农技人员、农户等提供知识资源自助学习服务。同时提供了市场价格服务板块，为农技人员、农户提供全国实时更新的批发市场农产品价格。

典型人物：全国基层广大农技人员在基层工作中，涌现出很多为农技推广使用奋斗努力的典型人物，典型人物专栏汇聚全国与地方优秀农技人员典型事迹，展现农技人员工作风采。

通知公告：展示各级管理部门发布的农技推广相关的通知通告，并提供按照关键词检索功能。

农业新闻：通过对最新农业新闻的汇聚和分类过滤，提取出与农技推广工作紧密相关的新闻动态，每天定时通过平台发布，App 端可分类展示农业新闻，并提供了基于关键词检索功能。

科技动态：提供全国及各地区最新农业科技政策与法规、科技政策落实和实施成效等信息展示与关键词检索服务。

3. 农技推广平台公众号　"农技推广平台"微信公众号每天定时推送体系工作动态、政策法规和典型人物等信息。扫描二维码可实现公众号关注，在微信中搜索公众号"农技推广平台"后也可实现关注。

政策法规展示农业技术推广服务、成果转化与农技推广体系改革建设有关法律法规、重大政策文件等；工作动态展示宣传各地开展农业技术推广服务、推进农技推广体系改革建设中

"农技推广平台"微信
公众号二维码

取得的典型做法和成功经验等；典型人物展示宣传基层农技人员不畏辛苦、为农服务、务实重干的精神风貌。

三、应用成效

平台上线以来，线上咨询量超过 3 000 万次，35 万农技人员线上开展学习服务。平台问题总数 320 余万个，每日新增近 5 000 个，线上解答率 92%，解答 2 483 万条，提取了 30 多万条具有普适性的农技问答对。

借助 App 所有用户都成为精准动态农情监测点，累计病虫害、动物疫情、旱情等各类农情信息 80 万条，农情图片 1 000 多万张，形成了全区域、全方位、立体化农情实时监测网络体系，为热点农情及时发现、监测和防控提供了有效支撑，前期已经生成非洲猪瘟、台风山竹等多类农情地图。

平台加快了各类科研成果、培训视频、电子图书等知识资源的传播速度，知识资源可不受时空限制面向用户开展在线知识分享和交流互动。基层农技人员和农户可直接接触的知识资源成百倍的规模增长，传播学习成本非常低。

四、适宜区域

适宜于全国范围使用，可满足农技推广管理人员、农技人员、农业生产经营主体和社会化服务人员等多种类型主体的农技推广服务需求。

五、技术依托单位

国家农业信息化工程技术研究中心

联系地址：北京市海淀区曙光花园中路 11 号北京农科大厦

邮政编码：100097

联 系 人：吴华瑞，朱华吉

联系电话：010-51503921

电子邮箱：wuhr@nercita.org.cn，zhuhj@nercita.org.cn

· 72 ·

农村生活污水处理技术

一、技术概述

1. 技术基本情况 随着城镇污水和工业点源的有效治理，农村生活污水污染日渐突出。在摸索实践的基础上，形成了一套农村生活污水处理技术，包括兼顾生态处理和氮磷资源化利用的"可持续发展的农村生活污水生物生态组合处理成套技术"，以及将系列发明与智控、互联网技术高度集成的"FMBR 兼性膜生物反应器技术"。

2. 技术示范推广情况 可持续发展的农村生活污水生物生态组合处理成套技术，截至 2018 年 12 月，已在太湖流域建成污水处理工程 500 余座，处理水量达 1.4 万余吨 / 天，覆盖人口达 16 万余户，为太湖流域水质改善乃至全国农村生活污水治理提供了技术支撑，同时在山西、云南及江苏淮安等地推广 10 余项工程。FMBR 兼性膜生物反应器技术已在全国 30 个省份得到 3 000 余套应用，同时得到维和部队 580 余套批量采购，出口至意大利等 10 余个国家。

3. 提质增效情况 可持续发展的农村生活污水生物生态组合处理成套技术，本项技术建设成本 10 000 ～ 15 000 元 / 吨，与传统地埋式农村生活污水处理设施相比能耗可降低 70%，直接水处理成本小于 0.15 元 / 吨；如有地形落差条件利用，则不需要任何直接运行费。较传统 A/O 工艺，污水处理装置可节省占地 30% ～ 50%。众多应用表明，与传统技术相比，本项技术综合运营费降低 50%、综合投资降低 60%、土地资源节省70%、管网建设减少 80%、外排污泥减少 90%。

4. 技术获奖情况 可持续发展的农村生活污水生物生态组合处理成套技术，涉国家、省部级项目 18 项，所有课题均已顺利通过验收，已获发明专利授权 10 余项。"FMBR 兼性膜生物反应器技术"获国家"十二五"重大标志性成果奖、国家四部委联合发布技术目录、国际水协会（IWA）东亚区项目创新奖、美国科学技术创新奖（R&D100）、省部级科技奖 4 项、授权发明专利 42 项。

二、技术要点

1. 可持续发展的农村生活污水生物生态组合处理成套技术 与常规技术相比，由于生物处理单元只去除有机物，不专门设计除磷脱氮功能，从而大幅度简化了生物单元，使得运行管理简单；前置大深径比厌氧反应器可实现有机物的高效去除，降低后续好氧段有机负荷和需氧量；在生态处理单元，筛选氮磷吸收能力强、生物量大的空心菜、莴苣、水芹等经济性作物替代常规的芦苇、香蒲等传统湿地植物，在实现污水中氮磷资源化利用的同时,产生可观的经济效益。工艺流程为"农村污水—格栅—厌氧—缺氧—好氧—经济型人工湿地"，整个工艺仅需一台水泵自控运行，以跌水形式充氧，不设鼓风机。本技术包含多项核心技术如：大深径比高效厌氧反应器、厌氧—缺氧—好氧联合脱臭技术、多种高效跌水充氧反应器技术、水生蔬菜氮磷资源化利用技术及浸润度可控潜流人工湿地等。

2. FMBR 兼性膜生物反应器技术　FMBR 兼性膜生物反应器技术通过创建兼性环境，利用微生物共生原理，使微生物形成食物链，实现污水污泥同步处理及资源化，技术达国际领先水平。将控制环节从 5～6 个减为 1 个，大大简化操作，无须专人值守；日常运行基本不排有机污泥，对周边环境影响小，无须远离人群，可就近建设；设备占地 < 0.2 米^2/米^3，可充分利用边角空地，便于选址；出水可达地表准Ⅲ/Ⅳ类标准，可作景观、绿化用水。同时开发出 15～500 米^3/天多系列标准化 FMBR 智能装备，建设灵活，以 500 米^3/天为 1 个模块，万吨级以下可由多个模块组合建设，万吨级以上可设计成土建式。基于 FMBR 兼性膜生物反应器技术，可实现污水源头分布治理：即"源头截污、就地治污、集散结合、清水回补"，与集中治理模式相比，取消大量输送干管，总投资节省 60% 以上；污水就近收集、就近处理、就近回用；管网短、泄漏少、错接率低，避免二次污染。同时利用互联网技术，独创了"远程监控＋流动 4S 站"管理模式，实现污水处理设施集中远程监控和故障自动报警，有效地解决了分散污水处理设施管理难题。

罐体式

集装箱式

标准化设施

FMBR 产品系列

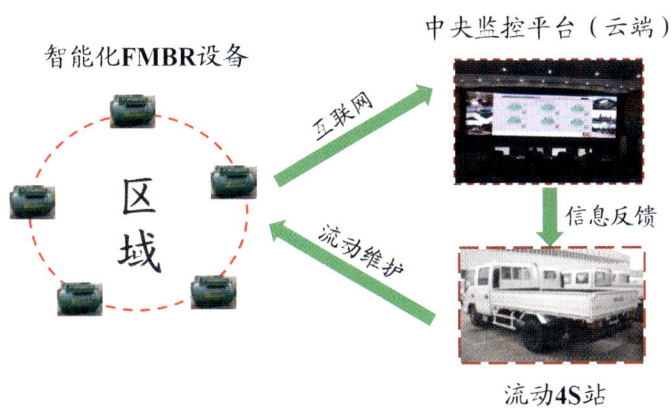

"远程监控 + 流动 4S 站"管理模式示意图

跌水接触氧化组合

水车驱动生物转盘组合

三、适宜区域

1. 可持续发展的农村生活污水生物生态组合处理成套技术　本技术可全国推广，既适用于人口相对集中的大型行政村（规模 100 ～ 500 吨 / 天），也适用于相对分散、不便汇入城镇排水管网的小型自然村落（规模 5 ～ 100 吨 / 天）生活污水的处理。在北方冬季结冰地区，可通过埋地和建温室进行保温，以保证污水处理效率。

2. FMBR 兼性膜生物反应器技术　不受地域限制，可适于乡镇村污水、黑臭水体，以及高速服务区、景区等不便接入管网的分散污水治理。

四、注意事项

（1）可持续发展的农村生活污水生物生态组合处理成套技术。在建设前建议咨询依托单位，针对不同地区和不同环境需求选用较适宜的单元；生物单元施工注意施工质量，重视厌氧单元沼气的利用；生态单元种植作物需选择当地作物中氮磷吸收率高的种类，不可外施化肥。在种植初期注意水位的控制，后期注意收割和换茬，冬季注意保温。

（2）FMBR 兼性膜生物反应器技术。为保障装备长效稳定运行，建议交由具有专业运营资质的单位（如金达莱）运营管理。

五、技术依托单位

1. 中国农业科学院农业环境与可持续发展研究所

联系地址：北京市海淀区中关村南大街 12 号

邮政编码：100081

联 系 人：李红娜，朱昌雄

联系电话：010-82109561

电子邮箱：ieda506@163.com

2. 农业农村部农业生态与资源保护总站

联系地址：北京市朝阳区麦子店街 24 号楼

邮政编码：100025

联 系 人：薛颖昊，徐志宇

联系电话：010-59196397

电子邮箱：nybstzzhbc@163.com

3. 东南大学能源与环境学院

联系地址：江苏省南京市玄武区四牌楼 2 号

邮政编码：210096

联　系　人：吕锡武

联系电话：13914753816

电子邮箱：xiwulu@seu.edu.cn

4. 江西金达莱环保股份有限公司

联系地址：江西省南昌市长堎外商投资开发区工业大道 459 号

邮政编码：330100

联　系　人：李攀荣

联系电话：18702528385

电子邮箱：lipanrong@jdlhb.com

图书在版编目（CIP）数据

2019 年农业主推技术 / 中华人民共和国农业农村部编 . — 北京：中国农业出版社，2019.10
ISBN 978-7-109-25899-0

I. ① 2… Ⅱ. ①中… Ⅲ. ①农业技术－技术推广－中国－ 2019 Ⅳ. ① F324.3

中国版本图书馆 CIP 数据核字 (2019) 第 194207 号

2019 年农业主推技术
2019 NIAN NONGYE ZHUTUI JISHU

———————————————

中国农业出版社出版
地址：北京市朝阳区麦子店街 18 号楼
邮编：100125
责任编辑：陈　瑨
责任校对：沙凯霖
印刷：北京通州皇家印刷厂
版次：2019 年 10 月第 1 版
印次：2019 年 10 月北京第 1 次印刷
发行：新华书店北京发行所
开本：787mm×1092mm　1/16
印张：18.5
字数：330 千字
定价：88.00 元

———————————————